Elektronenübertragung

Material A

Mir fehlen die Worte – oder auch nicht!

Wird ein Gemisch aus Magnesiumpulver und Kupferoxid mithilfe eines Gasbrenners entzündet, so nehmen die im Kupferoxid enthaltenen (A) zwei Elektronen auf. Es bilden sich Kupfer-Atome. Die (B) stammen von den Magnesium-Atomen. Aus den (C) bilden sich durch (D) von jeweils zwei Elektronen zweifach (E) geladene Magnesium-Kationen. Diese Magnesium-Kationen bilden mit (F) ein Ionengitter.
Bei einer Oxidation werden Elektronen (G), bei einer Reduktion Elektronen (H). Das gleichzeitige Ablaufen von Oxidation und Reduktion bezeichnet man als (I).

1 Übertrage den Lückentext in dein Heft und ergänze die Lücken (A)–(F) mithilfe der vorgegebenen Begriffe.

positiv, abgegeben, Kupfer-Kationen, Abgabe, Redoxreaktion, Magnesium-Atomen, Elektronen, aufgenommen, Sauerstoff-Anionen

Material B

Eine weitere Redoxreaktion

Wird ein Zinkblech (Zn) in eine Kupfersulfat-Lösung (Cu^{2+} + SO_4^{2-}) getaucht, so bildet sich auf dem Blech nach einiger Zeit ein rotbrauner Feststoff. Die blaue Farbe der Kupfersulfat-Lösung verblasst. → 1 Es hat eine Redoxreaktion stattgefunden.

1 Zinkblech in Kupfersulfat-Lösung

Reaktion a: Cu^{2+} + ... e^- → ...
Reaktion b: Zn → ... + 2 e^-

2

1 Gib an, worum es sich bei dem rotbraunen Feststoff handelt.

2 In Bild 2 sind die Reaktionsgleichungen zu dieser Reaktion unvollständig dargestellt.
a Übertrage sie in dein Heft.
b Ergänze nun die Lücken in den Reaktionsgleichungen.
c Ordne zu, welche Gleichung die Reduktion und welche die Oxidation darstellt.
d Markiere nun in den Reaktionsgleichungen den Elektronendonator und den Elektronenakzeptor.
e Gib an, welche Teilchen bei dieser Reaktion oxidiert und welche reduziert werden.

66 | Elektrische Energie und chemische Prozesse

Material C

Lehrerversuch: Magnesium und Kupferoxid

Materialliste: Gasbrenner, feuerfeste Unterlage, Magnesiumpulver, Kupfer(II)oxid, Spatel

Achtung • Versuch im Abzug durchführen! Nicht direkt in die Flamme schauen!

1 Der Versuch wird nach der Anleitung durchgeführt. → 1

2 Beschreibe die Ausgangsstoffe und die Produkte der Reaktion.

3 Notiere die Reaktionsgleichung und erläutere die Reaktion.

① 0,3 g Magnesiumpulver und 1 g Kupfer(II)oxidpulver werden auf einer feuerfesten Unterlage vermischt.

② Das Feststoffgemisch wird zu einer Strecke ausgezogen. Die Pulverlinie wird an einem Ende mit dem Brenner entzündet.

1

Material D

Zwei-Schalen-Versuch

Materialliste: 2 Petrischalen, Kupfersulfat-Lösung, Kupfer-Blechstreifen, Kabel mit Klemmen, Rotor, Magnesiumchlorid-Lösung, Magnesium-Anspitzer, Filterpapierstreifen

1 Stelle die beiden Schalen eng nebeneinander. Fülle die eine mit Kupfersulfat-Lösung, die andere gleich hoch mit Magnesiumchlorid-Lösung.

2 Stelle den Spitzer in die „Magnesiumschale" und das Kupferblech über den Rand in die „Kupferschale".

Verbinde die Metallstücke mit Klemmen und Kabeln mit dem Rotor. → 2

3 Befeuchte einen Filterpapierstreifen mit Wasser und lege ihn als Verbindung über die Ränder, sodass er in beide Lösungen taucht.

4 Fertige eine Versuchsskizze an.

5 Notiere die jeweiligen Reaktionen in den beiden Schalen. Gib an, dort eine Oxidation oder eine Reduktion abläuft.

2 Zwei-Schalen-Versuch

67

Materialseiten

... vor allem zum Anwenden und Üben

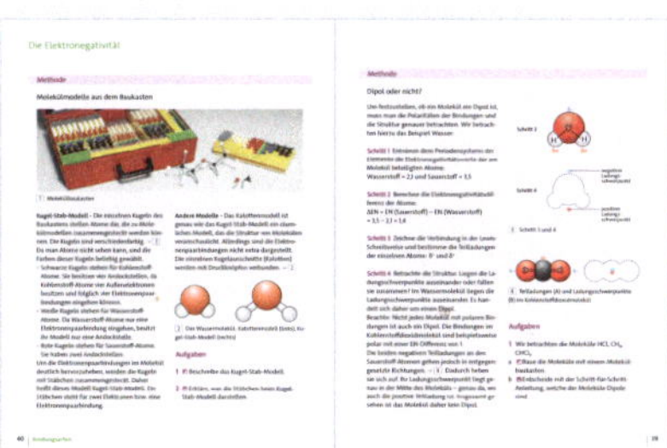

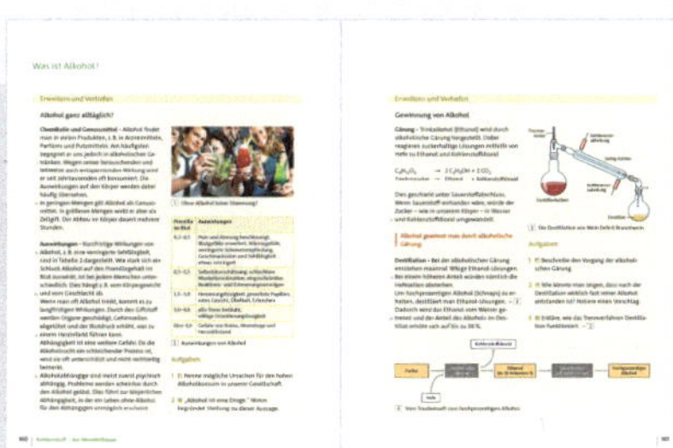

Methodenseiten zeigen Schritt für Schritt an einem Beispiel, wie man eine Arbeitsweise sinnvoll angeht.

Erweitern und Vertiefen-Seiten bieten interessante zusätzliche Texte mit Bildern und Aufgaben.

Die **Zusammenfassung** gibt einen Überblick über die Lerninhalte des Kapitels.

Die Aufgaben der **Teste-dich!-Seiten** helfen dir, dein Wissen selbst einzuschätzen. Die Lösungen der Aufgaben findest du im Anhang.

Aufgaben, Methoden, Texte und Materialien mit MK MK MK MK tragen zum Erwerb von Medienkompetenzen bei.

NIEDERSACHSEN

NATUR UND TECHNIK

Chemie 9/10

Cornelsen

NATUR UND TECHNIK
Chemie 9/10

Autor: Carsten Kuck

Mit Beiträgen von: Kurt Becker, Ulrich Dendorfer, Dr. Stephan Kienast, Werner Maier, Anita Gutmann, Holger Hellendrung, Christine Kummer, Christian Lauer, Ruth Leidinger, Martin Löffelhardt, Cornelia Pätzelt, Wilhelm Schröder, Pter Slaby, Claudia Täubner, Petra Wlotzka

Unter beratender Mitarbeit von: Dr. Heike Walkenhorst-Lang

Redaktion: Stefanie Roth, Heidi Witte-Gaedecke

Umschlaggestaltung: SOFAROBOTNIK GbR, Augsburg & München; Klein & Halm Grafikdesign

Layout: Typo Concept GmbH, Hannover
Technische Umsetzung: Straive
Technische Umsetzung Gefahren- und Gebotszeichen: Atelier G

Begleitmaterialien zum Lehrwerk:
Handreichungen für den Unterricht mit Kopiervorlagen ISBN 978-3-06-011254-8
Begleitmaterialien im Unterrichtsmanager Plus Produktnr. 1100029027

www.cornelsen.de

Dieses Werk enthält Vorschläge und Anleitungen für Untersuchungen und Experimente.
Vor jedem Experiment sind mögliche Gefahrenquellen zu besprechen.
Beim Experimentieren sind die Richtlinien zur Sicherheit im Unterricht einzuhalten.

1. Auflage, 1. Druck 2023

Alle Drucke dieser Auflage sind inhaltlich unverändert und können im Unterricht nebeneinander verwendet werden.

Druck: Mohn Media Mohndruck, Gütersloh

ISBN 978-3-06-011253-1

PEFC/04-31-1033

PEFC zertifiziert
Dieses Produkt stammt aus nachhaltig bewirtschafteten Wäldern und kontrollierten Quellen.

www.pefc.de

Inhaltsverzeichnis

Die Ordnung der Elemente 6

Bindungsarten 28

Medienkompetenzen werden in den mit [MK] gekennzeichneten Unterkapiteln bearbeitet. Auf den Seiten selbst werden die betreffenden Inhalte ebenfalls mit einem [MK] gekennzeichnet.

Elektrische Energie und chemische Prozesse 62

Saure, alkalische und neutrale Lösungen 90

Kohlenstoff – der Molekülbauer 126

Zum Nachschlagen 172

Die Ordnung der Elemente

Was ist ein chemisches Element und worin unterscheiden sich die Elemente?

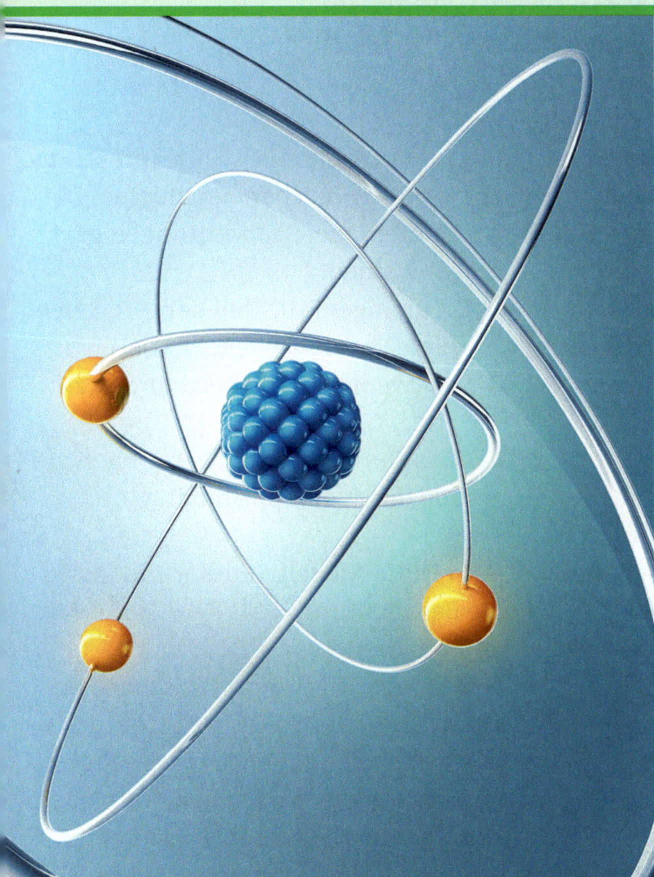

Es gibt verschiedene Atommodelle. Aus was besteht ein Atom?

Was ist ein Molekül?

Aus was die Welt besteht

1 Die Atomvorstellungen von Dalton und Rutherford

Die Frage „Aus was ist unsere Welt aufgebaut?“ stellte sich schon vor über 2000 Jahren der Grieche Demokrit. Seine Idee war es, dass alle Stoffe aus kleinsten Teilchen aufgebaut seien. Wie man sich diese Teilchen vorstellen kann, fand man allerdings erst in den letzten 200 Jahren heraus.

Dalton • 1803 stellte der Engländer John Dalton Überlegungen an, wie man sich diese kleinsten Teilchen, Atome genannt, vorstellen könnte.
Er sagte, dass Atome winzige massive Kugeln seien. Diese sind so winzig, dass man sie nicht mal unter einem Mikroskop sehen kann.
Es gibt, so Dalton, unterschiedliche Atomsorten. Diese unterscheiden sich in Größe und Masse.

Rutherford • Daltons Idee vom Aufbau der Atome half, viele Dinge zu verstehen. Allerdings konnte man damit Beobachtungen bei Versuchen zur Elektrizität nicht erklären.
Ein erweitertes Modell wurde nötig. Im Jahr 1911 führte Rutherford seinen berühmten Streuversuch durch → 2: Eine dünne Goldfolie wurde mit positiv geladenen α-Teilchen beschossen. Dabei konnten drei Beobachtungen gemacht werden:

A Ein geringer Bruchteil der α-Teilchen wurde von der Folie reflektiert.
B Sehr wenige α-Teilchen wurden zur Seite hin abgelenkt.
C Die allermeisten Teilchen gingen gerade durch die Folie hindurch.

Kern-Hülle-Modell • Rutherford fasste die Beobachtungen als Kern-Hülle-Modell zusammen → 3:

1. Im Inneren des Atoms befindet sich ein winziger Kern. Dieser besteht aus positiv geladenen Teilchen, den Protonen. Außerdem sind in dem Kern noch ungeladene Neutronen. Diese sorgen dafür, dass die Protonen im Kern zusammenhalten.
Protonen und Neutronen machen nahezu die gesamte Masse des Atoms aus.
Die reflektierten α-Teilchen sind direkt auf den Kern getroffen (A).
α-Teilchen, welche einem Kern sehr nahe gekommen sind, wurden aufgrund der positiven Ladungen abgestoßen und dadurch abgelenkt.

das Kern-Hülle-Modell
das Elektron
das Proton
das Neutron
die Ordnungszahl
die Massenzahl

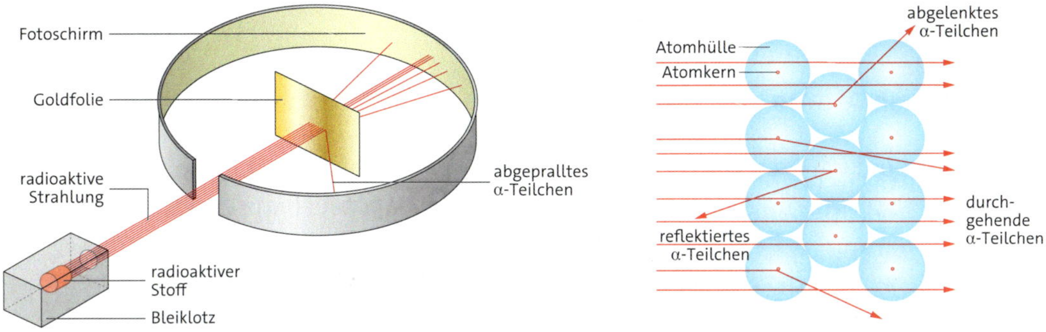

2 Der Streuversuch von Ernest Rutherford

2. Um den Kern herum befindet sich die Atomhülle. Diese muss im Vergleich zum Kern riesig sein, denn die meisten α-Teilchen wurden überhaupt nicht abgelenkt.
In dieser Hülle befinden sich die Elektronen. Und zwar exakt so viele, wie auch im Kern Protonen vorhanden sind.
Je nach Atomsorte sind unterschiedlich viele Protonen und Elektronen im Kern – aber immer gleich viele von beiden Sorten.

Kennzahlen von Atomen • Jede Atomsorte, Element genannt, hat ein Elementsymbol, eine Ordnungszahl und eine Massenzahl → 4. Die Ordnungszahl gibt die Anzahl der Protonen im Kern und die der Elektronen in der Hülle an.
Die Massenzahl entspricht der Anzahl der Teilchen im Kern – dies sind die Protonen und Neutronen zusammen.
Am Beispiel von Natrium kann man an der Ordnungszahl ablesen, dass Natrium 11 Protonen im Kern und 11 Elektronen in der Hülle hat. → 4
Die Massenzahl verrät, dass 23 Teilchen im Kern sind. Da 11 davon Protonen sind, müssen noch 12 Neutronen im Kern sein.

Das Kern-Hülle-Modell besagt, dass sich im winzigen Atomkern die Protonen und Neutronen befinden. In der viel größeren Hülle findet man die Elektronen.

Aufgaben

1 ☐ Nenne die drei Bausteine, aus denen Atome aufgebaut sind.

2 ☒ Nenne die Anzahl und die Art der Baustein, die sich bei einem Fluor-Atom in Kern bzw. Hülle befinden. → 5

3 ☒ Beschreibe den Streuversuch von Rutherford mit eigenen Worten und fasse die Ergebnisse zusammen, die sich daraus ergaben.

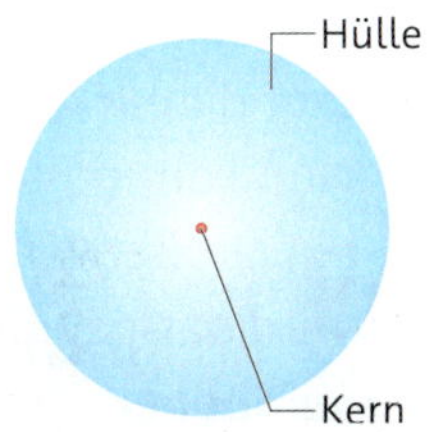

3 Kern-Hülle-Modell.

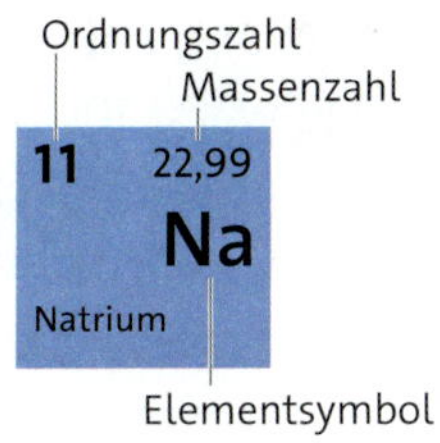

4 Das Element Natrium

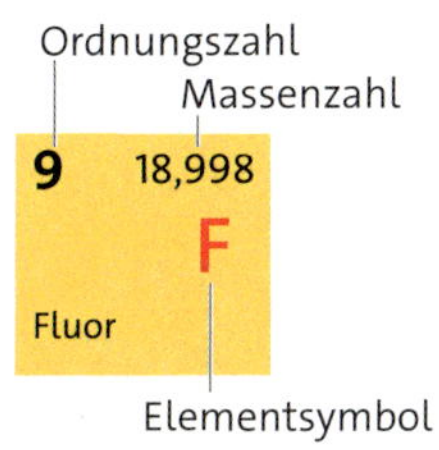

5 Das Element Fluor

Erweitern und Vertiefen

Wie groß sind eigentlich Atome?

Echte Winzlinge • Atome sind wirklich winzig. Sie haben einen Durchmesser von ungefähr 0,000 000 0001 m.

Ein Gedankenexperiment • Da die winzigen Atome schlecht vorstellbar sind, sollst du ein Gedankenexperiment durchführen: Stelle dir vor, du streckst deine Hand aus und jemand legt dir ein Atom in deine Handfläche. Nun kommt eine tolle Erfindung zum Einsatz: ein Größenverdoppler. Bei jedem Knopfdruck wird das gewünschte Objekt in seiner Größe verdoppelt. Das soll nun mit dir und dem Atom in deiner Handfläche geschehen. Dieser Vorgang wird so oft wiederholt, bis das Atom in deiner Hand so groß ist wie eine Erbse. Was schätzt du, welche Größe du dann hättest: 200 m, 3 km, 50 km? Du wärst 100 000 km groß! Das bedeutet, dass die Erde für dich wie ein Fußball wäre. → 1

Mühsam zu zählen • Ein weiterer Vergleich: Ein Fingerhut ist mit Wasser gefüllt. → 2 Stelle dir vor, die Menschheit will die Wasserteilchen in diesem Fingerhut zählen. Alle 7 500 000 000 Menschen zählen mit. Jeder Mensch zählt pro Sekunde ein Teilchen. Wenn die Menschheit nur noch zählen würde – ohne zu essen, ohne zu schlafen oder sonst irgendetwas zu tun –, wie lange würde sie brauchen? Die Menschheit wäre unfassbar lange beschäftigt, nämlich etwa 30 000 Jahre! Und das nur für die Teilchen in einem Fingerhut voll Wasser.

Nanoteilchen • Vielleicht hast du schon einmal etwas von Nanoteilchen gehört. Dabei handelt es sich um winzige Strukturen, die besondere Eigenschaften aufweisen. Nanoteilchen sind etwa 10-mal so groß wie Atome. Also handelt es sich immer noch um unvorstellbar winzige Strukturen.

1 Ein Riese – mit der Erde als „Fußball“

2 Fingerhut, mit Wasser gefüllt

Material A

Ein lückenhafter Heftaufschrieb

1 Übertrage den Text → 3 in dein Heft und ersetze die Lücken (A) – (F) durch die richtigen Begriffe:

1803 – Elemente – groß – Kugeln – Mikroskop – schwer

Das Atommodell von Dalton

Im Jahr (A) veröffentlichte der Engländer John Dalton sein Atommodell. Er sagte, man könne sich die Atome als kleine, massive (B) vorstellen. Es gibt verschiedene Atomsorten. Diese werden als (C) bezeichnet. Je nach Atomsorte sind die Kugeln unterschiedlich (D) und (E).
Egal welche Atomsorte: Alle Atome sind so winzig, dass man sie nicht mal unter einem (F) sehen kann.

3 Das Atommodell von Dalton

Material B

Kennzahlen von Atomen

Anhand von Ordnungszahl und Massenzahl kannst du die Elemente erkennen oder die Anzahl der anderen Bestandteile, z. B. der Neutronen, berechnen.

Dazu ein Beispiel: Das Element Kohlenstoff hat die Ordnungszahl 6 und die Massenzahl 12. Da die Ordnungszahl die Zahl der Protonen angibt, müssen Kohlenstoff-Atome 6 Protonen haben.
Atome sind elektrisch neutral. Also müssen Kohlenstoff-Atome auch 6 Elektronen haben.

Element	Ordnungszahl	Massenzahl	Protonen	Elektronen	Neutronen
Kohlenstoff	6	12	6	6	6
Kalium	19	?	?	?	20
Argon	?	40	18	?	?
Selen	?	?	?	34	45

4 Kennzahlen von drei Elementen

Die Neutronen kannst du anhand der Massenzahl bestimmen. Die Massenzahl ist ja die Summe aus der Anzahl der Protonen und der Neutronen. Also besitzt ein Kohlenstoff-Atom auch 6 Neutronen. → 4

1 Übernimm die Tabelle in dein Heft und fülle sie durch Berechnen aus. → 4

2 Wasserstoff hat die Massenzahl 1. Wie viele Neutronen hat ein Wasserstoff-Atom?

Die Atomhülle unter die Lupe genommen

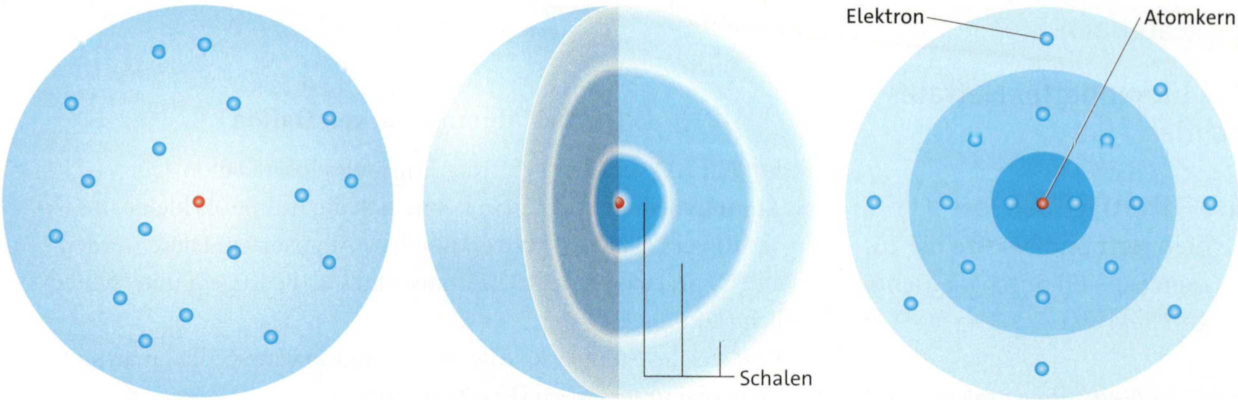

1 Ein Chlor-Atom in den Vorstellungen von Ernest Rutherford (links) und Niels Bohr (Mitte und rechts)

Auch nach Rutherford stand die Forschung nicht still. Niels Bohr, ein Schüler von Ernest Rutherford, schaute sich die Atomhülle genauer an und entwickelte daraus unsere heutige vom Aufbau der Atome.

Wissensstand 1913 • Bereits Anfang des 20. Jahrhundert hatte man Beobachtungen dazu gemacht, was passiert, wenn man verschiedene Atomsorten erhitzte. Sie sonderten Licht ab, und zwar je nach Atomsorte eine typische Farbe. Genauere Untersuchungen ergaben, dass die mit dem Auge zu erkennende Farbe sich aus mehreren überlagernden Farben zusammensetzte. Die Einzelfarben konnte man mit einem Gerät, dem Spektrometer, erfassen.

Bohrs Idee • Der Däne Niels Bohr verknüpfte nun diese neuen Erkenntnisse und die Ergebnisse Rutherfords. → 2 Seine Erklärung war, dass die Farben dadurch zustande kommen, dass Elektronen nur bestimmte Abstände zum Atomkern haben können. Beim Erhitzen springen die Elektronen auf einen anderen Abstand vom Kern. Dieser Zustand hat mehr Energie. Nach einem kurzen Moment fallen die Elektronen auf den ursprünglichen Abstand, der weniger Energie hat, zurück. Die Energiedifferenz zwischen den beiden Zuständen geben die Elektronen in Form von Licht ab. Je nach Größe der Energiedifferenz beobachtet man eine andere Farbe.

2 Bohr

Schalenmodell • Aus diesen Erkenntnissen entwickelte Bohr sein Atommodell, wonach sich Elektronen auf festen Kreisbahnen um den Atomkern bewegen. Auf Bohrs Atommodell beruht das Schalenmodell, das im Chemieunterricht genutzt wird.

Nach dem Schalenmodell bilden Gruppen von Elektronen, die sich auf einer ähnlichen Energiestufe befinden, eine Elektronenschale. Diese „Schalen“ umgeben den Kern kugelförmig. → 3 Sie sind allerdings nicht massiv, sondern nur der Raum, in dem sich die Elektronen aufhalten und bewegen.

das Schalenmodell
die Elektronenschale
die Energiestufe
die Außenelektronen

Elektronen können in der Atomhülle nur bestimmte Energiestufen einnehmen.

Schalenbesetzung • Die verschiedenen Schalen können unterschiedlich viele Elektronen aufnehmen.

Die innerste Schale kann nur mit 2 Elektronen besetzt werden. Die 2. Schale kann 8 Elektronen und die 3. Schale bis zu 18 Elektronen aufnehmen. Für die Besetzung der äußersten Schale gilt, dass sie immer nur mit bis zu 8 Elektronen besetzt werden kann. Eine Ausnahme bildet die Besetzung der 1. Schale mit nur Platz für 2 Elek-tronen. Eine neue Schale wird erst dann angefangen, wenn die vorherige komplett aufgefüllt ist.

An der für jedes Atom typischen Elektronenverteilung kann man die Elemente unterscheiden.

Außenelektronen • Die Elektronen auf der äußersten Hülle werden als Außenelektronen bezeichnet. Ein Aluminium-Atom hat drei Außenelektronen → 3, ein Kohlenstoff-Atom hat vier Außenelektronen. → 4 Die Anzahl der Außenelektronen hat großen Einfluss darauf, welche Eigenschaften Elemente haben. Sie bestimmen weiterhin, ob Stoffe reaktionswillig sind, und mit welchen Stoffen sie Verbindungen eingehen. Daher ist es eine wichtige Fähigkeit, bestimmen zu können, wie viele Außenelektronen ein Element hat.

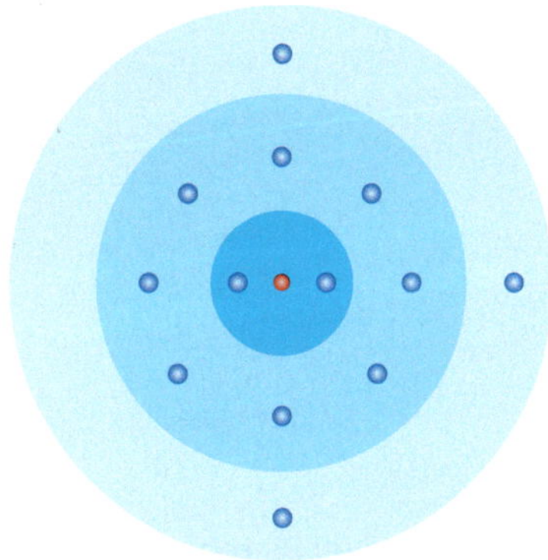

3 Aluminium-Atom im Schalenmodell

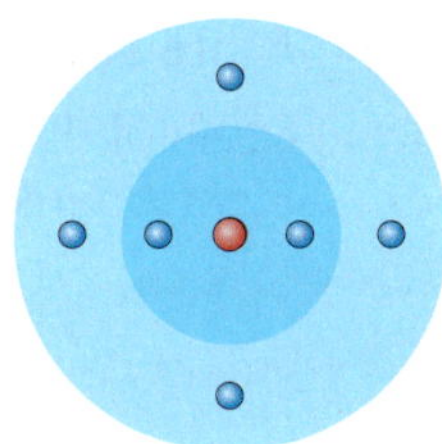

4 Kohlenstoff-Atom im Schalenmodell

Die Elektronen auf der äußersten Schale werden als Außenelektronen bezeichnet. Diese beeinflussen das Reaktionsverhalten der Elemente.

Aufgaben

1 Gib an, wie viele Elektronen auf die einzelnen Schalen passen.

2 Nenne Gemeinsamkeiten und Unterschiede der Atommodelle von Rutherford und Bohr.

3 Das Element Fluor hat die Ordnungszahl 9. Bestimme die Anzahl der Außenelektronen.

Die Atomhülle unter die Lupe genommen

Material A

Verschiedene Elemente im Schalenmodell

1 In Bild 1 siehst du die Atome von drei verschiedenen Elementen, dargestellt im Schalenmodell.

a Gib an, mit wie vielen Elektronen die verschiedenen Schalen jeweils besetzt sind.

b Finde heraus, um welche Elemente es sich handelt. Nutze dazu das Periodensystem im Buchanhang.

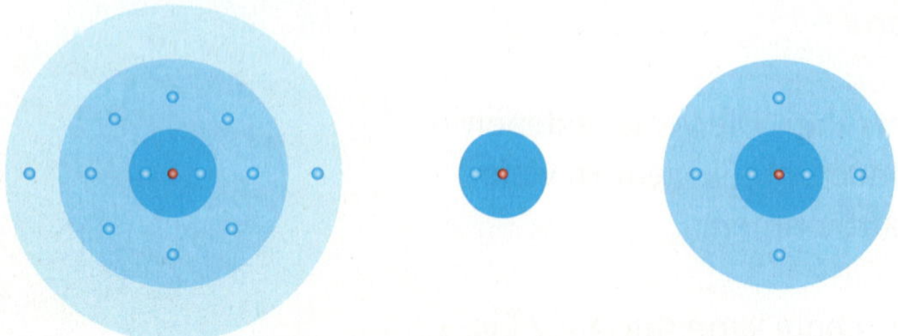

1 Drei Elemente im Schalenmodell

2 Zeichne das Schalenmodell für die Elemente in Bild 2. Achte auf die Maximalbesetzung der verschiedenen Elektronenschalen.

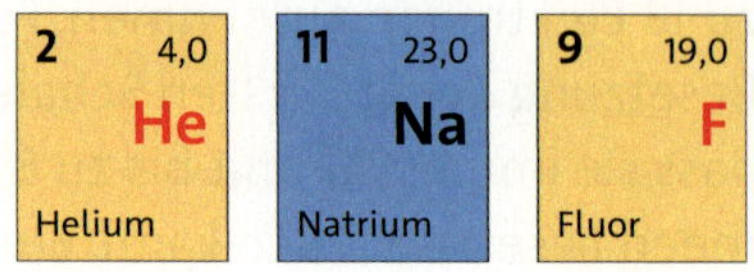

2 Helium, Natrium, Fluor

Material B

Besetzung der Schalen

1 Übertrage die Tabelle in dein Heft. Ergänze die freien Felder.

2 Ergänze in der Tabelle drei weitere Elemente deiner Wahl und fülle für diese die einzelnen Felder aus.

Name der Atomsorte	Anzahl der Elektronen	Elektronen in der 1. Schale	Elektronen in der 2. Schale	Elektronen in der 3. Schale	Elektronen in der 4. Schale
Wasserstoff	1	?	?	?	?
Magnesium	12	?	?	?	?
Stickstoff	7	?	?	?	?
Schwefel	16	?	?	?	?
Chlor	?	2	8	7	?
Argon	?	?	?	8	?
Kalium	19	?	?	?	1

3 Besetzung der Elektronenschalen

Erweitern und Vertiefen

Modell gleich Modell?

Im Alltag • Häufig begegnet man Modellen, z. B. Modellflugzeugen, einem Globus als Modell der Erde oder einem Augenmodell beim Augenarzt. Sie alle bilden die Wirklichkeit verkleinert oder vergrößert ab. Man nennt sie Anschauungsmodelle oder – wenn sie Abläufe verdeutlichen – Funktionsmodelle.

In der Chemie • Die Atommodelle in der Chemie sind keine Abbildungen der Wirklichkeit. Sie sind nur Vorstellungshilfen, um bestimmte Aspekte besser beschreiben und verstehen zu können. Diese sogenannten Gedankenmodelle können als Modellbau oder als Zeichnung vorliegen. → 5 Sie machen etwas Unbeobachtbares für uns vorstellbar, obwohl sie oft nur Teilaspekte der Wirklichkeit aufgreifen.

Ablösung alter Modelle • In diesem Kapitel werden verschiedene Modelle zum Atombau vorgestellt. Jedes Modell liefert eine neue Grundidee. Außerdem erweitert es das vorherige Modell um neue Erkenntnisse. Wenn ein Modell im Widerspruch zu neuen Erkenntnissen steht, wird es erweitert. Eventuell muss man es aber auch komplett verwerfen und durch ein ganz neues Modell ersetzen.

Modelle zur Auswahl • Je nach Phänomen, das man mit einem Modell erklären möchte, kann ein Modell gut oder weniger gut sein. Beispielsweise braucht man Thomsons Rosinenkuchenmodell nicht, um den Alkohol-Wasser-Versuch auf Seite 203 zu erklären. Es bietet sich aber hervorragend an, wenn es um Elektrizität geht.

4 Modellhubschrauber

Aufgaben

1 Erläutere, was man in der Chemie unter einem Modell versteht.

2 Erstelle eine Tabelle, in der du Anschauungsmodelle naturwissenschaftlichen Gedankenmodellen gegenüberstellst.

3 In der Biologie werden oft bewegliche Skelettmodelle eingesetzt, um unseren Körperbau zu verstehen. Um was für eine Art von Modell handelt es sich hierbei?

4 Erläutere, welche Vor- und Nachteile das Modell in Bezug auf die Wirklichkeit hat. → 5

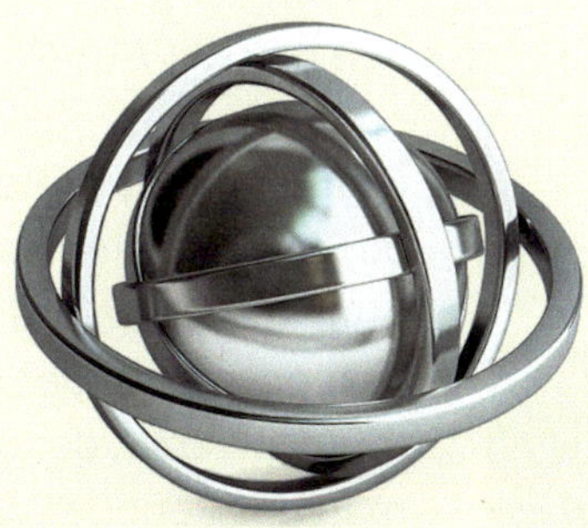

5 Atommodell aus Metall

Das Periodensystem sorgt für Ordnung

Periode (Anzahl der Schalen)	Hauptgruppe (Anzahl der Außenelektronen) I	II	III	IV	V	VI	VII	VIII
1	1 1,0 **H** Wasserstoff							2 4,0 **He** Helium
2	3 6,9 **Li** Lithium	4 9,0 **Be** Beryllium	5 10,8 **B** Bor	6 12,0 **C** Kohlenstoff	7 14,0 **N** Stickstoff	8 16,0 **O** Sauerstoff	9 19,0 **F** Fluor	10 20,2 **Ne** Neon
3	11 23,0 **Na** Natrium	12 24,3 **Mg** Magnesium	13 27,0 **Al** Aluminium	14 28,1 **Si** Silicium	15 31,0 **P** Phosphor	16 32,1 **S** Schwefel	17 35,5 **Cl** Chlor	18 40,0 **Ar** Argon
4	19 39,1 **K** Kalium	20 40,1 **Ca** Calcium	31 69,7 **Ga** Gallium	32 72,6 **Ge** Germanium	33 74,9 **As** Arsen	34 79,0 **Se** Selen	35 79,9 **Br** Brom	36 83,8 **Kr** Krypton

1 Das Periodensystem der Elemente (Ausschnitt)

2 Mendelejew

3 Meyer

Das Periodensystem bringt Ordnung in die Elemente. Doch nach welchen Merkmalen oder Regeln ist es aufgebaut?

Blick in die Geschichte • Schon 1869 haben der Russe Dmitri Mendelejew und der Deutsche Lothar Meyer versucht, ein Ordnungssystem für die Elemente zu finden. → 2 3 Sie ordneten die Elemente nach steigender Atommasse und ähnlichen Stoffeigenschaften. So entwickelten sie ein erstes Periodensystem. Heute wissen wir, dass die Ordnung im Periodensystem durch den Bau der Atome begründet ist.

Ordnungszahl • Alle Elemente im Periodensystem sind nach steigender Ordnungszahl angeordnet. Die Ordnungszahl entspricht der Anzahl der Protonen bzw. der Elektronen. Liest man das Periodensystem wie einen Text von links oben nach rechts unten, so steigt die Ordnungszahl und damit die Anzahl der Protonen und Elektronen in den Atomen um jeweils eins an.

Elementgruppen • Elemente mit ähnlichen Eigenschaften tauchen im Periodensystem regelmäßig auf. Sie stehen untereinander in einer Spalte und bilden eine Elementgruppe. Sie werden häufig auch als Elementfamilie bezeichnet. Ein Beispiel für eine solche Elementgruppe sind die Metalle Lithium, Natrium, Kalium, Rubidium und Caesium. Alle diese Metalle sind weich und reagieren heftig mit Wasser. Sie bilden die I. Hauptgruppe und werden als Alkalimetalle bezeichnet. Weitere Elementfamilien sind die Erdalkalimetalle (II. Hauptgruppe), die Halogene (VII. Hauptgruppe) und die Edelgase (VIII. Hauptgruppe).

Außenelektronen • Ein wichtiges Ordnungsmerkmal ist die Anzahl der Außenelektronen. Elemente mit der gleichen Anzahl an Außenelektronen

das Periodensystem
die Hauptgruppe
die Periode

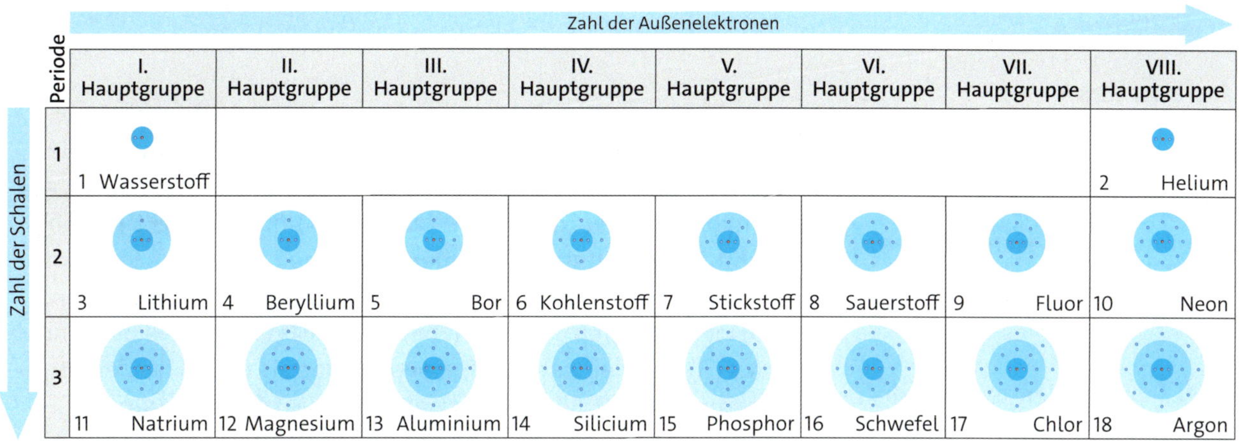

4 Elemente der Hauptgruppen im Schalenmodell

werden als Gruppe zusammengefasst. Die Nummer der Gruppe gibt die Anzahl der Außenelektronen an. So haben alle Elemente der I. Hauptgruppe ein Außenelektron, die der V. Hauptgruppe fünf Außenelektronen. → 4 Da die Elemente einer Hauptgruppe auch häufig ähnliche Eigenschaften besitzen, scheint die Anzahl der Außenelektronen entscheidend für die Eigenschaften der Stoffe zu sein.

Perioden • Ein weiteres Ordnungsmerkmal des Periodensystems ist die Anzahl der Elektronenschalen. Diese kann man an den Zeilen des Periodensystems ablesen. Die Zeilen werden auch Perioden genannt und haben dem Periodensystem seinen Namen gegeben. Atome, die in der ersten Zeile aufgeführt sind, bilden die erste Periode. Sie besitzen nur eine Elektronenschale. Alle Elemente der zweiten Periode besitzen zwei und die Elemente der dritten Periode drei Elektronenschalen. → 4 Die innerste Schale bezeichnet man als K-Schale, die zweite als L-Schale und die dritte als M-Schale.

Das Periodensystem der Elemente vereint mehrere Ordnungsmerkmale: die Anzahl der Protonen und Elektronen, die Anzahl der Außenelektronen und die Anzahl der Elektronenschalen.

Aufgaben

1 ☑ Nenne die drei Ordnungsmerkmale des Periodensystems.

2 ☒ Gib die Bedeutung der Zeilen und Spalten im Periodensystem an.

3 ☒ Nenne das Element, dessen Atome zwei Schalen und 6 Außenelektronen besitzen.

4 ☒ Gib für die folgenden Elemente die Hauptgruppe und die Periode an: Sauerstoff, Brom, Natrium.

Das Periodensystem sorgt für Ordnung

Material A

Aufbau des Periodensystems

Der nebenstehende Text beschreibt, nach welchen Kriterien das Periodensystem aufgebaut ist.

1 Schreibe den Text in dein Heft. Ergänze die Lücken (A) bis (N) durch die aufgelisteten Begriffe:

Das unabhängig und nahezu zeitgleich von **(A)** und **(B)** entwickelte Periodensystem der Elemente vereint mehrere Ordnungsmerkmale. Beginnt man links oben und arbeitet sich nach rechts unten durch, so kann man feststellen, dass die Anzahl der **(C)** und **(D)** jeweils um eins zunimmt. Die Hauptgruppen stehen **(E)** untereinander. Alle Elemente einer Hauptgruppe haben die **(F)** Anzahl an Außenelektronen und weisen **(G)** Eigenschaften auf. Die Elemente der I. Hauptgruppe bezeichnet man als **(H)**, die Elemente der II. Hauptgruppe als **(I)** und die der VII. Hauptgruppe als **(J)**. Edelgase ist der Name der **(K)** Hauptgruppe. Die Zeilen im Periodensystem werden als **(L)** bezeichnet. Alle Elemente innerhalb einer **(M)** haben die gleiche Anzahl an **(N)**.

Halogene, ähnliche, VIII., Elektronen, Elektronenschalen, gleiche, Mendelejew, Perioden, senkrecht, Alkalimetalle, Protonen, Periode, Erdalkalimetalle, Meyer

Material B

Gemeinsamkeiten erkennen

In Bild 1 sind Elemente zu Einheiten (rot, grün, blau) zusammengefasst.

1 Übertrage die drei Einheiten von Bild 1 in dein Heft. Versuche jeweils zu erkennen, wonach die Elemente sortiert wurden. Notiere das jeweilige Sortierungskriterium an jede Einheit.

Fluor (F)	Chlor (Cl)	Iod (I)
Lithium (Li)	Natrium (Na)	Caesium (Cs)
Natrium (Na)	Magnesium (Mg)	Schwefel (S)

1 Hier wurden Elemente sortiert.

2 Sortiere die folgenden Elemente in die Einheiten von Bild 1 ein. Begründe deine Einteilung.

a Kalium (K)
b Silicium (Si)
c Brom (B)
d Argon (Ar)

3 Entwickle ähnlich wie in Bild 1 eine eigene Einheit aus 3 Elementen. Tauscht nun in Partnerarbeit eure Einheiten aus. Benennt das Sortierungskriterium und ein weiteres passendes Element.

Material C

Suchen und Finden im Periodensystem

Das Periodensystem berücksichtigt verschiedene Ordnungsmerkmale. Dabei sind die Elemente in Gruppen und Perioden eingeteilt.

1 ◩ Nenne die Elementsymbole der folgenden Elemente:
- II. Hauptgruppe und 3. Periode
- VII. Hauptgruppe und 2. Periode
- VIII. Hauptgruppe und 5. Periode
- IV. Hauptgruppe und 4. Periode

2 ◩ Gib für folgende Elemente Hauptgruppe und Periode an: Chlor (Cl), Magnesium (Mg), Radon (Rn), Aluminium (Al).

3 ☒ Erstelle Elementsteckbriefe nach dem abgebildeten Muster. → 2 Gib an, wie die Atome der gesuchten Elemente aufgebaut sind und welche Masse sie haben.
- Das Element steht in der 4. Periode der IV. Hauptgruppe.
- Dieses Element hat die Ordnungszahl 16.
- Die gesuchte Atomsorte hat 14 Elektronen.

Kalium (K)

Aufbau der Atome
Anzahl Protonen 19
Anzahl Elektronen 19
Anzahl Außenelektronen 1
Anzahl Elektronenschalen ... 4
Massenzahl 39

Eigenschaften des Stoffs
Siedetemperatur .... 774 °C
Schmelztemperatur .... 63 °C
Härte .... weich
Reaktivität .... reagiert mit vielen Stoffen

2 Steckbrief des Elements Kalium

Material D

Informationen gewinnen aus dem PSE

Mithilfe des Periodensystems der Elemente lassen sich viele Informationen gewinnen.

1 ☒ Übertrage die Tabelle in dein Heft und fülle mithilfe des Periodensystems die Lücken aus. → 3

Hauptgruppe	Periode	Elementsymbol	Element	Massenzahl	Protonen	Elektronen	Neutronen
II.	3.	...	...	...	...	...	...
...	...	P	...	...	...	...	...
...	...	...	Xenon	...	...	...	...
...	...	...	...	...	9	...	...
...	...	...	...	23	...	...	12
...	...	...	...	...	...	17	...

3

Isotope – Zwillinge bei Elementen?

1 Zwei Elemente und ihre Kennzahlen

Atome bestehen aus drei Bausteinen: Protonen, Elektronen und Neutronen. Deren Anzahl lässt sich aus Ordnungszahl und Massenzahl ermitteln. Doch manchmal treten dabei verblüffende Werte auf. Wie kann das sein?

Halbe Neutronen? • Aus der Ordnungszahl kann man die Anzahl der Protonen und Elektronen ablesen. Die Massenzahl entspricht der Summe der Teilchen im Kern. Das sind bekanntlich die Protonen und Neutronen. So kann man aus der Differenz von Massenzahl und Ordnungszahl die Anzahl der Neutronen bestimmen.
Beim Sauerstoff kommt man auf 8 Neutronen.
Aber was ist bei Chlor los? Hat Chlor dann 18,5 Neutronen: 18 ganze Neutronen und ein halbes Neutron?

Unterschiedliche Neutronenzahl • Halbe Neutronen gibt es nicht. Aber es gibt verschiedene Chlor-Atome. Manche haben 17 Neutronen, andere 19. Atome eines Elements mit unterschiedlicher Neutronenzahl werden als Isotope bezeichnet. Sie haben alle die gleichen chemischen Eigenschaften. Etwa 75 Prozent aller Chlor-Atome haben 17 Neutronen und damit die Massenzahl 35. Die restlichen 25 Prozent haben 19 Neutronen und damit die Massenzahl 37. Berücksichtigt man diese Verteilung, so ergibt sich für die Massenzahl von Chlor ein Mittelwert von 35,5.

Atome eines Elements mit gleicher Protonenzahl und unterschiedlicher Neutronenzahl nennt man Isotope.

Aufgaben

1 ☑ Erkläre mit eigenen Worten, was man unter Isotopen versteht.

2 ☒ Bei Sauerstoff ist die Massenzahl 16. Begründe, ob es von diesem Element Isotope geben kann.

das Isotop

Material A

Übersicht über Isotope

Es gibt Tabellen, in denen Isotope aufgeführt sind. In Bild 2 kannst du solch eine Tabelle für die ersten fünf Elemente sehen.

1 Betrachte die Tabelle. Gib an, wie viele Isotope es von den Elementen Wasserstoff (H) und Beryllium (Be) gibt.

2 Lies aus der Tabelle die Anzahl der Neutronen folgender Isotope ab: $^{8}\mathrm{He}$, $^{9}\mathrm{B}$, $^{12}\mathrm{Be}$.

Protonen	1	2	3	4	5
	H	He	Li	Be	B
Neutronen					
0	$^{1}\mathrm{H}$				
1	$^{2}\mathrm{H}$	$^{3}\mathrm{He}$	$^{4}\mathrm{Li}$	$^{5}\mathrm{Be}$	
2	$^{3}\mathrm{H}$	$^{4}\mathrm{He}$	$^{5}\mathrm{Li}$	$^{6}\mathrm{Be}$	$^{7}\mathrm{B}$
3		$^{5}\mathrm{He}$	$^{6}\mathrm{Li}$	$^{7}\mathrm{Be}$	$^{8}\mathrm{B}$
4		$^{6}\mathrm{He}$	$^{7}\mathrm{Li}$	$^{8}\mathrm{Be}$	$^{9}\mathrm{B}$
5		$^{7}\mathrm{He}$	$^{8}\mathrm{Li}$	$^{9}\mathrm{Be}$	$^{10}\mathrm{B}$
6		$^{8}\mathrm{He}$	$^{9}\mathrm{Li}$	$^{10}\mathrm{Be}$	$^{11}\mathrm{B}$
7		$^{9}\mathrm{He}$	$^{10}\mathrm{Li}$	$^{11}\mathrm{Be}$	$^{12}\mathrm{B}$
8		$^{10}\mathrm{He}$	$^{11}\mathrm{Li}$	$^{12}\mathrm{Be}$	$^{13}\mathrm{B}$
9				$^{13}\mathrm{Be}$	$^{14}\mathrm{B}$
10				$^{14}\mathrm{Be}$	$^{15}\mathrm{B}$
11					$^{16}\mathrm{B}$
12					$^{17}\mathrm{B}$

2 Isotopentabelle der ersten fünf Elemente

Material B

Dem Gemisch auf der Spur

Isotop	Anteil in %
$^{196}\mathrm{Hg}$	0,15
$^{198}\mathrm{Hg}$	10,04
$^{199}\mathrm{Hg}$	16,94
$^{200}\mathrm{Hg}$	23,14
$^{201}\mathrm{Hg}$	13,17
$^{202}\mathrm{Hg}$	29,74
$^{204}\mathrm{Hg}$	6,82

3 Übersicht über Vorkommen der Quecksilber-Isotope

Die in Elementkarten angegebene Massenzahl ergibt sich aus den Atommassen und dem Verhältnis der natürlich vorkommenden Isotope.

1 Bei Wasserstoff findet man die Massenzahl 1,01. Gib an, welches Wasserstoff-Isotop das mit Abstand häufigste ist.

2 Aus der Tabelle kannst du entnehmen, zu welchem Anteil die verschiedenen Isotope des Elements Quecksilber (Hg) vorkommen. → 3 Schlägt man im Periodensystem die Massenzahl nach, so findet man 200,6. Begründe durch Berechnung, wie man auf diese Zahl kommt.

Beschränkung auf das Wesentliche

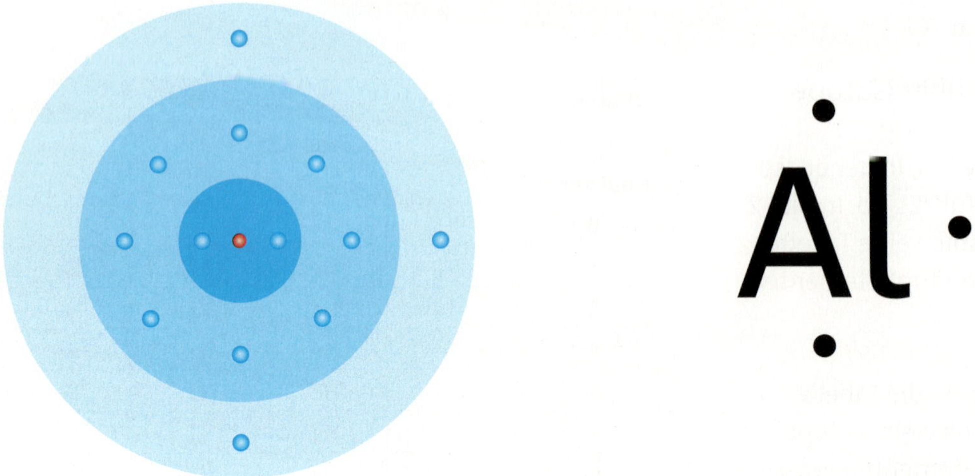

1 Aluminium mit allen seinen Elektronenschalen – Aluminium nur mit seinen Außenelektronen

In der Chemie geht es fast immer nur um die Außenelektronen. Die inneren Elektronenschalen braucht man meistens nicht zu beachten.

Lewis-Schreibweise • Der Amerikaner Gilbert Newton Lewis erkannte früh, dass die Anzahl der Außenelektronen wesentlich für die Eigenschaften von Atomen ist. Auf Basis dieser Erkenntnis entwickelte er eine vereinfachte Schreibweise zum Aufbau der Atomhülle. Entscheidend ist dabei, dass nicht alle Elektronen notiert werden, sondern nur die Außenelektronen. Dabei stellt man jedes Außenelektron als einen Punkt dar, der um das Elementsymbol notiert wird. → 2

Bis zu vier Außenelektronen werden als Punkte notiert. → 3

Wenn weitere Außenelektronen hinzukommen, zeichnet man anstelle eines weiteren Punkts an einer Seite des Elementsymbols einen Strich, als Symbol für ein Elektronenpaar. → 4

2 Natrium

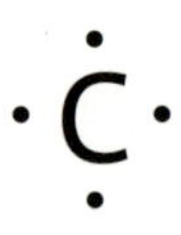

3 Kohlenstoff

4 Stickstoff

Es ist nicht gestattet, einen Strich als Symbol für zwei Elektronen zu notieren, bevor nicht an allen Seiten des Elementsymbols ein Elektron als Punkt markiert worden ist.

Bei der Lewis-Schreibweise werden nur die Außenelektronen notiert. Ein Punkt steht dabei für ein, ein Strich für zwei Außenelektronen.

Aufgaben

1 Gib an, wofür ein Punkt und wofür ein Strich in der Lewis-Schreibweise steht.

2 Gib an, wie viele Außenelektronen das Element Stickstoff hat. → 4

3 Nenne den Grund, weshalb Lewis eine Schreibweise für den Aufbau der Atomhülle entwickelte, bei der man nur die Außenelektronen notiert.

Material A

Die Lewis-Schreibweise lesen

Aus der Lewis-Schreibweise kann man Informationen entnehmen.

1 Erstelle eine Tabelle, aus der man die Anzahl der Außenelektronen der in Bild 5 dargestellten Elemente entnehmen kann.

2 Sortiere die in Bild 5 stehenden Elemente in Gruppen nach ähnlichen Eigenschaften. Benenne die Gruppen, soweit du sie kennst.

3 Spiele das rechts beschriebene Lernspiel mit einem Mitschüler. → 6

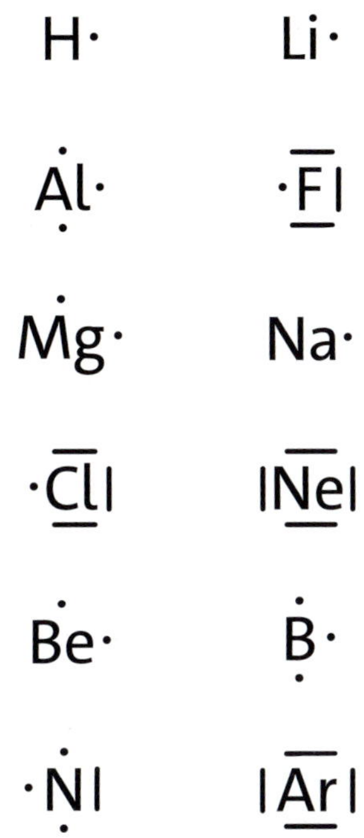

5 Außenelektronen einiger Elemente nach der Schreibweise von Lewis

Die Lewis-Schreibweise als Lernspiel

Lernen macht mehr Spaß mit einem Partner. Man kann auch mit spielerischen Formen erfolgreich sein: Noah sucht sich ein Element aus Bild 5 aus und nennt die Anzahl der Außenelektronen: „Mein Element hat 7 Außenelektronen.“
Nun kommen zwei Elemente infrage: Fluor (F) und Chlor (Cl).
Lisa stellt die passende Frage, um es herauszufinden: „Hat dein Element 2 oder 3 Elektronenschalen?“
Noah antwortet: „3.“
Lisa: „Dann ist es Chlor!“
Noah: „Richtig. Jetzt du!“

6

Material B

Die Lewis-Schreibweise anwenden

Es ist hilfreich, wenn man selbst die Elektronenverteilung gemäß der Lewis-Schreibweise notieren kann.

1 Notiere die Elektronenverteilung nach Lewis von folgenden Elementen:
a Schwefel (S), Silicium (Si) und Phosphor (P)
b Barium (Ba), Xenon (Xe) und Iod (I)

2 In Bild 7 ist die Elektronenverteilung des Elements Schwefel abgebildet. Notiere dieses Element nach der Schreibweise von Lewis.

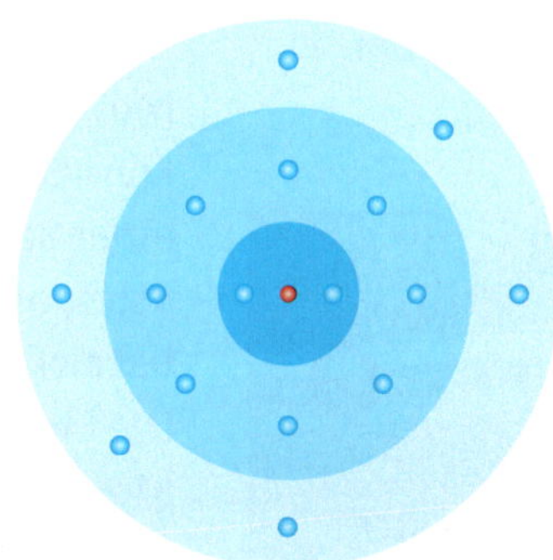

7 Elektronenverteilung nach Bohr

Wie viel wiegt ein Atom?

1 Mol von verschiedenen Stoffen

2 Das Element Wasserstoff

3 Das Element Lithium

4 Das Element Sauerstoff

Atome sind unvorstellbar winzig. Kann man Atome wiegen und wie viel wiegen sie?

Atommasse • Man kann aus den Elementkärtchen unter anderem die Massenzahl entnehmen. → 2 3 4 Die Massenzahl gibt an, wie viel ein Atom wiegt. Bei Lithium sind dies 7 u. Die Einheit u ist eine sehr kleine Gewichtseinheit: 1 u entspricht 0,00000000000000000000000166 g. Einzelne Atome kann man nicht wie einen Apfel auf die Waage legen und die Masse bestimmen.

Mol • Um Stoffportionen wiegen zu können, muss man viele Atome zu einer Stoffportion zusammenfassen. Stoffportionen werden als Stoffmenge bezeichnet und mit n abgekürzt. Die Einheit der Stoffmenge ist das Mol. Um 1 mol eines Stoffs zu erhalten, muss man eine Stoffmenge aus $6{,}022 \cdot 10^{23}$ (600 Trilliarden) Teilchen nehmen.

Molare Masse • Unter der molaren Masse versteht man die Masse von 1 mol Teilchen. Dies entspricht genau der Massenzahl dieser Atomsorte in der Einheit $\frac{g}{mol}$.
Das bedeutet, wenn man die Stoffportion von 1 mol Lithium-Atomen hat, so wiegt diese 7 g. 0,5 mol Lithium-Atome wiegen folglich 3,5 g.

Verbindungen • Auch von Verbindungen kann man die molare Masse bestimmen. Dazu muss man schauen, wie viele Teilchen von welcher Atomsorte darin vorkommen, und dann die molaren Massen der vorkommenden Teilchen addieren.
Beispiel: Wasser (H_2O) besteht aus zwei Atomen Wasserstoff (H) und einem Atom Sauerstoff (O):
molare Masse $= 2 \cdot 1\frac{g}{mol} + 16\frac{g}{mol} = 18\frac{g}{mol}$
1 mol Wasser wiegt 18 g.

Die Massenzahl gibt an, wie viel u ein Atom wiegt und wie viel Gramm 1 mol dieser Atome wiegt. 1 mol ist eine Stoffmenge von $6{,}022 \cdot 10^{23}$ Teilchen.

Aufgaben

1 Gib an, wie viel ein Lithium-Atom und wie viel 1 mol Lithium-Atome wiegen.

2 Berechne, wie viel mol bei 72 g Sauerstoff vorliegen.

die Stoffmenge
das Mol
die molare Masse

Material A

Atommasse, Mol und molare Masse

Teste dein Wissen zu den Begriffen Atommasse, Mol und molare Masse. → 5

1 Ordne den Begriffen auf den grünen Kärtchen die passenden Beschreibungen auf den roten Kärtchen zu. Notiere die richtigen Paare in deinem Heft.

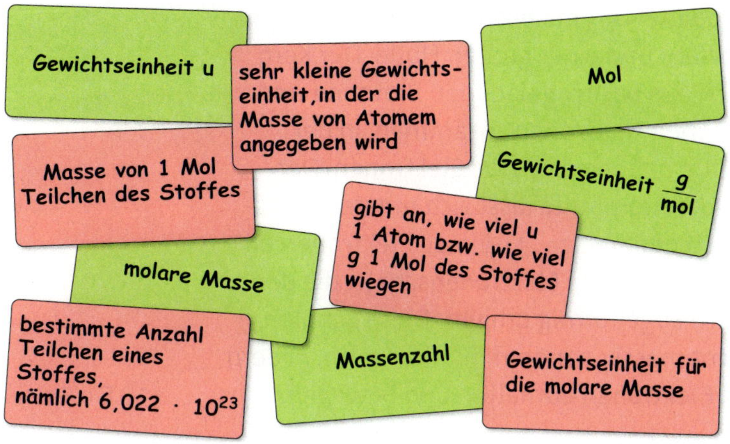

5

Material B

Mit Massenzahlen umgehen

Den Zusammenhang zwischen Atommasse, Mol und molarer Masse zu kennen ist der erste Schritt. Die Anwendung dieser Zusammenhänge ist der nächste Schritt.

1 Gib an, wie viel folgende Stoffe wiegen:
a 1 Atom Aluminium
b 1 mol Chrom
c 4 Natrium-Atome
d 16 Kohlenstoff-Atome
e 7 mol Helium
f 1 mol Eisensulfid (FeS)
g 2,5 mol Methan (CH_4)
h 0,2 mol Wasser (H_2O)

2 Gib an, wie viele Teilchen man bei folgenden Massen hat:
a 12 u Kohlenstoff
b 69 u Natrium
c 12 g Helium
d 81 g Aluminium
e 208 g Chrom
f 30 g Kohlenstoff
g 80,5 g Natrium
h 21,4 g Helium

3 Gib an, was mehr wiegt:
a 3 mol Kohlenstoff oder 2 mol Natrium
b 1000 Chrom-Atome oder 0,2 mol Helium
c eine Stecknadel oder 1 000 000 Chrom-Atome
d 1 mol Chrom oder 13 mol Helium

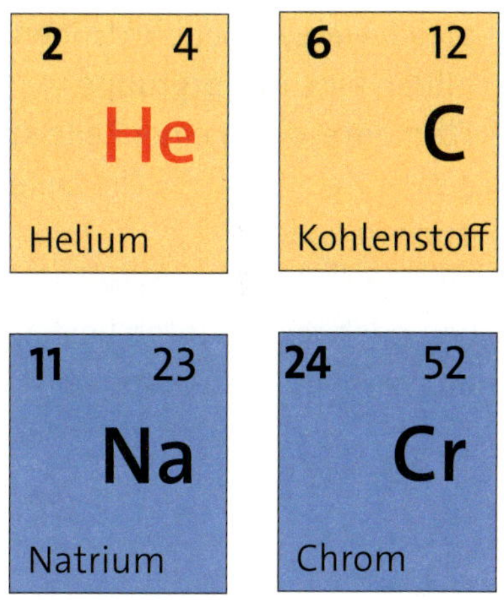

6 Kennzahlen verschiedener Elemente

Die Ordnung der Elemente

Zusammenfassung

Atommodelle • Atome bestehen aus einem sehr kleinen Kern und einer großen Hülle. Der Kern setzt sich aus positiv geladenen Protonen und ungeladenen Neutronen zusammen. In der Atomhülle befinden sich die Elektronen. Der Aufbau der Atomhülle lässt sich mit dem Schalenmodell erklären. → 1 Einige Elektronen bilden zusammen eine Elektronenschale, die den Atomkern kugelförmig umgibt. Diese Schalen sind nicht massiv, sondern nur der Raum, in dem sich die Elektronen aufhalten und bewegen.

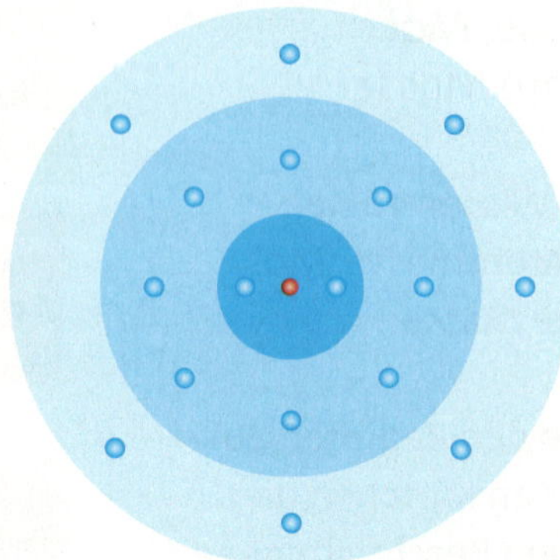

1 Ein Chlor-Atom im Schalenmodell

Periodensystem • Das Periodensystem der Elemente (PSE) vereint mehrere Ordnungsmerkmale:

- Elemente, die untereinander stehen, haben gleich viele Außenelektronen. Solche Elemente bilden eine Hauptgruppe.
- Elemente, die in einer Zeile stehen, haben gleich viele Schalen. Die Zeilen nennt man auch Perioden.

Wenn man das System wie ein Buch von links oben nach rechts unten liest, steigt die Ordnungszahl immer weiter an.

Periode	Hauptgruppe I	II	III	IV	V	VI	VII	VIII
1	1 1,0 **H** Wasserstoff							2 4,0 **He** Helium
2	3 6,9 **Li** Lithium	4 9,0 **Be** Beryllium	5 10,8 **B** Bor	6 12,0 **C** Kohlenstoff	7 14,0 **N** Stickstoff	8 16,0 **O** Sauerstoff	9 19,0 **F** Fluor	10 20,2 **Ne** Neon
3	11 23,0 **Na** Natrium	12 24,3 **Mg** Magnesium	13 27,0 **Al** Aluminium	14 28,1 **Si** Silicium	15 31,0 **P** Phosphor	16 32,1 **S** Schwefel	17 35,5 **Cl** Chlor	18 40,0 **Ar** Argon
4	19 39,1 **K** Kalium	20 40,1 **Ca** Calcium	31 69,7 **Ga** Gallium	32 72,6 **Ge** Germanium	33 74,9 **As** Arsen	34 79,0 **Se** Selen	35 79,9 **Br** Brom	36 83,8 **Kr** Krypton

2 Ausschnitt aus dem Periodensystem

Lewis-Schreibweise • Die Lewis-Schreibweise ist eine vereinfachte Darstellung zum Aufbau der Atomhülle. Es werden hier nur die Außenelektronen notiert. Dabei werden die ersten vier Außenelektronen jeweils als Punkt dargestellt. Weitere Außenelektronen werden so notiert, dass anstelle eines weiteren Punkts ein Strich gezeichnet wird, als Symbol für ein Elektronenpaar.

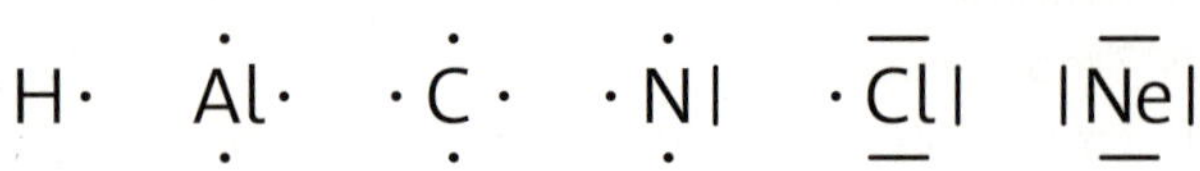

3 Die Außenelektronen verschiedener Elemente in der Lewis-Schreibweise

Teste dich! (Lösungen im Anhang)

Atombau und Atommodelle

1 Vergleiche die Atommodelle von Dalton und Rutherford mit dem Schalenmodell.

2 Gib für die Elemente in Bild 4 an, aus wie vielen Protonen, Neutronen und Elektronen die Atome jeweils bestehen.

3 Aus der Massenzahl kann man einige Informationen entnehmen.
a Gib die Masse von einem Stickstoff-Atom an.
b Berechne, wie viel 2 mol Blei wiegen.
c Berechne, wie viel Mol man bei 714 g Uran hat.

4 Atome eines Elements können unterschiedlich aufgebaut sein. → 5
a Gib an, wie man die unterschiedlich aufgebauten Atome eines Elements nennt.
b Beschreibe, worin sich die beiden Atome in Bild 5 unterscheiden und welche Eigenschaften gleich sind.

4 Kennzahlen für die Elemente Stickstoff, Blei und Uran

5 Worin liegen die Unterschiede?

Periodensystem

5 In Bild 6 ist ein Atom nach den Vorstellungen von Bohr dargestellt.
a Um welche Atomsorte handelt es sich? Nimm das Periodensystem im Anhang zu Hilfe.
b Stelle die Elemente Kohlenstoff (C), Magnesium (Mg) und Chlor (Cl) nach der Atomvorstellung von Bohr dar.
c Gib das Formelzeichen und die Anzahl der Protonen, Neutronen und Elektronen folgender Elemente an:
- 3. Periode, I. Hauptgruppe
- 4. Periode, VII. Hauptgruppe
- 3. Periode, VIII. Hauptgruppe

d Gib Periode und Hauptgruppe folgender Elemente an: Calcium (Ca), Selen (Se) und Argon (Ar). Aus wie vielen Protonen, Neutronen und Elektronen bestehen diese Atome?

6 Notiere die Atome von Lithium, Aluminium und Schwefel in der Lewis-Schreibweise.

7 Beschreibe die Merkmale der I. Hauptgruppe.

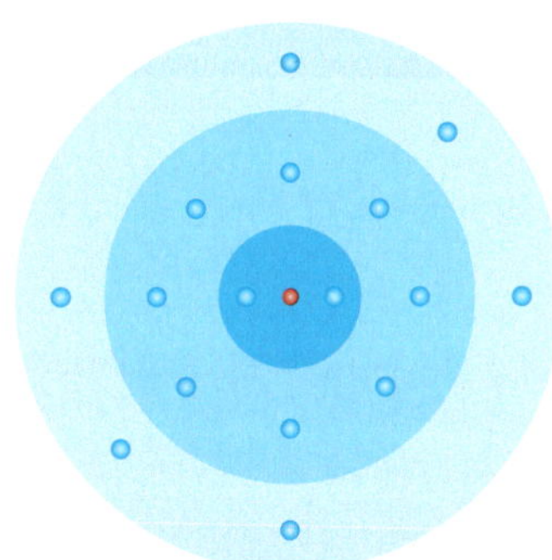

6 Ein Atom nach den Vorstellungen von Bohr

Bindungsarten

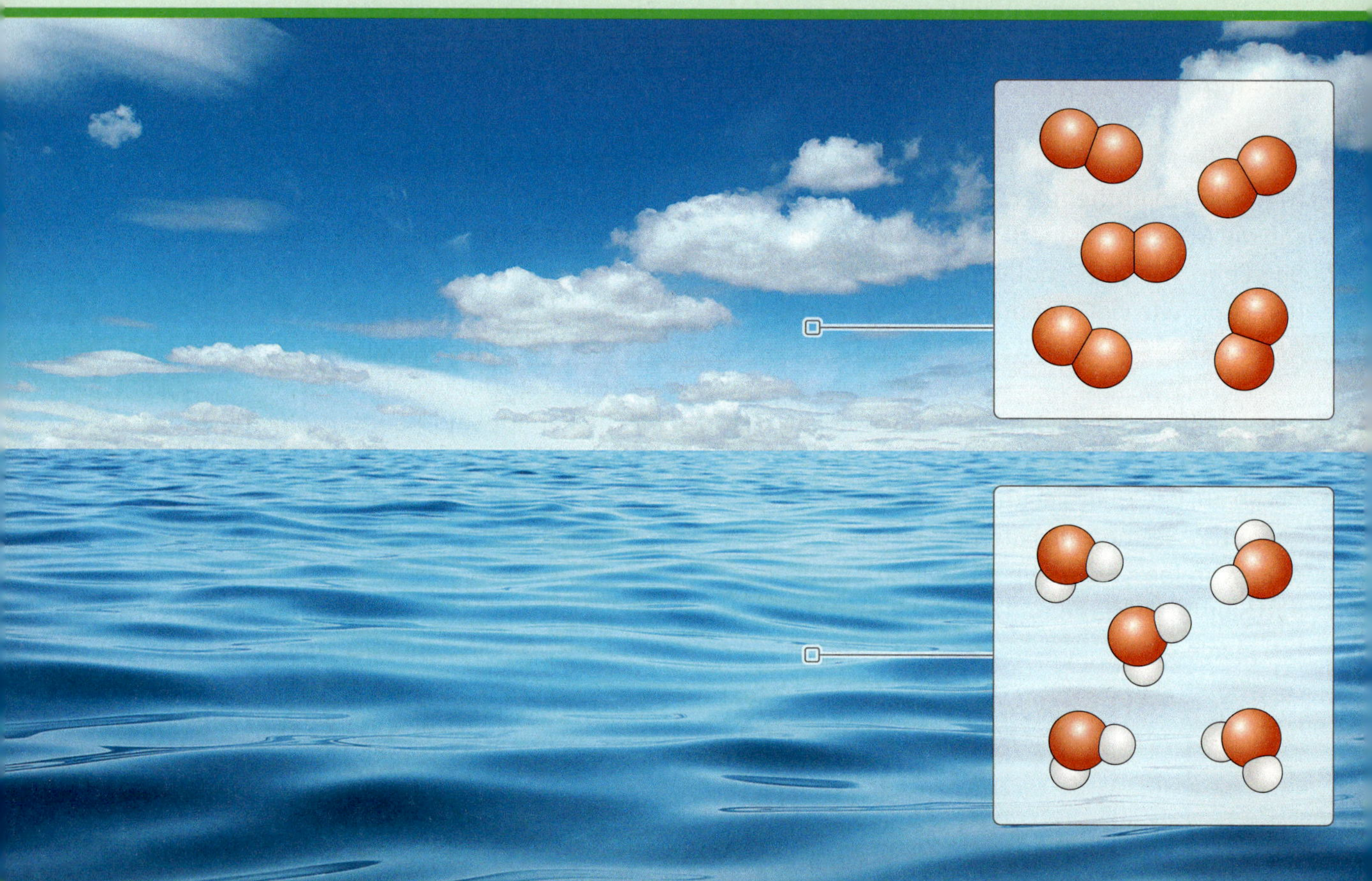

Wasser und Sauerstoff sind zwei aus Molekülen aufgebaute Stoffe. Was kennzeichnet die Bindung zwischen den Atomen eines Moleküls?

Natriumchloridkristalle bestehen nicht aus Molekülen, sondern aus Ionengittern. Was versteht man unter einer Ionenbindung?

Metalle haben besondere Eigenschaften. Kupfer leitet beispielsweise sehr gut elektrischen Strom. Was zeichnet die Metallbindung aus?

Warum verbinden sich Atome?

1 Brennende Hindenburg, gefüllt mit Wasserstoff

2 Luftschiff heute, gefüllt mit Helium

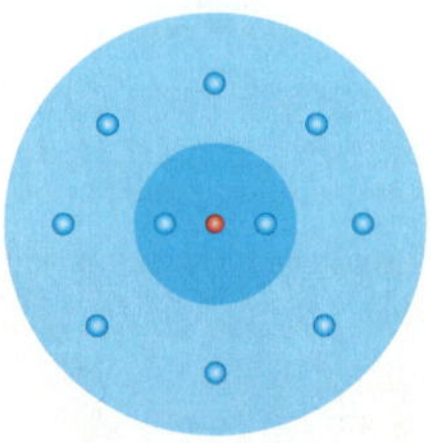

3 Stabil – ein Neon-Atom

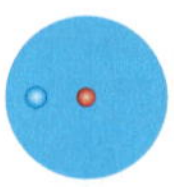

4 Nicht stabil – ein Wasserstoff-Atom

1937 explodierte das Luftschiff Hindenburg kurz vor seiner Landung. Es war mit hoch entzündlichem Wasserstoff gefüllt. Heute wird für Luftschiffe nicht brennbares Helium verwendet. Wie lassen sich die unterschiedlichen Eigenschaften der zwei leichtesten Gase Wasserstoff und Helium erklären?

Edelgasregel • Edelgase sind reaktionsträge. Selbst bei starkem Erhitzen, unter hohem Druck oder bei Kontakt mit reaktionsfreudigen Partnern reagieren sie praktisch nicht. Edelgas-Atome haben jeweils 8 Elektronen in der äußersten Schale. Eine Ausnahme bildet das Helium-Atom. Seine einzige Schale ist schon mit 2 Elektronen voll besetzt. Haben Atome 8 Elektronen in der äußersten Schale (bzw. 2 Elektronen bei nur einer Schale), so sind sie besonders stabil. → 3
Diese Gesetzmäßigkeit nennt man Edelgasregel. Sie ist der Grund, warum Edelgase so reaktionsträge sind.

Edelgaszustand • Atome, die die Edelgasregel nicht erfüllen, sind instabil. Das gilt auch für Wasserstoff-Atome. Sie sind sehr reaktionsfreudig. → 4
Den Edelgaszustand – in diesem Fall zwei Elektronen auf der äußersten Schale – erreichen sie, indem sie sich mit weiteren Wasserstoff-Atomen oder wie beim Hindenburg-Brand mit Sauerstoff-Atomen verbinden. Da sich die Atomkerne bei diesen chemischen Reaktionen nicht verändern, entstehen dabei keine „richtigen" Edelgase. Man spricht nur vom Edelgaszustand.

Bei chemischen Reaktionen erreichen die beteiligten Atome den Edelgaszustand.

Aufgabe

1 ☒ Überprüfe für die Atome der folgenden Elemente, ob sie jeweils die Edelgasregel erfüllen: Bor, Argon, Phosphor, Magnesium, Neon.

die Edelgasregel
der Edelgaszustand

Material A

Mut zur Lücke

1 Schreibe den nebenstehenden Text in dein Heft. → 5 Ergänze die Lücken (A) bis (H) durch die angegebenen Begriffe 1–8.

1 Edelgasregel, 2 Edelgase,
3 Edelgaszustand, 4 Reaktion,
5 Halogene, 6 Elektronen,
7 Ausnahme, 8 äußersten

Erdalkalimetalle und Halogene sind sehr reaktionsfreudig. **(A)** dagegen sind extrem reaktionsträge. Erklären lässt sich diese Beobachtung, wenn man sich die Atome der genannten Elementgruppen näher anschaut. Edelgas-Atome haben jeweils 8 **(B)** auf der äußersten Schale. Eine **(C)** bildet das Helium-Atom. Seine einzige Schale ist bereits mit 2 Elektronen voll besetzt. Damit erfüllen die Atome aller Edelgase die **(D)**. Anders sieht es bei den Atomen der Erdalkalimetalle und den Atomen der **(E)** aus. Die Atome der Erdalkalimetalle besitzen 2 Elektronen auf der **(F)** Schale. Die Atome der Halogene besitzen 7 Elektronen auf der äußersten Schale. Keines der genannten Atome erfüllt damit die Edelgasregel. Den **(G)** erreichen die Atome erst, indem sie sich mit anderen Atomen verbinden. Es muss also eine chemische **(H)** ablaufen.

5

Material B

Das Periodensystem hilft!

1 Suche im Periodensystem die folgenden Elemente: Natrium, Calcium, Schwefel, Stickstoff, Chlor, Kohlenstoff, Kalium, Brom, Krypton, Fluor, Lithium und Silicium.

a Gib an, wie viele Elektronen die Atome der genannten Elemente jeweils auf ihrer äußersten Schale haben.

b Überprüfe, ob sich die Atome der genannten Elemente jeweils im Edelgaszustand befinden.

2 Suche im Periodensystem das Element Sauerstoff.

a Begründe, warum sich ein Sauerstoff-Atom nicht im Edelgaszustand befindet.

b Überprüfe, ob ein Sauerstoff-Atom durch Aufnahme von 2 Elektronen den Edelgaszustand erreicht.

3 In Bild 6 ist ein unbekanntes Atom im Schalenmodell dargestellt.

a Bestimme mithilfe des Periodensystems das zugehörige Element.

b Gib an, wie viele Elektronen das Atom abgeben muss, damit es den Edelgaszustand erreichen kann.

c Diskutiert in Kleingruppen, ob das Atom auch durch Aufnahme von 5 Elektronen den Edelgaszustand erreichen könnte.

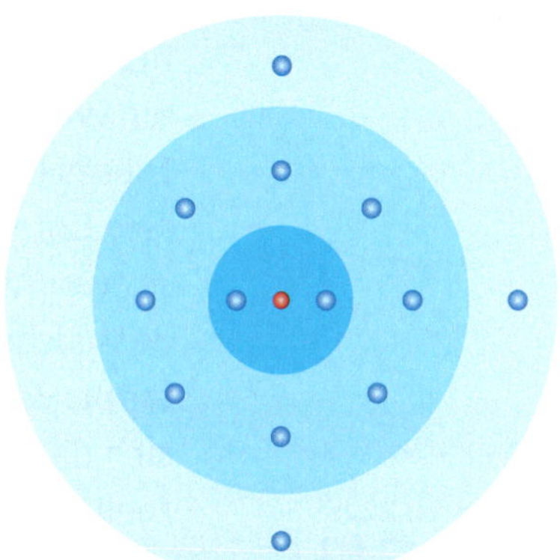

6 Das unbekannte Atom

Die Elektronenpaarbindung

1 Verschiedene Verbindungen im Modell

Molekülmodelle zeigen uns miteinander verbundene Atome. Was kennzeichnet diese Bindung zwischen den Atomen?

Elektronenpaarbindung • Alle Atome streben nach einer vollen Außenschale. Eine Möglichkeit, dies zu erreichen, ist das Eingehen einer Elektronenpaarbindung. Betrachten wir dazu ein Chlor-Atom: Bei diesem Atom befinden sich auf der äußersten Schale 7 Elektronen. → 2

Um die äußerste Schale mit 8 Elektronen voll zu besetzen, bräuchte es noch ein weiteres Elektron.

Dieses Problem löst sich, wenn mehrere Chlor-Atome aufeinandertreffen. Je zwei Atome nähern sich so weit an, dass sich ein Teil ihrer Schalen überlappt. Von beiden Atomen befindet sich dann je ein Elektron in dem gemeinsamen Bereich beider Atomhüllen. → 3

Durch dieses gemeinsame Elektronenpaar haben nun beide Cl-Atome 8 Elektronen auf der äußersten Schale. Wir sagen: Beide Atome befinden sich jetzt im Edelgaszustand.

Und wie halten sie zusammen? • Das gemeinsame negativ geladene Elektronenpaar zieht jeweils die beiden positiv geladenen Atomkerne an. Dadurch bleiben die zwei Atome miteinander verbunden. Diese Verbindung nennt man wegen des gemeinsamen Elektronenpaars Elektronenpaarbindung. Oft benutzt man auch den Begriff Atombindung, da sich bei dieser Bindung Atome verbinden.

2 Chlor mit Außenelektronen

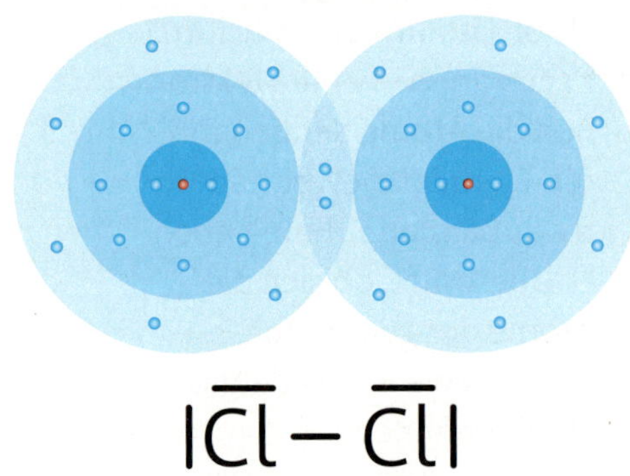

3 Elektronenpaarbindung im Chlormolekül

die Elektronenpaarbindung
die Doppelbindung
die Dreifachbindung

Doppelbindung • Treffen zwei einzelne Sauerstoff-Atome (O) aufeinander, gehen sie miteinander 2 Elektronenpaarbindungen ein. → 6 Dadurch haben die Atome jeweils zwei Elektronen auf der äußersten Schale gemeinsam und erreichen den Edelgaszustand.

Dreifachbindung • Es gibt auch dreifache Elektronenpaarbindungen. Beispielsweise sind zwei Stickstoff-Atome (N) über eine solche Bindung verbunden. → 6

Lewis-Schreibweise • In der Lewis-Schreibweise stellen Punkte einzelne Außenelektronen dar und geben Aufschluss darüber, wie viele Bindungen ein Atom eingehen muss, um den Edelgaszustand zu erreichen. → 4 5 Die Striche um die Elementsymbole kennzeichnen nichtbindende Elektronenpaare. Ein Strich zwischen zwei Atomen steht für ein gemeinsames Elektronenpaar und damit auch für die Elektronenpaarbindung. Doppelbindungen stellt man als Doppelstrich dar, Dreifachbindungen als Dreifachstrich.

Moleküle • Teilchen aus zwei oder mehreren Atomen, die über Elektronenpaarbindungen verbunden sind, bezeichnet man als Moleküle.

Bei einer Elektronenpaarbindung teilen sich zwei Atome ein, zwei oder drei Elektronenpaare. Dadurch erreichen beide Atome den Edelgaszustand, also eine voll besetzte äußerste Elektronenschale.

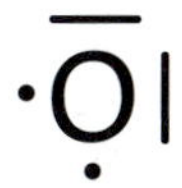

4 Sauerstoff mit Außenelektronen

5 Stickstoff mit Außenelektronen

6 Sauerstoff (O_2) und Stickstoff (N_2) in der Lewis-Schreibweise

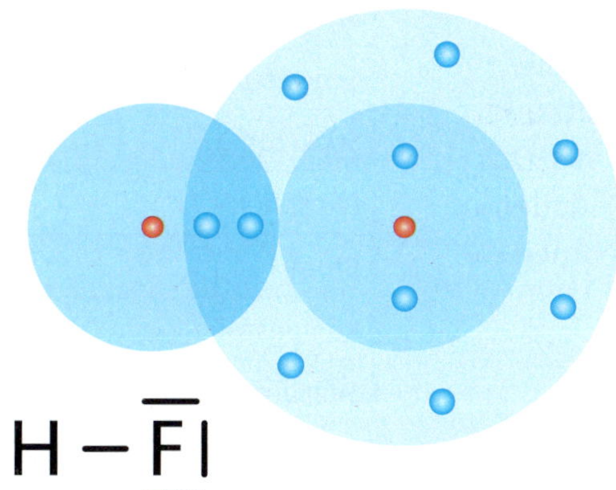

7 Elektronenpaarbindung zwischen Wasserstoff und Fluor

Aufgaben

1 Erläutere, wie man am Aufbau der Atomhülle erkennen kann, ob der angestrebte Edelgaszustand erreicht ist.

2 Erkläre, warum manche Moleküle Zweifach- oder Dreifachbindungen haben.

3 Stelle die Elektronenpaarbindung zwischen zwei Fluor-Atomen in der Lewis-Schreibweise dar.

Die Elektronenpaarbindung

Material A

Anzahl der Bindungen

In der Chemie musst du oft die chemischen Formeln von Verbindungen ermitteln. Dazu ist es wichtig zu wissen, wie viele Elektronenpaarbindungen das Atom eines Elements eingehen kann.

1 ◪ Übernimm die Tabelle von Bild 1 in dein Heft und fülle sie komplett aus. Du kannst auch das Periodensystem zu Hilfe nehmen.

2 ☒ Kannst du einen Zusammenhang zwischen der Zugehörigkeit zu einer Hauptgruppe und der Anzahl der Bindungen erkennen? Formuliere Sätze wie: „Die Elemente der VII. Hauptgruppe sind alle …"

Element	Hauptgruppe	Anzahl der Bindungen
Fluor	?	?
Sauerstoff	?	?
Schwefel	?	?
Stickstoff	?	?
Phosphor	?	?
Brom	?	?
Kohlenstoff	?	?
Silicium	?	?
Iod	?	?
Chlor	?	?

1 Zusammenhang zwischen Hauptgruppe und Anzahl der Bindungen

Material B

Chemische Formeln

In chemischen Formeln, z. B. CO_2, stecken viele Informationen. Die Formel CO_2 bedeutet, dass ein Kohlenstoff-Atom mit zwei Sauerstoff-Atomen verbunden ist.
Umgekehrt kann man aus zeichnerischen Darstellungen herauslesen, was die richtige Formel einer Verbindung ist.

1 ☒ In Bild 2 siehst du die Darstellung einer Verbindung. Gib die Formel der dargestellten Verbindung an.

2 ☒ Stelle die folgenden Verbindungen im Schalenmodell und in der Lewis-Schreibweise dar:
- HCl
- NH_3
- CO_2
- CH_4

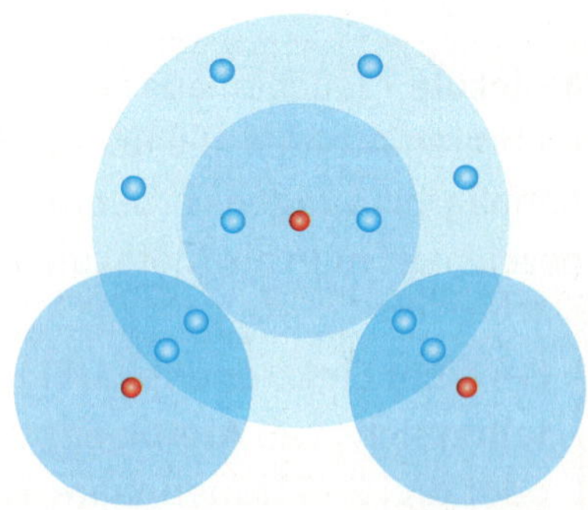

2 Wie lautet die chemische Formel?

Material C

Formeln ermitteln

Wenn man die Zahl der Außenelektronen zweier Elemente kennt, kann man Rückschlüsse auf die Formel ziehen.
Beispiel: Ein Sauerstoff-Atom hat 6 Außenelektronen, ihm fehlen also zwei Elektronen zur vollen Schale. Es braucht also zwei Bindungen. Ein Wasserstoff-Atom braucht für eine volle Schale nur eine Bindung. Deshalb reagieren zwei Wasserstoff-Atome mit einem Sauerstoff-Atom. Die Formel lautet H_2O.

Ammoniak:

NH oder NH_2 oder NH_3 oder NH_4?

Methan:

CH oder CH_2 oder CH_3 oder CH_4?

Chlorwasserstoff:

HCl oder H_2Cl oder H_3Cl oder H_4Cl?

3 Welche Formel stimmt?

1 In Bild 3 stehen verschiedene Formeln für Verbindungen zur Auswahl. Entscheide dich für die richtige und begründe deine Antwort.

2 Notiere die Formeln für folgende Stoffe:
- Bromwasserstoff
- Schwefelwasserstoff
- Iodwasserstoff
- Phosphan (Phosphorwasserstoff)
- Chlor
- Siliciumdioxid

Material D

Entstehung von Wasser

Wasserstoff ist ein Gas. Wenn man dieses Gas entzündet, verbrennt es. Es reagiert also mit Sauerstoff. Bei dieser chemischen Reaktion entsteht Wasser.

Im Verhältnis 2 : 1

Wasser hat die Formel H_2O. Das sagt etwas darüber aus, wie Wassermoleküle zusammengesetzt sind. Zur Erzeugung von Wassermolekülen benötigt man doppelt so viele Wasserstoff-Atome wie Sauerstoff-Atome.

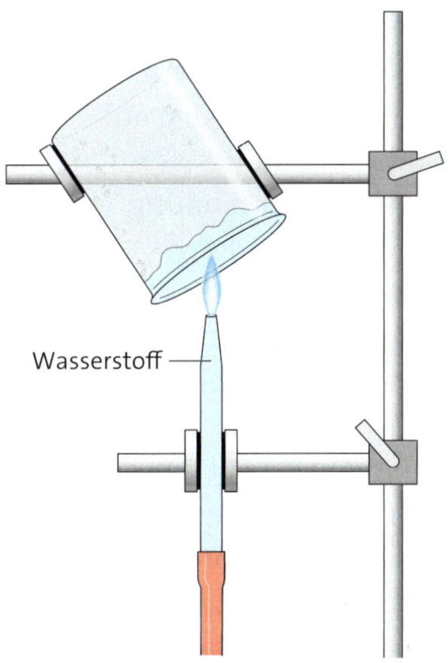

4 Hier verbrennt Wasserstoff. In dem Becherglas sammeln sich Wassertröpfchen.

1 Welche der folgenden chemischen Formeln für Sauerstoff und Wasserstoff sind richtig? Begründe jeweils deine Antworten.
- O oder O_2 oder O_3
- H oder H_2 oder H_3

2 Notiere die Reaktionsgleichung für die Verbrennung von Wasserstoff:
- im Schalenmodell
- in der Lewis-Schreibweise
- in der Formelschreibweise

Die Elektronegativität

1 Wer ist der Stärkere?

Beim Tauziehen sind die beiden gegnerischen Mannschaften oft gleich stark, sodass ein langes Hin- und Herziehen beginnt.
Ähnlich wie beim Tauziehen konkurrieren Atome in einer Elektronenpaarbindung um das bindenden Elektronenpaar.

Ursache für die Anziehung • Die Erklärung liegt im Aufbau der Atome. Die positiv geladenen Protonen im Kern (Kernladung) üben eine Anziehung auf die negativ geladenen Bindungselektronen einer Elektronenpaarbindung aus. Dadurch werden die Bindungselektronen von einem der Bindungspartner näher zu sich gezogen. → 4
Die Anziehungskraft hängt dabei von zwei Faktoren ab:

1. Kernladungszahl: Atome mit einer höheren Kernladungszahl besitzen mehr positiv geladene Protonen im Kern. Diese können die Elektronen aus der Bindung stärker zu sich ziehen.
2. Atomradius: Atome mit einem größeren Atomradius besitzen mehr Elektronenschalen. Die Elektronen auf diesen Schalen sorgen für eine Abschirmung der positiven Kernladung, dadurch wird die Anziehung verringert.

Elektronegativität • Diese Fähigkeit der Atome, Bindungselektronen aus einer Bindung an sich zu ziehen, wird Elektronegativität genannt und mit EN abgekürzt. Jedem Element wird eine EN in Form einer Zahl zugeordnet. → 2

EN im PSE • Elemente, die weiter rechts im PSE stehen, weisen eine deutlich höhere Elektronegativität auf. → 2 Das liegt an ihrer höheren Kernladungszahl. Elemente, die sich weiter unten im PSE befinden, zeigen eine geringere Elektronegativität als Elemente, die weiter oben stehen. Dies lässt sich mit ihrem größeren Atomradius erklären.

Dipol • Am Beispiel der Elektronenpaarbindung im Chlorwasserstoffmolekül (HCl) erkennt man, dass die Bindungselektronen näher zum Chlor hin verschoben sind. → 4 Durch diese Verschiebung bildet sich beim Chlor-Atom eine negative Teilladung δ^- (gesprochen: Delta minus) aus. Am Wasserstoff-Atom bildet sich entsprechend eine positive Teilladung δ^+ aus. Aufgrund der beiden Pole (δ^- und δ^+) spricht man von einer polaren Elektronenpaarbindung. Besitzt ein Molekül zwei Pole und die Ladungsschwerpunkte liegen auseinander, so spricht man von einem Dipol.

die Elektronegativität (EN)
der Dipol
die polare/unpolare Elektronenpaarbindung

In einem Wasserstoffmolekül (H_2) bilden sich keine Teilladungen aus, da die Bindungselektronen von beiden Wasserstoff-Atomen gleichermaßen angezogen werden. Hier liegt eine unpolare Elektronenpaarbindung vor.

Polar oder unpolar? • Um herauszufinden, ob es sich um eine unpolare, polare oder eine sogenannte Ionenbindung handelt, wird die Differenz der Elektronegativitätswerte ΔEN (gesprochen: Delta EN) betrachtet. Hierfür subtrahiert man die EN-Werte der Bindungspartner. Beispiel Chlorwasserstoff (HCl):
ΔEN = EN (Chlor) – EN (Wasserstoff) = 3,0 – 2,1 = 0,9
Betrachtet man die Richtwerte zur Polarität, handelt es sich um eine polare Elektronenpaarbindung. → 3
Bei einem Wasserstoffmolekül (H_2) haben beide Wasserstoff-Atome eine EN von 2,1. Bestimmt man die Differenz der EN-Werte, so ergibt sich:
ΔEN = 2,1 – 2,1 = 0.
Das bedeutet, es liegt eine unpolare Elektronenpaarbindung vor.
Wenn ΔEN > 1,7, wird das Elektronenpaar einem Partner vollständig zugeordnet. Hier liegt dann eine Ionenbindung vor.

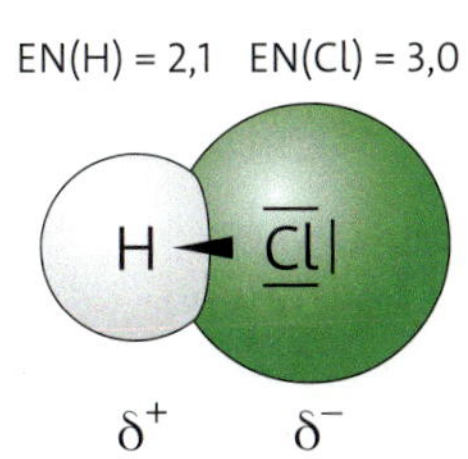

4 Polare Atombindung bei HCl

EN nimmt zu (von unten nach oben) / EN nimmt zu (von links nach rechts)

H 2,1							**He** –
Li 1,0	**Be** 1,5	**B** 2,0	**C** 2,5	**N** 3,0	**O** 3,5	**F** 4,0	**Ne** –
Na 0,9	**Mg** 1,2	**Al** 1,5	**Si** 1,8	**P** 2,1	**S** 2,5	**Cl** 3,0	**Ar** –
K 0,8	**Ca** 1,0	**Ga** 1,6	**Ge** 1,8	**As** 2,0	**Se** 2,4	**Br** 2,8	**Kr** –
Rb 0,8	**Sr** 1,0	**In** 1,7	**Sn** 1,8	**Sb** 1,9	**Te** 2,1	**I** 2,5	**Xe** –
Cs 0,7	**Ba** 0,9	**Tl** 1,8	**Pb** 1,8	**Bi** 1,9	**Po** 2,0	**At** 2,2	**Rn** –
Fr 0,7	**Ra** 0,9						

2 Elektronegativität im Periodensystem der Elemente

ΔEN	Bindungsart	Kennzeichen der Bindung
0,0–0,5	unpolare Bindung	Das gemeinsame Elektronenpaar wird von beiden Atomen gleich stark beansprucht.
0,5–1,7	polare Bindung	Ein Atom beansprucht stärker als das andere das gemeinsame Elektronenpaar.
> 1,7	Ionenbindung	Es sind keine gemeinsamen Elektronenpaare vorhanden. Es bilden sich Ionen.

3 Richtwerte zur Polarität

Die Elektronegativität ist ein Maß für die Fähigkeit eines Atoms, Bindungselektronen an sich zu ziehen.

Aufgaben

1 Erkläre, was man unter der Elektronegativität versteht.

2 Erläutere den Zusammenhang zwischen der Stärke der Elektronegativität und dem Atombau.

3 Berechne, ob es sich bei einem HF-Molekül um eine polare oder eine unpolare Bindung handelt.

Die Elektronegativität

Material A

Richtig oder falsch?

1 In Bild 1 sind einige Aussagen zum Thema Elektronegativität und Bindungsarten aufgeführt.

a ☒ Entscheide, welche der Aussagen richtig und welche falsch sind. Schreibe die richtigen Aussagen in dein Heft.

b ☒ Korrigiere die falschen Aussagen. Schreibe sie ebenfalls in dein Heft, nachdem deine Lehrkraft sie korrigiert hat.

Die Elektronegativität ist die Fähigkeit eines Atoms, Bindungselektronen an sich zu ziehen.

Die Elektronegativität wird von der Zahl der Außenelektronen und dem Atomradius bestimmt.

Liegt die Differenz der Elektronegativitätswerte (ΔEN) der beiden Atome zwischen 0 und 0,5, ist die Bindung unpolar.

Ist die Differenz der Elektronegativitätswerte (ΔEN) von zwei Atomen größer als 1,7, so ist die Bindung polar.

1 Aussagen zur Elektronegativität

Material B

Polar oder unpolar?

Gibt es innerhalb einer Verbindung mehr als zwei Bindungspartner, so bestimmt man für jede Bindung einzeln die Elektronegativitätsdifferenz. Innerhalb eines Kohlenstoffdioxidmoleküls bestimmen sich die Werte wie folgt:
ΔEN = EN (Sauerstoff) – EN (Kohlenstoff) = 3,5 – 2,5 = 1.
Dieser Wert gilt für jede der beiden Bindungen. → 2 Das bedeutet: Sauerstoff besitzt eine höhere EN und die Elektronenpaare liegen somit jeweils näher am Sauerstoff-Atom als am Kohlenstoff-Atom.

1 Gegeben sind folgende Verbindungen:
HF, NH_3, Br_2, N_2

a ☒ Zeichne die Verbindungen in der Lewis-Schreibweise in dein Heft.

b ☒ Bestimme für die Verbindungen die Elektronegativitätsdifferenzen (ΔEN). Gehe vor wie in Bild 2 am Beispiel Kohlenstoffdioxid gezeigt. Die Elektronegativitätswerte findest du sowohl in Bild 2 auf der Basisseite als auch im Periodensystem im Buchanhang.

c ☒ Gib anhand der berechneten Elektronegativitätsdifferenz jeweils an, ob die Bindung polar oder unpolar ist.

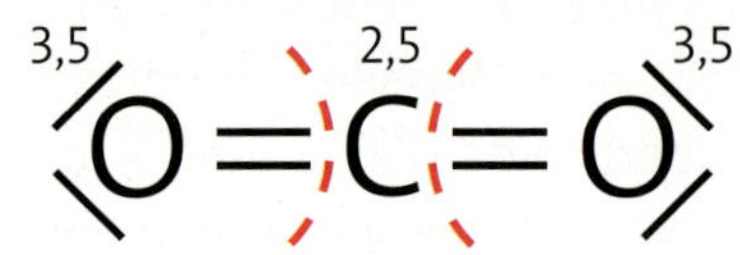

2 Kohlenstoffdioxid mit EN-Werten

2 Atombau und Elektronegativität:
Erkläre mit dem Atombau,

a ☒ warum Sauerstoff eine größere Elektronegativität als Kohlenstoff hat.

b ☒ warum Sauerstoff eine größere Elektronegativität als Schwefel hat.

Methode

Dipol oder nicht?

Um festzustellen, ob ein Molekül ein Dipol ist, muss man die Polaritäten der Bindungen und die Struktur genauer betrachten. Wir betrachten hierzu das Beispiel Wasser:

Schritt 1 Entnimm dem Periodensystems der Elemente die Elektronegativitätswerte der am Molekül beteiligten Atome:
Wasserstoff = 2,1 und Sauerstoff = 3,5

Schritt 2 Berechne die Elektronegativitätsdifferenz der Atome:
ΔEN = EN (Sauerstoff) – EN (Wasserstoff)
= 3,5 – 2,1 = 1,4

Schritt 3 Zeichne die Verbindung in der Lewis-Schreibweise und bestimme die Teilladungen der einzelnen Atome: δ^- und δ^+

Schritt 4 Betrachte die Struktur. Liegen die Ladungsschwerpunkte auseinander oder fallen sie zusammen? Im Wassermolekül liegen die Ladungsschwerpunkte auseinander. Es handelt sich daher um einen Dipol.
Beachte: Nicht jedes Molekül mit polaren Bindungen ist auch ein Dipol. Die Bindungen im Kohlenstoffdioxidmolekül sind beispielsweise polar mit einer EN-Differenz von 1.
Die beiden negativen Teilladungen an den Sauerstoff-Atomen gehen jedoch in entgegengesetzte Richtungen. → 4 Dadurch heben sie sich auf. Ihr Ladungsschwerpunkt liegt genau in der Mitte des Moleküls – genau da, wo auch die positive Teilladung ist. Insgesamt gesehen ist das Molekül daher kein Dipol.

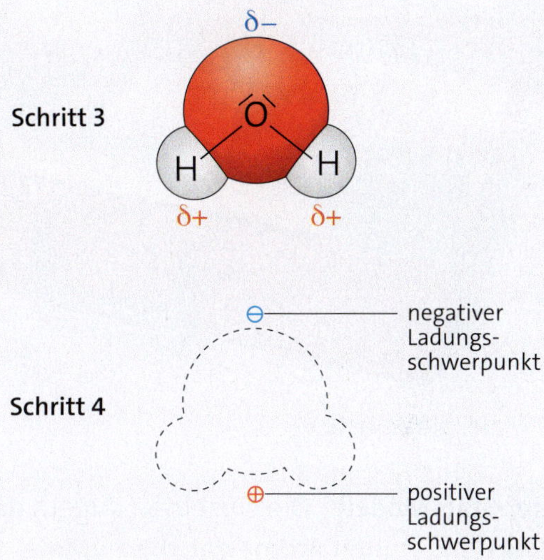

3 Schritt 3 und 4

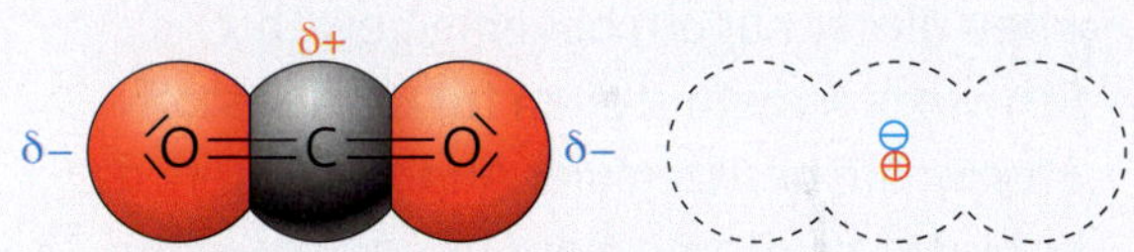

4 Teilladungen (A) und Ladungsschwerpunkte (B) im Kohlenstoffdioxidmolekül

Aufgaben

1 Wir betrachten die Moleküle HCl, CH_4, $CHCl_3$.

a Baue die Moleküle mit einem Molekülbaukasten.

b Entscheide mit der Schritt-für-Schritt-Anleitung, welche der Moleküle Dipole sind.

Die Elektronegativität

Methode

Molekülmodelle aus dem Baukasten

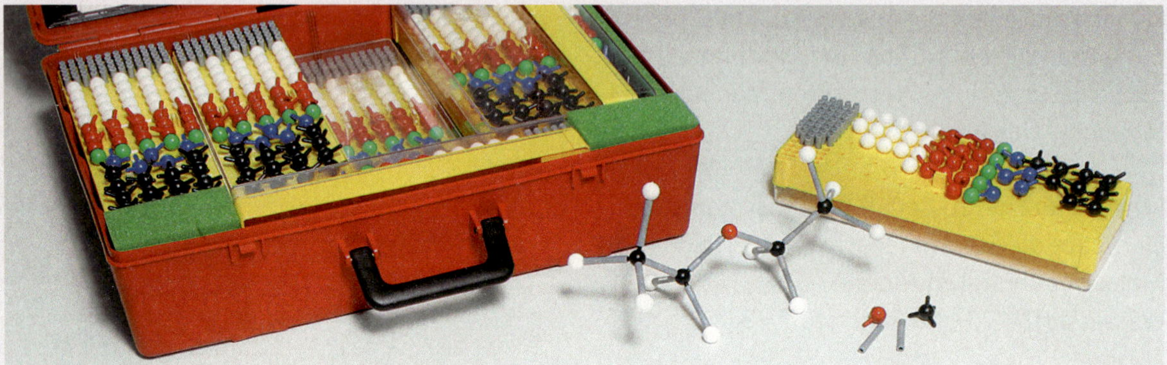

1 Molekülbaukasten

Kugel-Stab-Modell • Die einzelnen Kugeln des Baukastens stellen Atome dar, die zu Molekülmodellen zusammengesteckt werden können. Die Kugeln sind verschiedenfarbig. → 1 Da man Atome nicht sehen kann, sind die Farben dieser Kugeln beliebig gewählt.

- Schwarze Kugeln stehen für Kohlenstoff-Atome. Sie besitzen vier Andockstellen, da Kohlenstoff-Atome vier Außenelektronen besitzen und folglich vier Elektronenpaarbindungen eingehen können.
- Weiße Kugeln stehen für Wasserstoff-Atome. Da Wasserstoff-Atome nur eine Elektronenpaarbindung eingehen, besitzt ihr Modell nur eine Andockstelle.
- Rote Kugeln stehen für Sauerstoff-Atome. Sie haben zwei Andockstellen.

Um die Elektronenpaarbindungen im Molekül deutlich hervorzuheben, werden die Kugeln mit Stäbchen zusammengesteckt. Daher heißt dieses Modell Kugel-Stab-Modell. Ein Stäbchen steht für zwei Elektronen bzw. eine Elektronenpaarbindung.

Andere Modelle • Das Kalottenmodell ist genau wie das Kugel-Stab-Modell ein räumliches Modell, das die Struktur von Molekülen veranschaulicht. Allerdings sind die Elektronenpaarbindungen nicht extra dargestellt. Die einzelnen Kugelausschnitte (Kalotten) werden mit Druckknöpfen verbunden. → 2

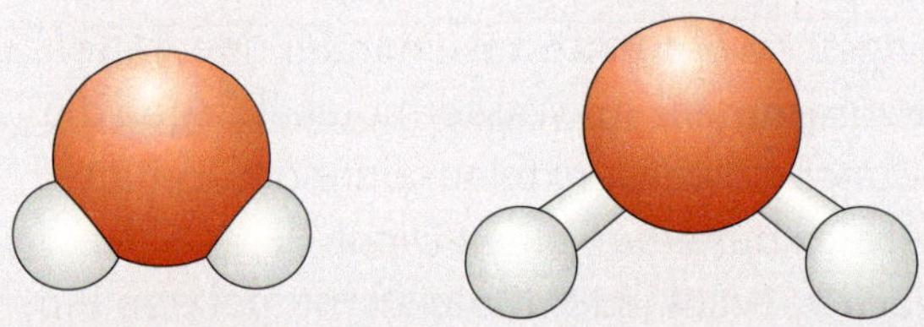

2 Das Wassermolekül: Kalottenmodell (links), Kugel-Stab-Modell (rechts)

Aufgaben

1 ◪ Beschreibe das Kugel-Stab-Modell.

2 ⊠ Erkläre, was die Stäbchen beim Kugel-Stab-Modell darstellen.

Material E

Modelle erkennen und zeichnen

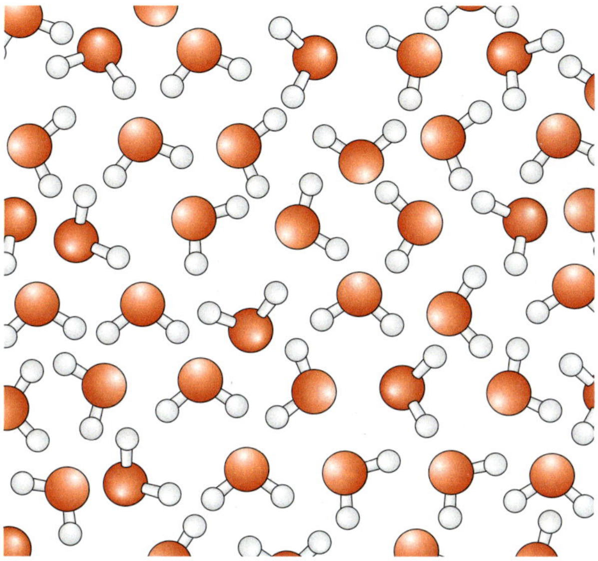

3 Wassermoleküle in Modelldarstellung

1 In Bild 3 siehst du einen winzigen Ausschnitt aus einem Tropfen Wasser in Modelldarstellung.
a Gib an, um welches Modell es sich handelt.
b Zeichne Bild 3 als Kalottenmodell in dein Heft.
c Das Wasser wird nun erhitzt, bis es gasförmig wird. Wie müsstest du die Modelldarstellung in Bild 3 nun verändern? Zeichne sie in dein Heft.

2 Zeichne Chlorwasserstoff (HCl) in der Lewis-Schreibweise, als Kugel-Stab-Modell und als Kalottenmodell in dein Heft.

Material F

Digitale Molekülmodelle erstellen

Im Internet gibt es kostenlose Programme, mit denen Moleküle als Modell am Bildschirm dargestellt werden können. → 4

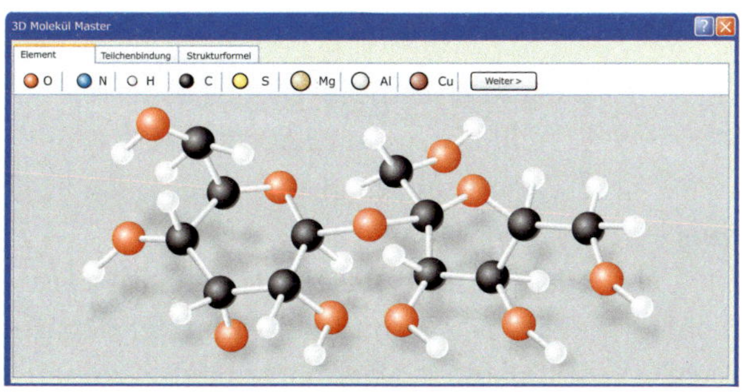

4 Programm zum Erstellen von Molekülmodellen

Mithilfe verschiedener Werkzeuge kann man Molekülmodelle digital erstellen. Sie lassen sich dreidimensional auf dem Monitor anzeigen und sogar drehen und wenden.

1 Besorge dir ein kostenloses Programm zum Erstellen von Molekülen. Erstelle dann die Modelle für folgende Moleküle:
- Wasserstoff (H_2)
- Wasser (H_2O)
- Methan (CH_4)
- Ammoniak (NH_3)

2 Baue die Modelle der Moleküle von Aufgabe 1 mit einem herkömmlichen Molekülbaukasten wie in Bild 1 auf S. 244.

Wasser – besondere Eigenschaften

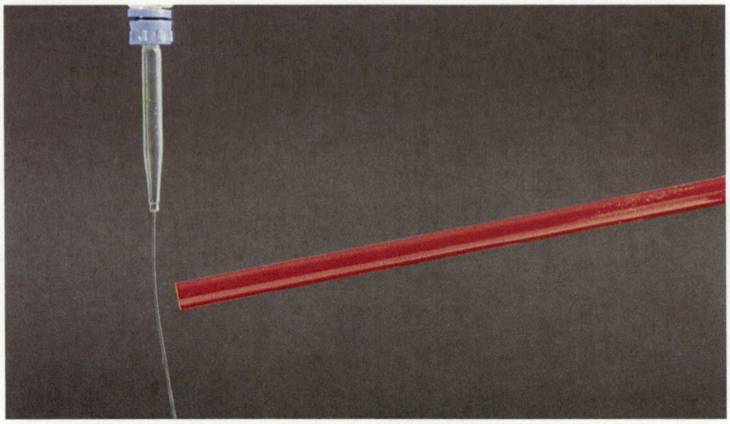

1 Wasser lässt sich im elektrischen Feld umlenken.

Mit einem elektrisch geladenen Kunststoffstab lässt sich ein Wasserstrahl anziehen und umlenken. Wie ist das möglich?

Ladungen im Molekül • Der Wasserstrahl-Versuch zeigt, dass es in Wassermolekülen elektrische Ladungen gibt, die für die Anziehung verantwortlich sind. → 1 Ein Grund dafür sind die unterschiedlichen Elektronegativitäten von Wasserstoff (EN = 2,1) und Sauerstoff (EN = 3,5). Durch diese unterschiedlich starke Anziehung sind die Bindungselektronen näher beim Sauerstoff. In Bild 3 ist das mit den beiden Keilen dargestellt. Die Bindungen im Wassermolekül sind stark polar.

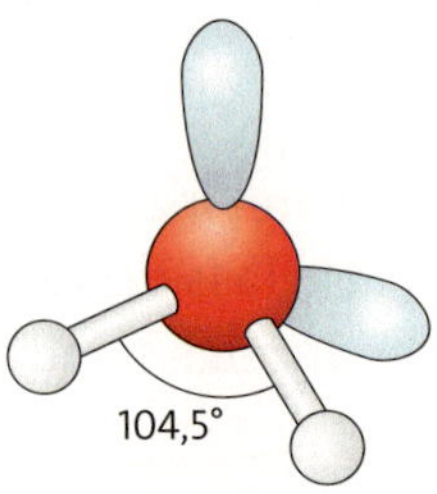

2 EPA-Modell von Wasser

Elektronenpaarabstoßungsmodell (EPA) • Im Wassermolekül gibt es bindende Elektronenpaare zwischen dem Sauerstoff-Atom und den Wasserstoff-Atomen sowie zwei nichtbindende Elektronenpaare am Sauerstoff-Atom. Diese sogenannten freien Elektronenpaare benötigen mehr Platz und stoßen sich gegenseitig ab. Dadurch entsteht die gewinkelte Molekülstruktur des Wassers. → 2

Im Elektronenpaarabstoßungsmodell (EPA) werden bindende und freie Elektronen betrachtet. Diese bestimmen die räumliche Struktur eines Moleküls.

Wasser ein Dipol • Im Bereich des Sauerstoff-Atoms gibt es aufgrund der Anziehung der Elektronen eine negative Teilladung, bei den Wasserstoff-Atomen eine positive Teilladung. Die Schwerpunkte der beiden Teilladungen liegen aufgrund der gewinkelten Struktur in verschiedenen Richtungen. Wasser ist daher ein Dipol. → 3

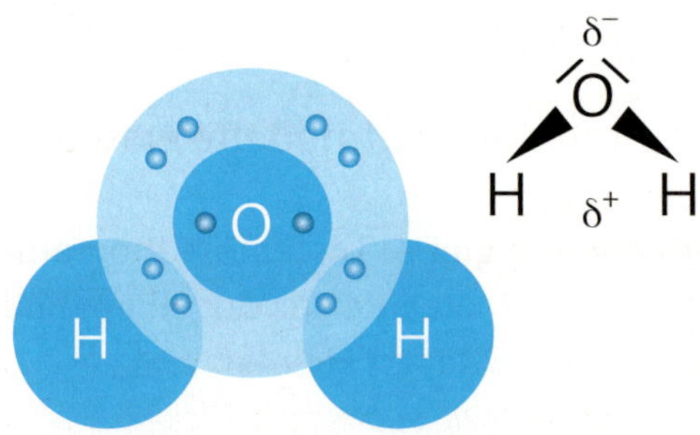

3 Die Bindungen im Wassermolekül

Im Wassermolekül gibt es unterschiedliche Teilladungen. Es ist ein Dipolmolekül.

Wasserstoffbrücken • Der positive Pol eines Wassermoleküls und der negative Pol eines Nachbarmoleküls ziehen sich gegenseitig an. → 4

das Elektronenpaarabstoßungsmodell (EPA)
die Wasserstoffbrücke

Diese Anziehung zwischen dem Sauerstoff-Atom des einen Moleküls und dem Wasserstoff-Atom des anderen Moleküls bezeichnet man als Wasserstoffbrücke. Je mehr Wasserstoffbrücken ein Molekül enthält, desto höher ist die Siedetemperatur des Stoffs. Das liegt daran, dass beim Überführen in den gasförmigen Zustand diese Anziehungskräfte mit mehr Energie überwunden werden müssen.

Oberflächenspannung • Es gibt kleine Insekten, die auf Wasser laufen können, als hätte es eine Haut. → 5 Die Wasserstoffbrücken sorgen durch die Anziehung benachbarter Wassermoleküle zur Seite und nach innen sowie die fehlende Anziehung nach oben für die Oberflächenspannung des Wassers. Der Wasserläufer macht sich dies zunutze.
Auch die charakteristische runde Tropfenform kommt dadurch zustande. → 6

Löslichkeit • Die Wasserstoffbrücken beeinflussen auch die Löslichkeit von Wasser in anderen Stoffen. So löst sich Wasser am besten in polaren Stoffen, die ebenfalls Wasserstoffbrücken ausbilden können.

Zwischen den verschiedenen Dipolmolekülen herrschen Anziehungskräfte, die Wasserstoffbrücken. Mit ihnen lassen sich die Oberflächenspannung, die Siedetemperatur und die Löslichkeit von Wasser erklären.

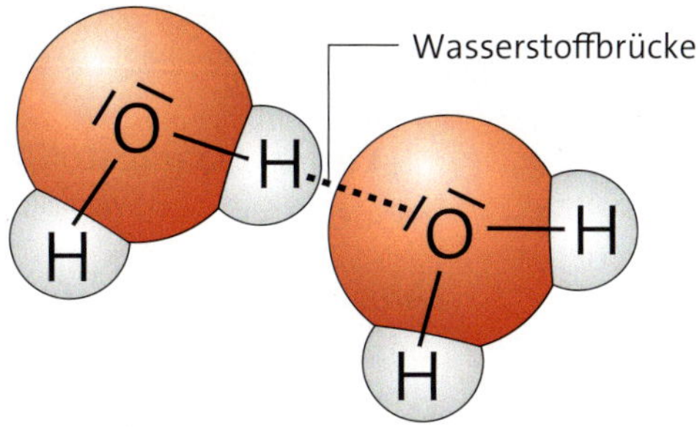

4 Wasserstoffbrücke

5 Wasserläufer

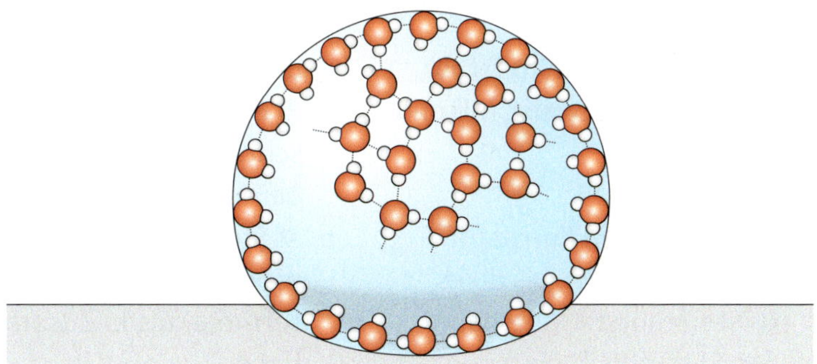

6 Wasserstoffbrücken sorgen für die Tropfenform.

Aufgaben

1 ⊠ Erkläre mit dem EPA-Modell, warum das Wassermolekül eine gewinkelte Struktur besitzt.

2 ⊠ Erläutere die Entstehung der Oberflächenspannung beim Wasser. Verwende dazu Fachbegriffe.

Wasser – besondere Eigenschaften

Material A

Begriffschaos

1 Ordne den roten Begriffskärtchen die passende grüne Definition zu. → 1 Notiere die Zuordnungen anschließend in deinem Heft.

Elektronenpaarabstoßungsmodell

Anziehungskräfte, die zwischen benachbarten Dipolmolekülen des Wassers herrschen

Elektronegativität

Molekül mit zwei Polen, bei dem die Ladungsschwerpunkte auseinanderliegen

Ein Maß für die Fähigkeit eines Atoms, Bindungselektronen an sich zu ziehen

Dipol

Hier werden die bindenden und nichtbindenden Elektronenpaare betrachtet. Dadurch kann die Molekülstruktur bestimmt werden.

Wasserstoffbrücken

1

Material B

Wasserstrahl-Versuch

Materialliste: Kunststoffstab, Katzenfell (ersatzweise Mikrofasertuch)

1 Reibe über den Kunststoffstab hin und her, bis du es knistern hörst. Halte dann den Stab nun in die Nähe eines dünnen Wasserstrahls und beobachte, was mit dem Strahl passiert.

a ⊠ Erkläre das Ergebnis. Beschreibe, was mit dem Stab beim Reiben geschehen ist.

b ⊠ Stelle das Versuchsergebnis mit dem Bau des Wassermoleküls in Zusammenhang.

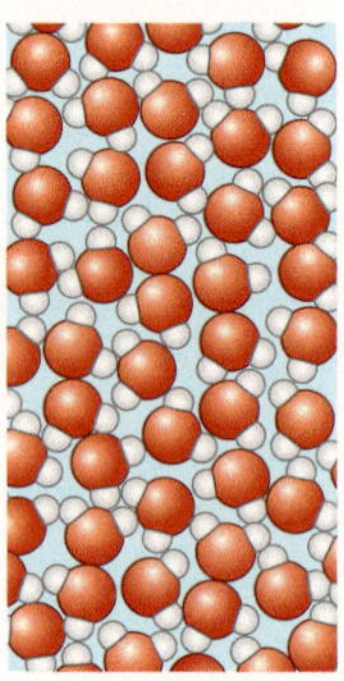

2 Normaler Wasserstrahl

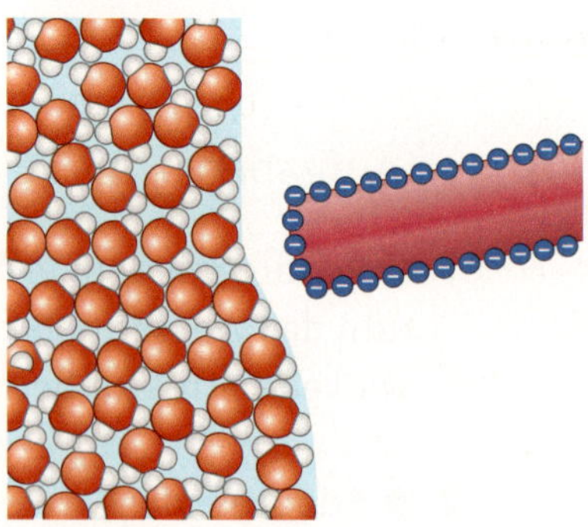

3 Abgelenkter Wasserstrahl

Material C

Das passende Modell

Modelle helfen in den Naturwissenschaften, Sachverhalte besser zu verstehen. Je nachdem, was man erklären will, eignet sich ein anderes Modell. Mit dem Elektronenpaarabstoßungsmodell lässt sich z. B. die Molekülstruktur gut erklären, jedoch nicht der Atombau. Für die Erklärung des Atombaus eignet sich z. B. das Rutherford'sche Atommodell.

1 ⊠ Wähle für folgende Aussage das passende Modell zur Erklärung: „Wasser besitzt eine gewinkelte Struktur." Begründe deine Entscheidung.

Erweitern und Vertiefen

Dichteanomalie des Wassers

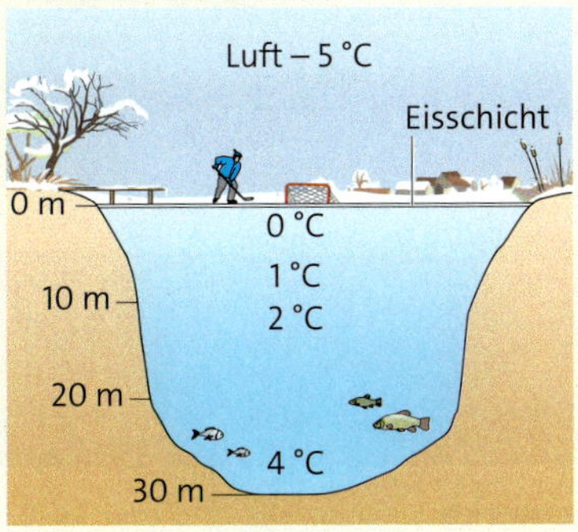

4 See im Winter

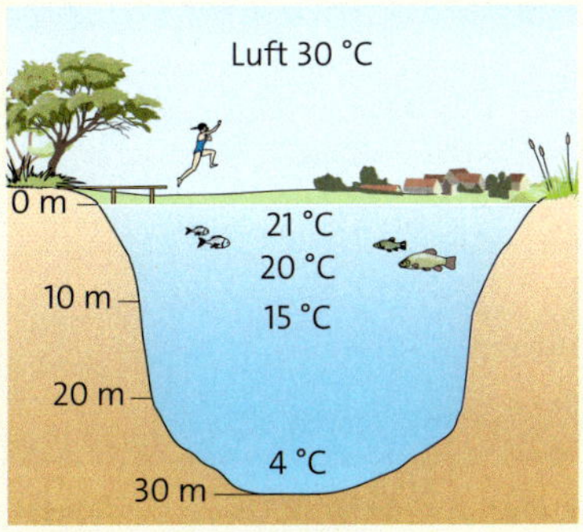

5 See im Sommer

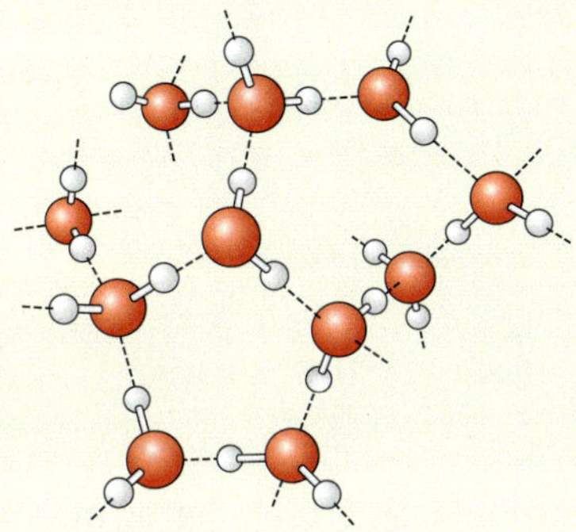

6 Sperrige Struktur im Eis

Eine besondere Struktur • Bei den meisten Stoffen gilt: Je tiefer die Temperatur, desto größer die Dichte. Festes Wachs geht deshalb in flüssigem Wachs unter.
Bei Wasser stellt man jedoch etwas Faszinierendes fest: Die Dichte nimmt beim Abkühlen zwar zu, aber nur bis zu einer Temperatur von 4 °C. Darunter nimmt die Dichte wieder ab. → 7 Verantwortlich dafür ist die gewinkelte Struktur des Wassers. Durch Ausbilden von Wasserstoffbrücken zwischen den Molekülen entsteht eine sperrige Anordnung, die mehr Raum einnimmt. → 6 Dies erklärt, warum Eis leichter ist als flüssiges Wasser und Eiswürfel an der Wasseroberfläche schwimmen.

Überleben trotz Eis • Durch diese Dichteanomalie friert ein See im Winter nur von oben zu und das Eis schwimmt auf dem Wasser. → 4 Am Grund des Sees herrscht eine Temperatur von 4 °C. Dies ermöglicht Fischen zu überwintern. Auch im Sommer herrscht am Grund des Sees eine Temperatur von 4 °C. → 5 Die wärmeren Wasserschichten liegen dabei oben.

Aufgaben

1 Beschreibe die Dichteanomalie des Wassers mithilfe des Diagramms. → 7

2 Erkläre, wie Fische in einem zugefrorenen See überwintern können. → 4

3 Überlege, ob Wasser in einem Thermometer eingesetzt werden kann. Begründe deine Entscheidung.

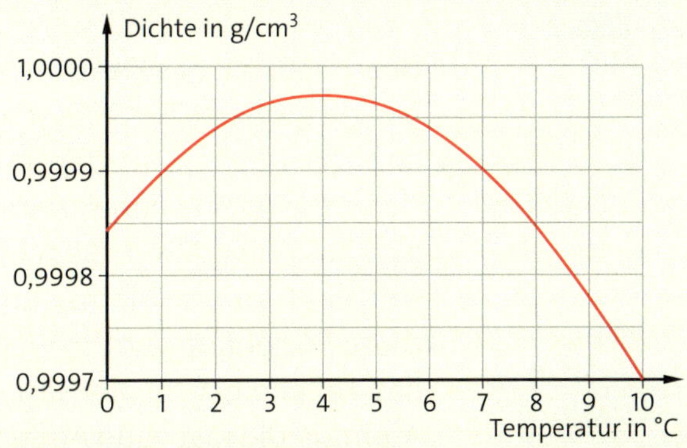

7 Dichteanomalie des Wassers

Die Ionenbindung

1 Natrium reagiert sehr heftig mit Chlor. Dabei entsteht Kochsalz (Natriumchlorid).

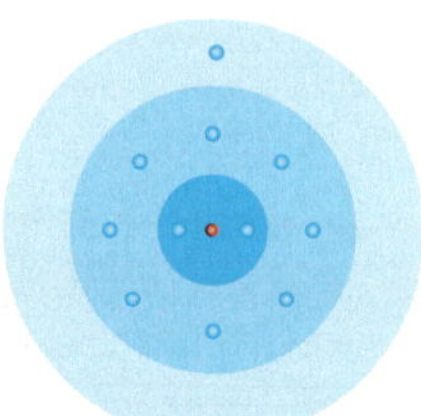

2 Natrium-Atom

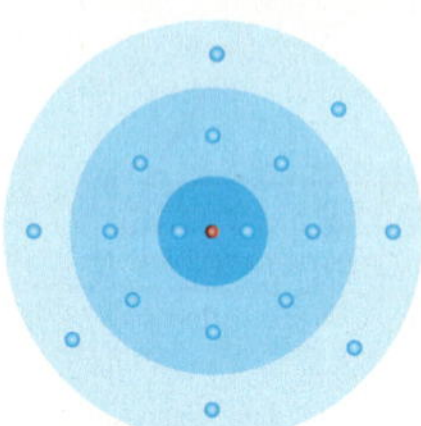

3 Chlor-Atom

Warum reagieren Natrium und Chlor so heftig miteinander? Um das zu verstehen, muss man sich den Atombau näher ansehen.

Warum sie reagieren • Wenn sich Natrium und Chlor verbinden, versuchen ihre Atome – wie bei anderen Reaktionen auch –, den Edelgaszustand zu erreichen. Da Natrium in seiner Außenschale aber nur ein Elektron hat, kann das nicht durch Elektronenpaarbindungen geschehen.

Übertragung eines Elektrons • Chlor hat ein größeres Bestreben, Elektronen an sich zu ziehen, als Natrium. Wenn sich diese Atome nahekommen, zieht also das Chlor-Atom das Außenelektron des Natrium-Atoms stark an. Diese Anziehung geht so weit, dass das Außenelektron des Natrium-Atoms in die fast volle Außenschale des Chlor-Atoms springt. → 5 Die äußere Schale des Chlor-Atoms wird dadurch aufgefüllt und erreicht so den Edelgaszustand. Das Natrium-Atom gibt also sein Außenelektron ab. Die Folge: Die äußere Schale existiert nicht mehr. Dadurch wird die weiter innen liegende – volle (!) – Schale die neue Außenschale. So erreicht auch das Natrium-Atom den Edelgaszustand.

Und andere Salze? • Bei vielen anderen Reaktionen funktioniert das genauso. Atome mit wenigen Außenelektronen können dabei immer ihre Außenelektronen abgeben, Atome mit volleren Außenschalen können diese Elektronen aufnehmen. Die dabei entstehenden Stoffe heißen Salze. Bei Salzbildungen wird Wärme freigesetzt. → 1 Es handelt sich dabei um exotherme Reaktionen.

Entstehung von Ionen • Die Natrium-Atome haben nach der Reaktion ein Elektron weniger, die Chlor-Atome ein Elektron mehr. Die Anzahl der Protonen im Kern hat sich aber nicht geändert.

das Salz
das Ion
das Kation
das Anion
die Ionenbindung
das Ionengitter

Dadurch sind die Teilchen jetzt positiv bzw. negativ geladen. Solche geladenen Teilchen nennt man Ionen. Die positiv geladenen Ionen heißen Kationen, die negativ geladenen Anionen.

Schreibweise • In der Formelschreibweise werden die Ladungen als Hochzahl angegeben. Bild 4 zeigt, wie die Reaktionsgleichung zur Bildung von z. B. Natrium-Ionen aussieht.

Ionengitter • Die positiv und negativ geladenen Ionen ziehen sich gegenseitig an. Die entstehende Bindung wird Ionenbindung genannt.
Viele positiv und negativ geladene Ionen lagern sich dabei regelmäßig zusammen: Es entsteht ein Ionengitter. Salzkristalle sind aus solchen Ionengittern aufgebaut. → 6

Benennung • Die Namen vieler Salze setzen sich zusammen aus dem Namen des Metalls, des Nichtmetalls und der Endung -id. Kochsalz, das Salz aus den Elementen Natrium und Chlor, heißt daher Natriumchlorid.

Durch eine Reaktion mit Elektronenübertragung entstehen positiv und negativ geladene Ionen. Diese ziehen sich gegenseitig an und lagern sich zu einem Ionengitter zusammen.

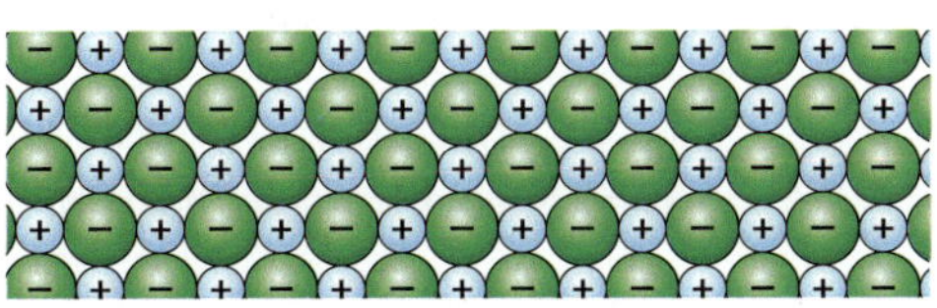

6 Ionengitter

$$Na \rightarrow Na^{+} + e^{-}$$

Natrium-Atom → Natrium-Ion + ein Elektron

4

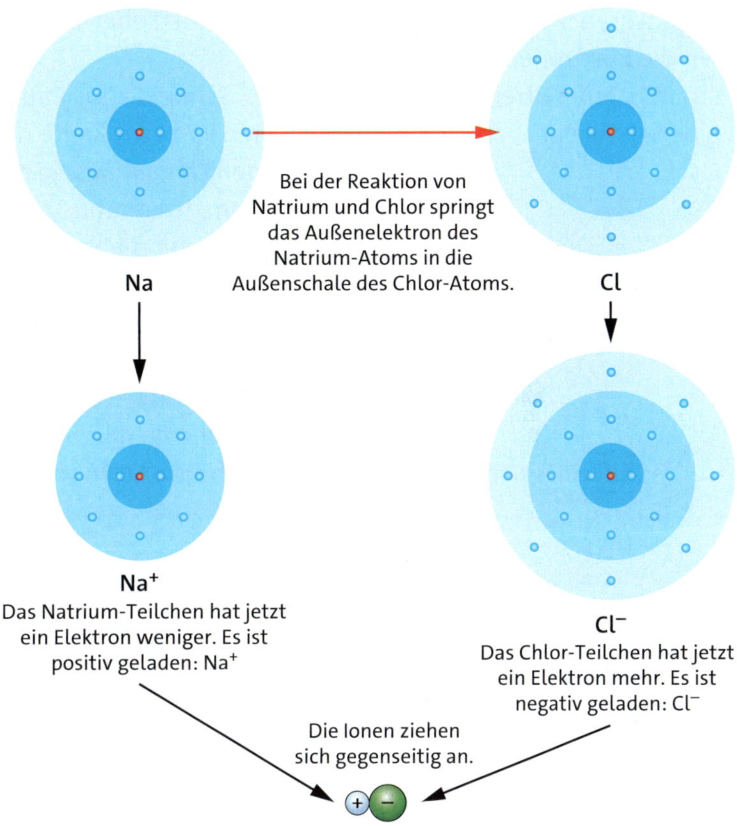

5 Entstehung von Ionen und Ionengittern

Aufgaben

1 ☒ Beschreibe, wie Natrium- und Chlor-Atome bei ihrer Reaktion eine volle Außenschale erhalten.

2 ☒ Erkläre den Unterschied zwischen Atomen und Ionen.

3 ☒ Erkläre den Zusammenhalt eines Salzkristalls.

Die Ionenbindung

Material A

Wir bauen Ionenmodelle

Bei unseren Modellen zeichnen wir die Elektronen auf Papierstreifen. Jeder Streifen stellt eine Schale dar.

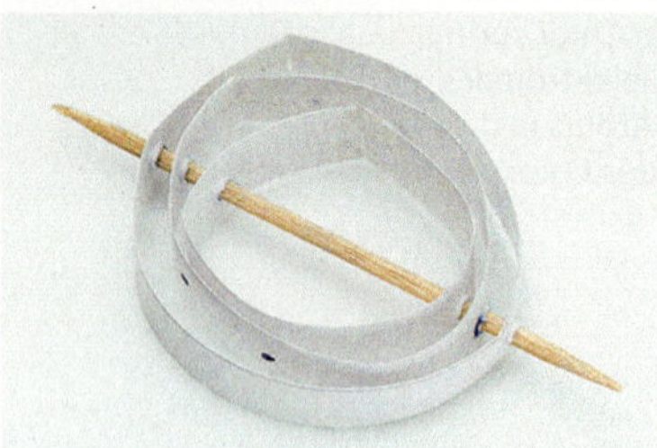

1 Modell eines Natrium-Atoms

Zu ganzen Atomen oder Ionen zusammengebaut werden sie mit Zahnstochern. → 1

1 Schneide aus Papier Streifen von 1 cm Breite mit folgenden Längen aus: je einmal 8 cm, 10 cm und 12 cm. Zeichne dann auf die Streifen die Elektronen des Na-Atoms ein. Stecke (beginnend mit dem kleinsten) die Streifen auf einen Zahnstocher. → 1 Beschrifte dann dein Natrium-Atom wie in Bild 1.

2 Baue jetzt ebenso ein Na^+-Ion. Überlege, wie viele Schalen du brauchst.

3 Baue jetzt Atome und Ionen von Lithium, Fluor und Chlor. Zeichne die Atome und die entsprechenden Ionen auch jeweils nebeneinander ins Heft. Erkläre, weshalb die Ionen den Edelgaszustand erreicht haben.

Material B

Bildung von Salzen

Natrium ist ein Metall, Chlor ein Nichtmetall. Metalle und Nichtmetalle können miteinander zu Salzen reagieren. Denn alle Metall-Atome haben nur wenige Außenelektronen, während alle Nichtmetall-Atome eine fast volle Außenschale haben. Bild 2 zeigt, wie Metalle und Nichtmetalle zu einem Salz reagieren können.

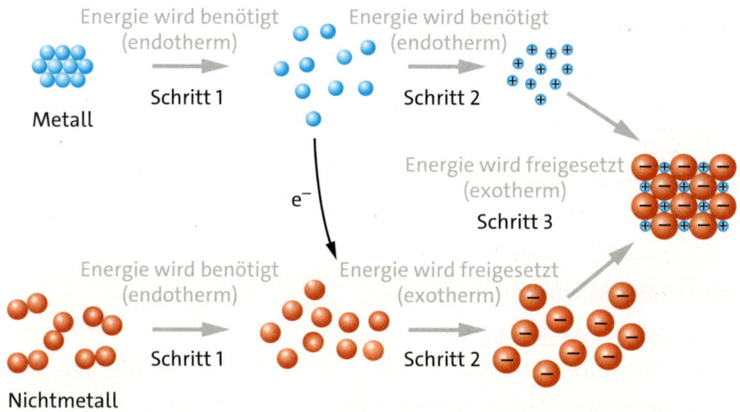

2 Aus einem Metall und einem Nichtmetall entsteht ein Salz.

1 Gib an, wer bei der Ionenbildung Elektronen abgibt und wer sie aufnimmt. In welchem Schritt von Bild 2 geschieht das?

2 Beschreibe und erkläre die drei Schritte. → 2 Verwende die Begriffe Atom, Außenelektron, Edelgaszustand, Ionengitter.

3 Bei der Salzbildung gibt es exotherme und endotherme Teilreaktionen. Begründe, warum die Gesamtreaktion jedoch exotherm ist.

Material C

Edelgaszustand durch Ionenbildung

1 Viele Metall-Atome und Nichtmetall-Atome können durch Abgabe oder Aufnahme von Elektronen Ionen bilden. Dabei entstehen verschiedene Salze.

a ◩ Erkläre, wie das Lithium-Atom und das Fluor-Atom in Bild 3 den Edelgaszustand erreichen könnten.

b ⊠ Nenne die Ionen, die sich dabei bilden.

c ⊠ Nenne die Edelgase, die dieselbe Elektronenanordnung wie diese Ionen haben.

2 Die Außenelektronen sind immer entscheidend.

a ◩ Gib die Anzahl der Außenelektronen der folgenden Atome an: Mg, O, F, Al, N.

b ⊠ Gib an, welche Atome von Teil a bei einer Reaktion Elektronen abgeben und welche Atome Elektronen aufnehmen. Wie viele Elektronen werden jeweils abgegeben bzw. aufgenommen? Gib an, welche Ionen entstehen.

c ⊠ Gib an, welche Ionen bei chemischen Reaktionen aus den folgenden Atomen entstehen: K, Br, Ca, S. Verwende die Formelschreibweise.

3 Modell eines Lithium- und eines Fluor-Atoms

Material D

Ionenbindung oder nicht?

Ob eine Ionenbindung vorliegt, lässt sich anhand der Elektronegativitätsdifferenz (ΔEN) leicht herausfinden. Ist ΔEN > 1,7, so handelt es sich um eine Ionenbindung. Unterhalb dieses Wertes handelt es sich je nachdem um eine polare (ΔEN: 0,5–1,7) oder um eine unpolare Elektronenpaarbindung (ΔEN: 0–0,5).

H 2,1							He –
Li 1,0	Be 1,5	B 2,0	C 2,5	N 3,0	O 3,5	F 4,0	Ne –
Na 0,9	Mg 1,2	Al 1,5	Si 1,8	P 2,1	S 2,5	Cl 3,0	Ar –
K 0,8	Ca 1,0	Ga 1,6	Ge 1,8	As 2,0	Se 2,4	Br 2,8	Kr –
Rb 0,8	Sr 1,0	In 1,7	Sn 1,8	Sb 1,9	Te 2,1	I 2,5	Xe –
Cs 0,7	Ba 0,9	Tl 1,8	Pb 1,8	Bi 1,9	Po 2,0	At 2,2	Rn –

4 Elektronegativitätswerte im Periodensystem der Elemente

1 ◩ Berechne ΔEN bei folgenden Verbindungen:

a NaBr
b HCl
c H_2
d CaO
e NO
f KI
g F_2
h $MgCl_2$

2 ⊠ Gib jeweils an, ob es sich um eine Ionenbindung, eine polare oder eine unpolare Elektronenpaarbindung handelt.

Die Ionenbindung

Methode

Formeln von Salzen aufstellen

Formel als Verhältnis der Ionenzahl • Im Ionengitter eines Salzkristalls sind viele Millionen Ionen fest miteinander verbunden. Ihr Mengenverhältnis ist aber nicht beliebig. Bei der Entstehung von Kochsalz z. B. gibt je ein Natrium-Atom ein Elektron an ein Chlor-Atom ab und bildet so eine Ionengruppe. Somit hat ein Kochsalzkristall gleich viele Na^+- wie Cl^--Ionen. Es besteht also folgendes Mengenverhältnis: Na : Cl = 1 : 1. Die Formel von Kochsalz ist also Na_1Cl_1 oder einfacher NaCl. → 1

Und wenn Ionen mehrfach geladen sind? • Wenn ein Atom mehrere Elektronen abgibt, müssen entsprechend viele oder passende Reaktionspartner da sein. Wenn z. B. Magnesium mit Chlor reagiert, überträgt das Magnesium-Atom seine zwei Außenelektronen an zwei Chlor-Atome. Es entstehen also immer doppelt so viele Cl^-- wie Mg^{2+}-Ionen. Somit ergibt sich folgendes Verhältnis: Mg : Cl = 1 : 2, also die Formel $MgCl_2$. → 2

Ein weiteres Beispiel • Natrium reagiert mit Schwefel. Dabei gibt das Natrium-Atom ein Außenelektron an ein Schwefel-Atom ab. Damit auch das Schwefel-Atom eine volle Außenschale erhält, muss es von einem zweiten Natrium-Atom ein zweites Elektron bekommen. Es ergibt sich dann folgendes Verhältnis: Na : S = 2 : 1, also die Formel Na_2S.

Möglichst einfach • Um Formeln möglichst einfach zu schreiben, wird immer das kleinstmögliche Verhältnis angegeben.

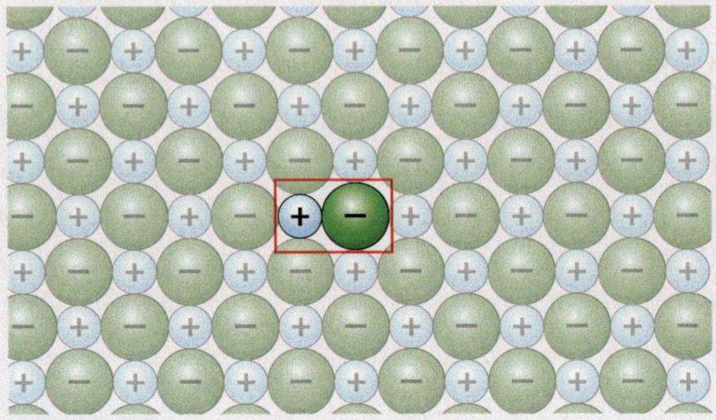

1 Natriumchlorid hat die Formel NaCl.

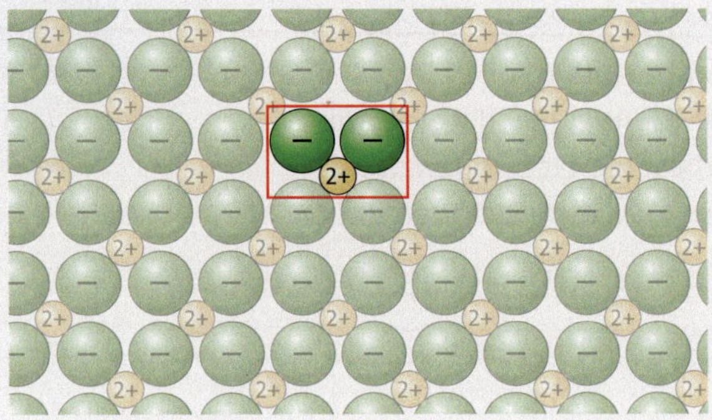

2 Magnesiumchlorid hat die Formel $MgCl_2$.

Aufgaben

1 ◪ Beschreibe an einem selbst gewählten Beispiel, wie Formeln von Ionenverbindungen erstellt werden.

2 ⊠ Stelle die Formeln der Salze auf, die entstehen, wenn folgende Stoffe miteinander reagieren:
- Lithium und Fluor
- Aluminium und Brom
- Magnesium und Schwefel
- Calcium und Chlor

Material F

Flussspat – ein häufiges Mineral

Flussspat ist ein Mineral, das in der Natur häufig vorkommt. Reiner Flussspat ist farblos und transparent. Durch verschiedene Verunreinigung kann er aber fast alle Farben annehmen.

3 Flussspat

4 Roter Flussspat

1 Der chemische Name von Flussspat lautet Calciumfluorid.

a Zeichne ein Calcium-Ion und ein Fluorid-Ion in Modellschreibweise.

b Gib die Ladung der beiden Ionen an und erstelle die Formel von Calciumfluorid.

Material G

Formeln von Ionenverbindungen

Wenn bei chemischen Reaktionen Ionen entstehen, müssen alle abgegebenen Elektronen vom Reaktionspartner aufgenommen werden. Die Anzahl der Atome bei der Reaktion muss daher passend sein. Einfache Beispiele findest du auf der Methodenseite links. Ein weiteres Beispiel: Wenn Aluminium mit Sauerstoff reagiert, gibt jedes Aluminium-Atom drei Elektronen ab.

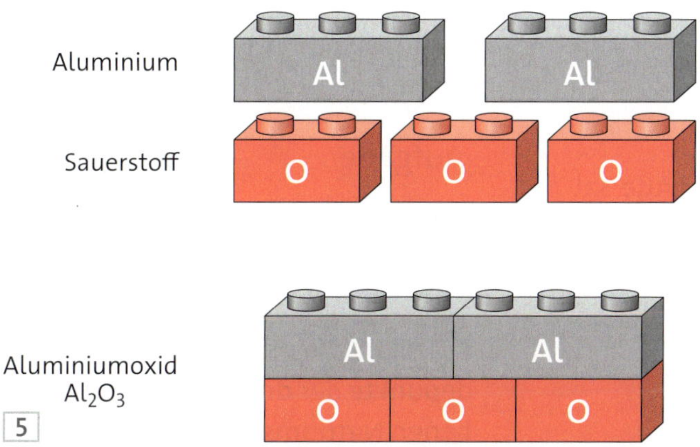

5

Jedes Sauerstoff-Atom kann aber nur zwei Elektronen aufnehmen.
Alle Elektronen sind untergebracht, wenn zwei Aluminium-Atome mit drei Sauerstoff-Atomen zu Al_2O_3 reagieren.
Um solche Formeln zu ermitteln, kann dir die Darstellung in Bild 5 eine Hilfe sein.

1 Erstelle die Formel der Ionenverbindungen, die bei der Reaktion folgender Stoffe entstehen:
- Natrium und Brom
- Kalium und Sauerstoff
- Calcium und Brom
- Calcium und Sauerstoff
- Aluminium und Schwefel

Eigenschaften der Salze

1 Kristalle von Natriumchlorid (links) und Kupfersulfat (rechts)

Eine ganze Gruppe von Stoffen hat ihren Namen vom Kochsalz: die Salze. Was ist das Gemeinsame dieser Stoffgruppe?

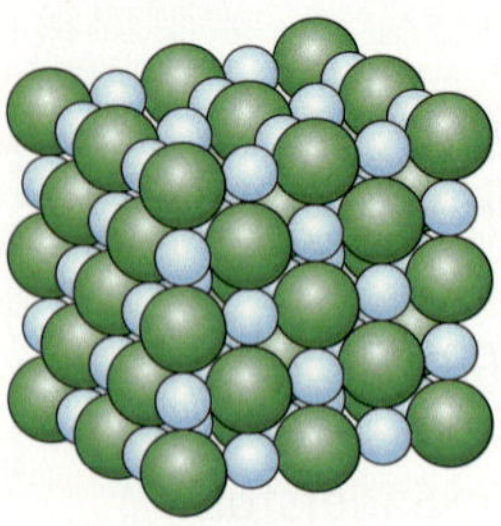

2 Natriumchlorid-Gitter

Salze bilden Kristalle • Viele Salze bilden Kristalle mit jeweils für sie typischen Formen. Kochsalzkristalle z. B. sind immer würfelförmig. → 1

Elektrische Leitfähigkeit • Hier stellt man Folgendes fest:

- Salzkristalle leiten den elektrischen Strom nicht.
- Geschmolzene oder in Wasser gelöste Salze leiten den elektrischen Strom dagegen gut, weil die Ionen dabei frei beweglich sind.

Hohe Schmelztemperaturen • Alle Salze sind bei Raumtemperatur fest. Sie schmelzen erst bei mehreren Hundert Grad. Allerdings unterscheiden sich die Schmelztemperaturen verschiedener Salze deutlich:

Salz	Schmelztemperatur
Natriumbromid (Na^+Br^-)	747 °C
Natriumchlorid (Na^+Cl^-)	800 °C
Natriumfluorid (Na^+F^-)	990 °C
Magnesiumoxid ($Mg^{2+}O^{2-}$)	2800 °C

Die großen Unterschiede bei den Schmelztemperaturen lassen sich erklären: Die unterschiedlich geladenen Ionen ziehen sich gegenseitig an. Um sie voneinander zu trennen, benötigt man Energie. Die Energiemenge, die notwendig ist, um die Ionen aus dem Gitter zu lösen, nennt man Gitterenergie. Die Größe der Gitterenergie hängt vor allem von zwei Faktoren ab:

1. Ladung der Ionen: Je größer die Ladung, desto höher die Gitterenergie.
2. Ionengröße: Je kleiner die Atomhüllen der Ionen sind, desto näher sind sich die Ionen und sie ziehen sich deshalb auch stärker an.

Salze bilden Kristalle. Geschmolzen oder in Wasser gelöst leiten sie den elektrischen Strom. Um Salze zu schmelzen, muss die Gitterenergie überwunden werden. Diese hängt von der Ladung und der Ionengröße ab.

Aufgaben

1 Nenne drei typische Eigenschaften der Stoffgruppe der Salze.

2 Erkläre die unterschiedlichen Siedepunkte der drei im Text angegebenen Natriumsalze.

Material A

Kochsalz und andere Salze zum Schmelzen bringen

Dieser Versuch gelingt nur, wenn du das Reagenzglas einige Zeit ruhig an die heißeste Stelle des Brenners hältst. → 3

Materialliste: Lupe, Gasbrenner, schwer schmelzbares Reagenzglas, Reagenzglasklammer, Porzellanschale, Kochsalz (Natriumchlorid), andere Salze, z. B. Kaliumnitrat, Kaliumchlorid, Natriumsulfat oder Natriumnitrat

Betrachte die Kochsalzkristalle mit einer Lupe.
Versuche dann, 1 cm hoch Kochsalz im Reagenzglas zu schmelzen. Wenn dir das gelingt, gieße das Geschmolzene schnell in die Porzellanschale aus. Wiederhole den Versuch mit einem anderen Salz.

1 Schreibe ein Versuchsprotokoll.

2 Vergleiche die Schmelztemperaturen der Salze.

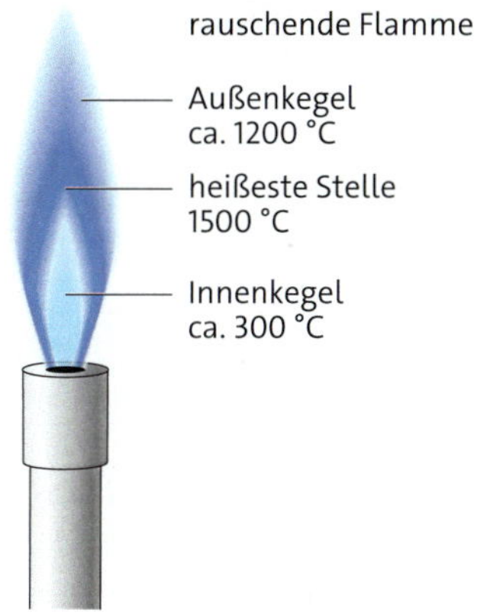

3 Temperaturen im Gasbrenner

3 Erläutere, was dieser Versuch über den Zusammenhalt der einzelnen Teilchen der Salzkristalle aussagt.

Material B

Salze und elektrische Leitfähigkeit

Bei der elektrischen Leitfähigkeit von Salzen spielt Wasser eine große Rolle.

Materialliste: Bechergläser (100 ml), Spatel, destilliertes Wasser, Kochsalz (Natriumchlorid), andere Salze (z. B. Kaliumchlorid oder Natriumsulfat), Kochsalzkristall, Leitfähigkeitsmessgerät

1 Vergleiche die Leitfähigkeit der Salze.

a Prüfe einen Salzkristall auf elektrische Leitfähigkeit.
b Prüfe auch destilliertes Wasser auf elektrische Leitfähigkeit.
c Löse eine Spatelspitze Salz in ca. 50 ml destilliertem Wasser und prüfe die Salzlösung auf Leitfähigkeit.
d Löse drei weitere Spatelspitzen Kochsalz und prüfe erneut. Erkläre die Beobachtungen.
e Wiederhole die Schritte a–d mit einem anderen Salz.
f Stelle deine Ergebnisse in einer Tabelle zusammen.

Material C

Schmelztemperaturen zuordnen

Die Schmelztemperaturen von Salzen hängen von der Größe der Ionen und von ihrer Ladung ab. *Tipp:* Die Periode im PSE verrät etwas über die Größe. Die Hauptgruppenzugehörigkeit verrät etwas über die Ladung.

1 Ordne den Salzen Calciumfluorid, Lithiumfluorid und Lithiumbromid die richtigen Schmelztemperaturen zu: 848 °C, 1418 °C, 552 °C
Begründe deine Entscheidung.

Manche Salze lösen sich in Wasser

1 Im Toten Meer ist viel Salz gelöst.

Kochsalz löst sich gut in Wasser, das Salz Bariumsulfat jedoch nicht. Wie lässt sich das erklären?

Ionen treffen auf Wassermoleküle • Kochsalz löst sich problemlos in Wasser, obwohl die zwei Stoffe doch sehr verschieden sind: Salzkristalle bestehen aus Ionengittern, Wasser besteht aus Molekülen mit Elektronenpaarbindungen. Die Wassermoleküle haben allerdings eine wichtige Besonderheit: Sie sind Dipolmoleküle mit positiven und negativen Teilladungen. → 2

Lösevorgang • Was geschieht, wenn ein Salz in Wasser gelöst wird? Die Seiten der Wassermoleküle mit der positiven Teilladung werden von den negativ geladenen Ionen, bei Kochsalz also von den Chlorid-Ionen, angezogen. Die Seite der Wassermoleküle mit der negativen Teilladung wird von den positiven Ionen, bei Kochsalz von den Natrium-Ionen, angezogen. → 4

Wenn Wassermoleküle in ihrer Bewegung an ein passendes Ion stoßen und dann mehrere Wassermoleküle daran „ziehen", wird es aus dem Ionengitter herausgelöst. → 3

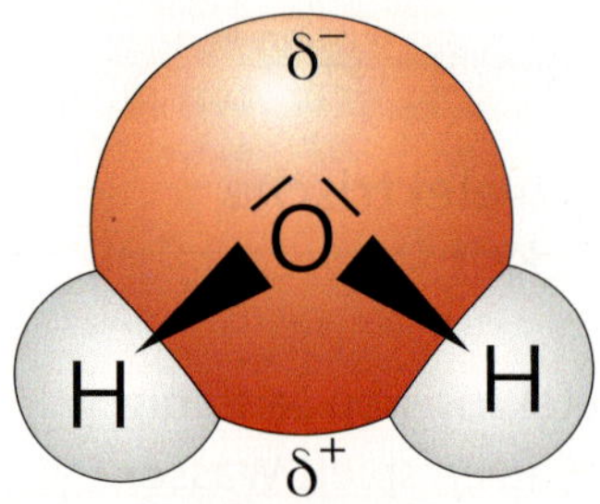

2 Das Dipolmolekül Wasser mit Teilladungen

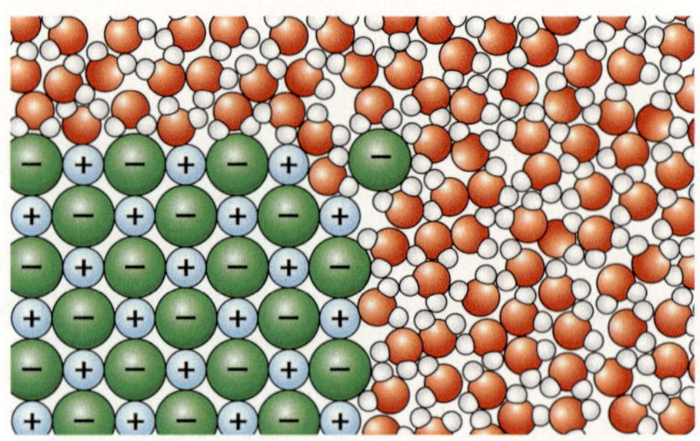

3 Wassermoleküle lösen ein Chlorid-Ion.

die **Hydratation**
die **Hydrathülle**
die **Hydratationsenergie**

Hydratation • Wenn ein Ion aus dem Gitter gelöst ist, wird es sofort von weiteren Wassermolekülen umlagert. → 4 Diesen Vorgang nennt man Hydratation. Die durch die Wassermoleküle entstandene „Hydrathülle“ hält die Ionen davon ab, wieder ins Ionengitter zurückgezogen zu werden. Diese dadurch frei beweglichen Ionen sind für die elektrische Leitfähigkeit der Salzlösungen verantwortlich.

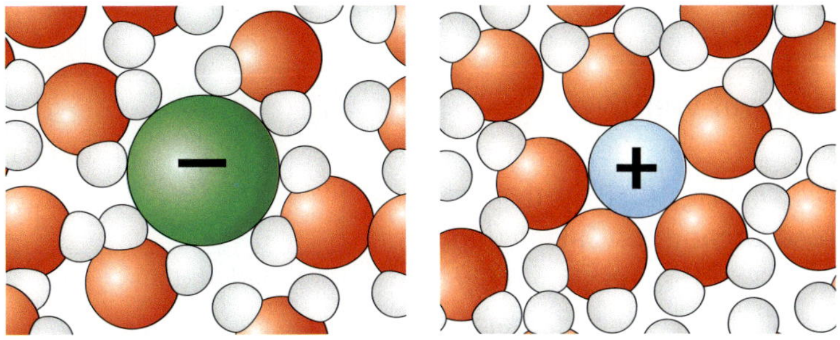

4 Zwei Ionen mit ihrer Hydrathülle

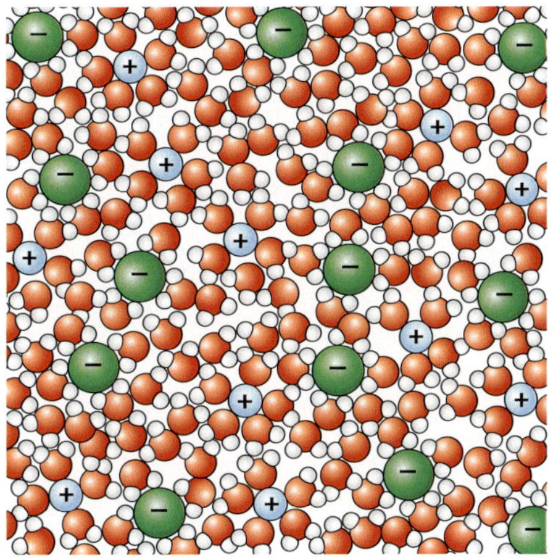

5 In Wasser gelöstes Kochsalz

Energie beim Lösen von Salzen • Beim Lösen eines Salzes laufen also immer zwei Vorgänge ab: das Herauslösen der Ionen aus dem Ionengitter und die anschließende Hydratation der herausgelösten Ionen. Für das Herauslösen der Ionen aus dem Gitter muss die Gitterenergie aufgewendet werden. Nun gibt es drei Möglichkeiten:

- Die Hydratationsenergie ist größer als die Gitterenergie. Das Salz löst sich und die Lösung erwärmt sich.
- Die Gitterenergie ist etwas größer als die Hydratationsenergie. In diesem Fall löst sich das Salz und die Lösung kühlt sich ab, weil Energie in Form von Wärme aus der Umgebung entnommen wird.
- Die Gitterenergie ist deutlich größer als die Hydratationsenergie. Das Salz löst sich daher nicht.

Salze lösen sich in Wasser, weil die zwei Pole des Wassermoleküls die Ionen aus dem Ionengitter herausziehen. Die entstehende Hydrathülle verhindert eine Rückkehr ins Ionengitter.

Aufgaben

1 Beschreibe den Lösevorgang von Kochsalz in Wasser.

2 Erkläre, warum sich manche Salze in Wasser lösen, andere Salze jedoch nicht.

3 Erkläre den Begriff Hydrathülle.

4 Begründe, warum der Rückweg ins Ionengitter für die gelösten Ionen unmöglich ist.

Manche Salze lösen sich in Wasser

Material A

Wer mit wem?

Die wichtigsten Begriffe zum Lösevorgang von Salzen und ihre Definitionen sind in der Tabelle durcheinandergeraten.

1 Ordne den Begriffen 1–6 die richtigen Definitionen A–F zu. Schreibe anschließend, nachdem deine Lehrkraft die Zuordnung kontrolliert hat, die Begriffe mit ihren Definitionen in dein Heft.

Begriffe		Definitionen	
1	Dipolmolekül	A	Aufbau eines Salzes aus positiv und negativ geladenen Ionen, die sich durch ihre verschiedenen Ladungen gegenseitig anziehen
2	Hydratation	B	Energie, die benötigt wird, um ein Ion aus seinem Ionengitter herauszulösen
3	Hydratationsenergie	C	Umlagerung eines Ions mit Wassermolekülen nach dem Herauslösen aus dem Gitter
4	Gitterenergie	D	Molekül mit zwei Polen, die durch die Elektronegativitätsdifferenz der verbundenen Atome entstehen
5	Ionengitter	E	Wassermoleküle, die sich wegen ihrer Pole um ein Ion gelagert haben
6	Hydrathülle	F	Energie, die frei wird, wenn gelöste Ionen mit einer Wasserhülle umgeben werden

1

Material B

Salze lösen sich in Wasser

Materialliste: 5 Reagenzgläser, Reagenzglashalter, Thermometer, Spatel, Calciumchlorid, Ammoniumnitrat, Bariumsulfat, Kaliumnitrat, Natriumchlorid, Wasser

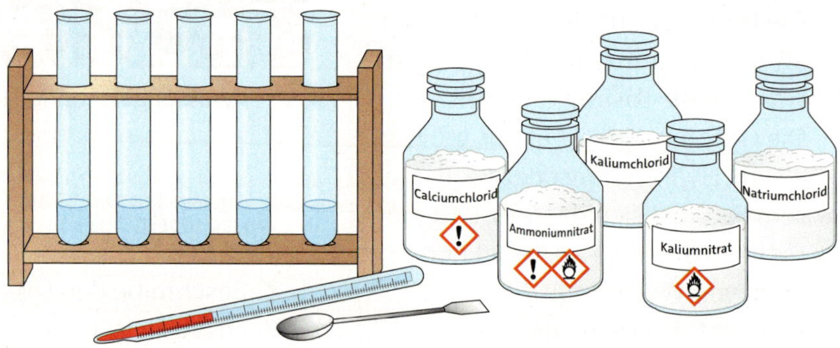

2 Versuchsaufbau

1 Gib in jedes Reagenzglas 3 ml Wasser und je einen Spatel eines der fünf Salze. Schüttle vorsichtig, bis das Salz gelöst ist, und miss dann sofort die Temperatur.

2 Protokolliere die Temperaturveränderungen in einer Tabelle. Vergleiche deine Werte.

3 Erkläre deine gemessenen Werte mit den Fachbegriffen Gitterenergie und Hydratationsenergie.

4 Zeichne den Lösevorgang von Kaliumchlorid in Wasser in mehreren Schritten.

Temperatur steigt beim Lösen: Hydratationsenergie > Gitterenergie

Temperatur sinkt beim Lösen: Hydratationsenergie < Gitterenergie

3

Material C

Wie funktioniert das Streusalz?

Auf Eis befindet sich immer eine sehr dünne Schicht von geschmolzenem Wasser. Dieser „Wasserfilm“ wird auch dann vom Eis nachgebildet, wenn man ihn wegwischt. Wir sagen: „Eis und Wasser sind im Gleichgewicht.“ Wenn nun Salz darauf gestreut wird, löst das Wasser das Salz und die Wassermoleküle lagern sich um die gelösten Ionen (Hydratation).
Ist das Wasser dem Eis-Wasser-Gleichgewicht entzogen, wird neues Wasser gebildet. Dadurch schmilzt das Eis. Dieser Vorgang setzt sich fort, bis alles Salz gelöst ist.
Zudem gefriert die entstandene Salzlösung erst unter –20 °C, da die Salz-Ionen die Gitterbildung beim Eis stören. Zusätze von Calciumchlorid oder Magnesiumchlorid setzen den Gefrierpunkt noch weiter herunter. Diese Salze sind zudem weniger schädlich für die Umwelt.

4

5 Streudienst im Winter

1 Lies den Text: → 4

a ⊠ Erkläre das Schmelzen des Eises durch den Lösevorgang von Salz mit einer Zeichnung.

b ⊠ Erkläre, welcher Effekt verhindert, dass das aufgetaute Wasser wieder gefriert.

Material D

Wärmer oder kälter?

Die Energie beim Lösevorgang eines Salzes lässt sich auch in Diagrammen darstellen.

1 Ein Salz löst sich in Wasser. Dabei wird es 3 Grad wärmer. Beim Lösen eines anderen Salzes kühlt die Lösung um 4 Grad ab.
⊠ Ordne die zwei Lösevorgänge den Energiediagrammen in Bild 6 zu und erkläre deine Zuordnung.

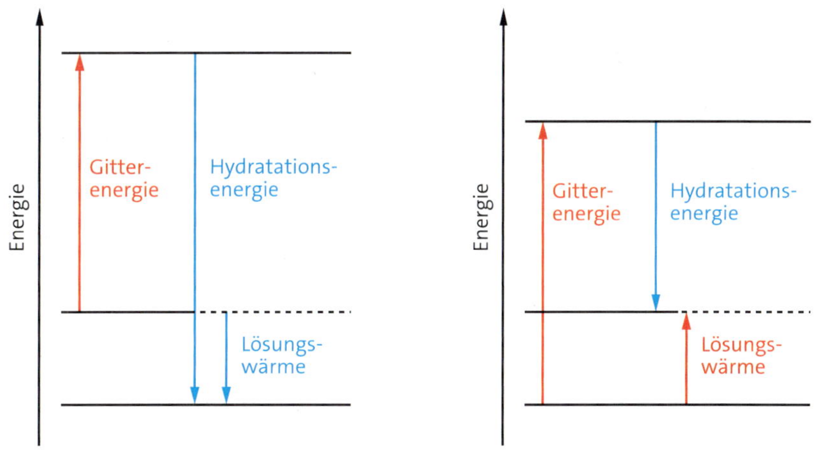

6 Energiediagramme

2 Bei einem weiteren Salz ändert sich die Temperatur beim Lösen praktisch nicht.
⊠ Zeichne zu diesem Lösevorgang das passende Energiediagramm.

Die Metallbindung

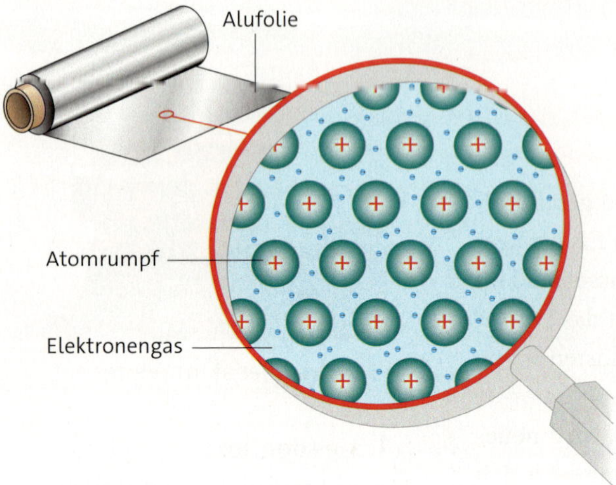

1 Aluminium unter der chemischen Lupe

Bei reinen Metallen sind nur Atome einer Sorte, z. B. nur Aluminium-Atome, miteinander verbunden. Wie erreichen solche Atome den Edelgaszustand?

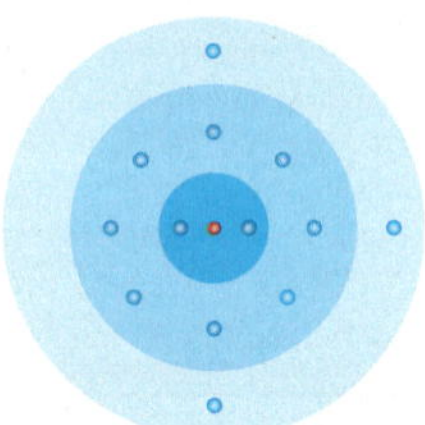

2 Aluminium im Schalenmodell

Außenelektronen • Die Außenelektronen der Metall-Atome werden nur schwach vom Kern angezogen. Sie können leicht ihre Schale verlassen. Anders als bei der Bildung von Ionen werden die äußeren Elektronen aber nicht an einen Reaktionspartner abgegeben.

3 Atomrumpf und Außenelektronen

Elektronengas • Die abgegebenen Außenelektronen können sich im Metall frei bewegen. Das ist im Modell vergleichbar mit den Teilchen eines Gases, die sich in einem Raum frei bewegen können. Deshalb werden die im Metall frei beweglichen Elektronen auch als Elektronengas bezeichnet. → 1

Atomrumpf • Die inneren Elektronen werden vom Kern stärker angezogen. Sie werden deshalb nicht abgegeben, sondern verbleiben beim Kern. Gemeinsam mit dem Kern bilden sie den sogenannten Atomrumpf. → 3 Dieser ist aufgrund des Protonenüberschusses positiv geladen.

Metallbindung • Ungleichnamige Ladungen ziehen sich gegenseitig an. Deshalb ist das negative Elektronengas in der Lage, die positiv geladenen Atomrümpfe durch elektrische Anziehungskräfte zusammenzuhalten. Es bildet sich ein Metallgitter. Diese spezielle Form der Bindung innerhalb eines Metalls wird Metallbindung genannt. Aufgrund der frei beweglichen Außenelektronen sind Metalle gute elektrische Leiter.

In Metallen werden positiv geladene Atomrümpfe von frei beweglichen Elektronen zusammengehalten. Diese Form der Bindung nennt man Metallbindung.

Aufgaben

1 Stelle Lithium und Natrium wie in Bild 3 mit Atomrumpf und Außenelektronen dar.

2 Beschreibe den Unterschied zwischen Atomkern und Atomrumpf.

das **Metallgitter**
das **Elektronengas**
der **Atomrumpf**
die **Metallbindung**

Material A

Schalenmodell und Atomrumpfmodell

1 ⊠ Gib an,
a wie viele Protonen sich im Kern eines Mg-Atoms befinden.
b wie viele Elektronen sich in der Hülle eines Mg-Atoms befinden.
c aus wie vielen Schalen die Hülle eines Mg-Atoms aufgebaut ist.
d wie viele Außenelektronen ein Mg-Atom besitzt.

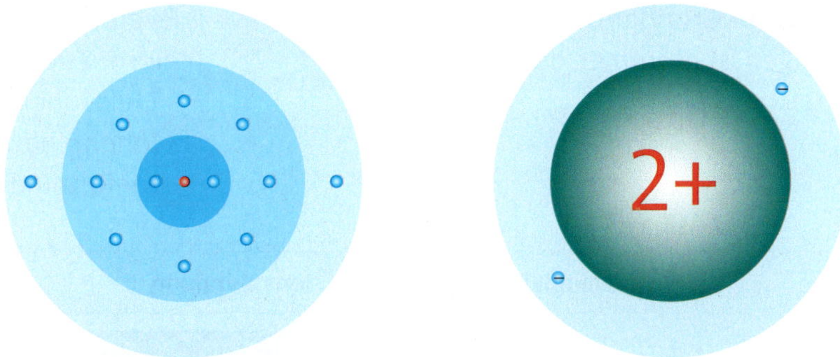

4 Magnesium-Atom: Schalenmodell (links), Atomrumpf und Außenelektronen (rechts)

2 ⊠ Gib an, wie viele Elektronenschalen am Aufbau des Atomrumpfs eines Magnesium-Atoms beteiligt sind.

3 ⊠ Begründe, warum der Atomrumpf eines Magnesium-Atoms zweifach positiv geladen ist. → 4

Material B

Warum leiten Metalle den elektrischen Strom?

Eine wichtige Eigenschaft aller Metalle ist die gute elektrische Leitfähigkeit. Diese lässt sich durch die Metallbindung erklären, in der sich die Außenelektronen frei bewegen können.

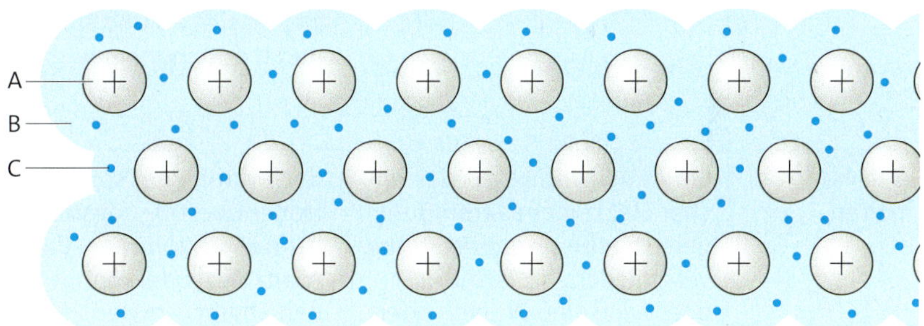

5 Die Metallbindung

1 ⊠ In Abbildung 5 ist eine Metallbindung dargestellt. Ordne den Pfeilen (A) – (C) folgende Begriffe zu: *Elektronen – Elektronengas – Atomrümpfe.*

2 ⊠ Eine Spannungsquelle gibt am Minuspol Elektronen in ein Metall, am Pluspol werden Elektronen von der Quelle aufgenommen.

Erstelle eine Skizze einer Metallbindung mit einer Spannungsquelle. Erkläre, auch durch Einzeichnen von Pfeilen, warum es zu einem Elektronenstrom im Metall kommt.

Zusammenfassung

Bindungen • Grundantrieb der Atome bei Bindungen ist es immer, den Edelgaszustand zu erreichen.

Es gibt drei Arten von Bindungen, durch die dieser Zustand zu erreichen ist:
- Elektronenpaarbindung
- Ionenbindung
- Metallbindung

	Elektronenpaarbindung	**Ionenbindung**	**Metallbindung**
Modell	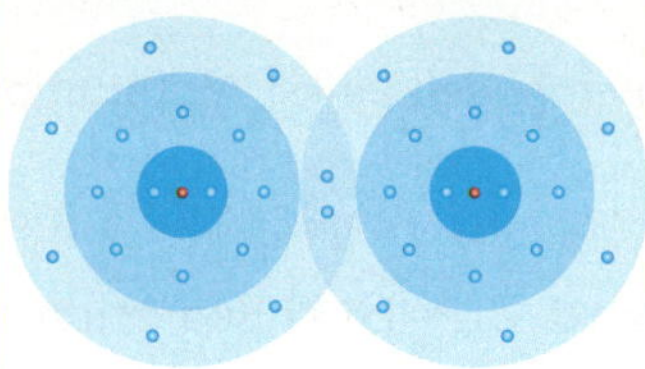	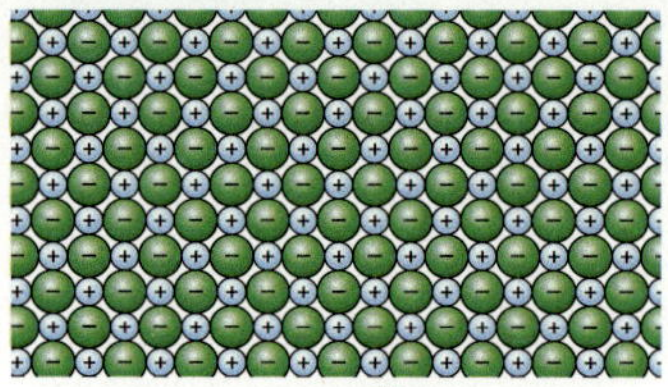 ⊕ Na^+-Kation ⊖ Cl^--Anion	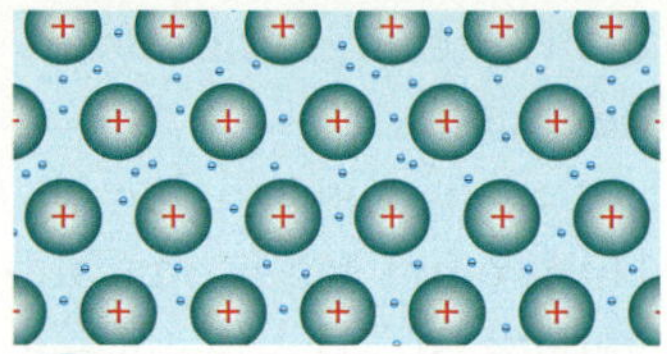 ⊕ Atomrumpf eines Na-Atoms
Entstehung	Die beiden Chlor-Atome geben jeweils ein Elektron in die gemeinsame Bindung. Dieses Elektronenpaar gehört dann zu beiden Atomkernen.	Das Natrium-Atom gibt ein Elektron an das Chlor-Atom ab. Dadurch entstehen Ionen: positiv geladene Natrium-Teilchen und negativ geladene Chlor-Teilchen. Die unterschiedlich geladenen Ionen ziehen sich an und sind dadurch miteinander verbunden.	Natrium-Atome ordnen sich in einem dreidimensionalen Gitter an. Dabei geben die Atome jeweils ein Außenelektron ab. Diese bilden ein sogenanntes Elektronengas, das sich zwischen den Atomen ausbreitet. Die Anziehung der positiv geladenen Atomrümpfe zu den Elektronen im Elektronengas sorgt für den stabilen Zusammenhalt.
Besonderheiten	Ein Atom kann bis zu vier solcher Elektronenpaarbindungen eingehen – entweder mit verschiedenen „Partnern“ oder auch eine Doppel- oder Dreifachbindung mit einem „Partner“. Elektronenpaarbindungen können je nach Elektronegativitätsdifferenz der beteiligten Atome polar oder unpolar sein.	Im Verlauf einer solchen Elektronenübertragungsreaktion kann es vorkommen, dass ein Atom zwei oder mehr Elektronen abgibt, um den Edelgaszustand zu erreichen. Es entstehen mehrfach positiv geladene Ionen. Gleiches gilt für die Elektronenaufnahme. So können auch mehrfach negativ geladene Ionen entstehen.	Je nach Anzahl der Außenelektronen kann die Zahl der abgegebenen Elektronen variieren.
Teilchen	Moleküle aus zwei oder mehreren Atomen	positiv und negativ geladene Ionen, die ein Ionengitter bilden	positiv geladene Atomrümpfe und frei bewegliche Elektronen
Beispiele	Wasserstoff, Sauerstoff, Chlor, Wasser, Fluorwasserstoff	Natriumchlorid, Magnesiumchlorid, Aluminiumoxid	Eisen, Kupfer, Silber, Natrium

1 Übersicht der Bindungsarten

Teste dich! (Lösungen im Anhang)

Elektronenpaarbindung

1 ☒ Erkläre, wie zwei Wasserstoff-Atome durch eine Elektronenpaarbindung den Edelgaszustand erreichen.

2 ☒ Erkläre am Beispiel von O_2 und N_2, warum manche Atome Doppel- oder Dreifachbindungen eingehen.

3 ☒ Gib folgende Moleküle in Lewis-Schreibweise mit allen Außenelektronen an: H_2O, F_2, HBr, CO_2, C_2H_2.

4 ☒ Berechne die Elektronegativitätsdifferenzen von F_2, HF und NO. Gib an, ob es sich um eine polare oder unpolare Elektronenpaarbindung handelt.

5 ☒ Beschreibe, welche Bedingungen für ein Dipolmolekül erfüllt sein müssen.

Ionenbindung

6 ☒ Erläutere, wie bei einer Ionenbindung die beteiligten Atome/Ionen die Edelgasregel erfüllen.

7 ☒ Warum sind die Ionen von Elementen der V. bis VII. Hauptgruppe immer negativ geladen? Erkläre.

8 ☒ Übertrage die Tabelle in dein Heft und ergänze die Lücken. → 2

9 ☒ Gib an, ab welcher Elektronegativitätsdifferenz (ΔEN) eine Ionenbindung vorliegt.

Summenformel	Beteiligte Ionen	Name der Ionenverbindung
$MgCl_2$	Mg^{2+} und Cl^-	Magnesiumchlorid
NaBr	?	Natriumbromid
?	K^+ und O^{2-}	Kaliumoxid
KCl	?	?
?	Ca^{2+} und Br^-	?
?	?	Magnesiumoxid
?	?	Aluminiumchlorid

2 Formeln und Namen von Ionenverbindungen

10 ☒ Nenne typische Eigenschaften von Salzen.

11 ☒ Beschreibe den Vorgang, wie sich Kochsalz in Wasser löst.

3 Salz löst sich in Wasser.

Metallbindung

12 ☒ Wie erreichen Aluminium-Atome in einem Aluminiumstab den Edelgaszustand? Erkläre.

13 ☒ Beschreibe den Zusammenhalt der Metall-Atome.

14 ☒ Erkläre, was man unter dem Begriff „Elektronengas“ versteht.

15 ☒ Erkläre die gute elektrische Leitfähigkeit der Metalle.

Elektrische Energie und chemische Prozesse

Moderne Kommunikation und die Internetnutzung basieren auf einer zuverlässigen und leistungsstarken Technik mit Stromspeichern. Nur so reißt der Datenstrom nicht ab.

Batterien dienen der mobilen Energieversorgung. Welche Batterien gibt es und wie funktioniert eine Batterie?

Benzin und Diesel haben in naher Zukunft ausgedient. Umwelt und Klima sollen auf Dauer nicht weiter belastet werden und auch die Erdölvorräte sind nur begrenzt. Was ist der Antrieb der Zukunft?

Elektronenübertragung

1 Was entsteht bei der Reaktion von Magnesium und Kupferoxid?

Silbergraues Magnesium reagiert mit schwarzem Kupferoxid. Was genau passiert dabei eigentlich?

Blick auf die Stoffe • Zu erkennen sind typische Merkmale für eine chemische Reaktion. Ein Funkensprühen weist darauf hin, dass Energie umgesetzt wurde. Deutlich sichtbare Spuren eines rotbraunen Feststoffs zeigen, dass ein neuer Stoff mit anderen Eigenschaften entstanden ist.

Magnesium	+	Kupferoxid	→	Magnesiumoxid	+	Kupfer
Mg	+	CuO	→	MgO	+	Cu

2

Kupfer-Ion	+	Elektronen	→	Kupfer
Cu^{2+}	+	$2\ e^-$	→	Cu

3 Elektronenaufnahme – eine Reduktion

Magnesium	→	Magnesium-Ion	+	Elektronen
Mg	→	Mg^{2+}	+	$2\ e^-$

4 Elektronenabgabe – eine Oxidation

Blick auf die Teilchen • Magnesium ist ein Element. Es besteht aus Magnesium-Atomen. Kupferoxid ist eine Ionenverbindung aus den Elementen Kupfer und Sauerstoff. Zweifach positiv geladene Kupfer-Kationen und zweifach negativ geladene Sauerstoff-Anionen bilden dabei ein Ionengitter.
Bei dem im Verlauf der Reaktion entstandenen rotbraunen Feststoff handelt es sich um elementares Kupfer. Die Kupfer-Kationen haben zwei Elektronen aufgenommen. → 3 Diese stammen von den Magnesium-Atomen. → 4 Die so entstandenen zweifach positiv geladenen Magnesium-Kationen bilden mit den Sauerstoff-Anionen ein neues Ionengitter. Die Ionenverbindung Magnesiumoxid ist entstanden. → 2

Reduktion – Elektronenaufnahme • Im Verlauf der Reaktion haben Kupfer-Ionen Elektronen aufgenommen. Eine Elektronenaufnahme wird als Reduktion bezeichnet. Die Kupfer-Ionen wurden zu Kupfer-Atomen reduziert.

der Elektronendonator
der Elektronenakzeptor

Oxidation – Elektronenabgabe • Im Verlauf der Reaktion haben Magnesium-Atome Elektronen abgegeben. Eine Elektronenabgabe wird als Oxidation bezeichnet. Die Magnesium-Atome wurden zu Magnesium-Ionen oxidiert.

Redoxreaktion • Elektronenabgabe und -aufnahme laufen stets gekoppelt ab. Man bezeichnet solche Elektronenübertragungsreaktionen daher als Redoxreaktionen.

Donator-Akzeptor-Prinzip • Die Magnesium-Atome geben ihre Elektronen ab. → 5 Stoffe, die Elektronen abgeben, werden als Elektronendonatoren (lat. donare: geben) bezeichnet. Diese Elektronen werden von den Kupfer-Kationen aufgenommen. Es entstehen neutrale Kupfer-Atome. Stoffe, die Elektronen aufnehmen, werden als Elektronenakzeptoren (lat. accipere: annehmen) bezeichnet. Dieses Prinzip des Gebens und Nehmens von Elektronen findet bei allen Redoxreaktionen statt. Man spricht aber auch bei anderen Reaktionen als den Redoxreaktionen, vom Donator-Akzeptor-Prinzip. Immer wenn ein Stoff etwas abgibt und ein anderer dieses aufnimmt, findet dieser Begriff Anwendung.

Begriff im Wandel der Zeit • Früher wurden Redoxreaktionen über die Aufnahme bzw. die Abgabe von Sauerstoff definiert. Laut der Definition wurde der Stoff, der Sauerstoff abgibt, reduziert und der Stoff, der ihn aufnimmt, oxidiert. Weil es auch

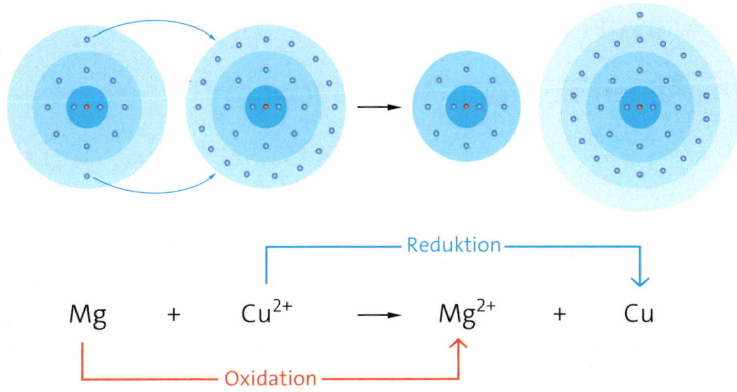

5 Zwei Elektronen werden von einem Magnesium-Atom auf ein Kupfer-Ion übertragen.

Redoxreaktionen ohne Sauerstoffübertragung gibt, werden sie heute über die Abgabe bzw. Aufnahme von Elektronen definiert.

Bei Redoxreaktionen gibt ein Donator Elektronen ab, der Akzeptor nimmt diese auf.
Die Abgabe der Elektronen wird als Oxidation bezeichnet, die Aufnahme der Elektronen als Reduktion.

Aufgaben

1 Gib an, was man unter Oxidation und Reduktion versteht.

2 Erkläre, warum Oxidation und Reduktion immer gekoppelt ablaufen.

3 Erkläre die Begriffe Elektronenakzeptor und Elektronendonator am Beispiel der Reaktion von Magnesium mit Kupferoxid.

Elektronenübertragung

Material A

Mir fehlen die Worte – oder auch nicht!

Wird ein Gemisch aus Magnesiumpulver und Kupferoxid mithilfe eines Gasbrenners entzündet, so nehmen die im Kupferoxid enthaltenen **(A)** zwei Elektronen auf. Es bilden sich Kupfer-Atome. Die **(B)** stammen von den Magnesium-Atomen. Aus den **(C)** bilden sich durch **(D)** von jeweils zwei Elektronen zweifach **(E)** geladene Magnesium-Kationen. Diese Magnesium-Kationen bilden mit **(F)** ein Ionengitter.
Bei einer Oxidation werden Elektronen **(G)**, bei einer Reduktion Elektronen **(H)**. Das gleichzeitige Ablaufen von Oxidation und Reduktion bezeichnet man als **(I)**.

1 ◪ Übertrage den Lückentext in dein Heft und ergänze die Lücken (A)–(F) mithilfe der vorgegebenen Begriffe.

positiv, abgegeben, Kupfer-Kationen, Abgabe, Redoxreaktion, Magnesium-Atomen, Elektronen, aufgenommen, Sauerstoff-Anionen

Material B

Eine weitere Redoxreaktion

Wird ein Zinkblech (Zn) in eine Kupfersulfat-Lösung (Cu^{2+} + SO_4^{2-}) getaucht, so bildet sich auf dem Blech nach einiger Zeit ein rotbrauner Feststoff. Die blaue Farbe der Kupfersulfat-Lösung verblasst. → 1 Es hat eine Redoxreaktion stattgefunden.

1 Zinkblech in Kupfersulfat-Lösung

Reaktion a: $Cu^{2+} + ...\ e^- \rightarrow ...$

Reaktion b: $Zn \rightarrow ... + 2\ e^-$

2

1 ◪ Gib an, worum es sich bei dem rotbraunen Feststoff handelt.

2 In Bild 2 sind die Reaktionsgleichungen zu dieser Reaktion unvollständig dargestellt.

a ◪ Übertrage sie in dein Heft.

b ☒ Ergänze nun die Lücken in den Reaktionsgleichungen.

c ☒ Ordne zu, welche Gleichung die Reduktion und welche die Oxidation darstellt.

d ☒ Markiere nun in den Reaktionsgleichungen den Elektronendonator und den Elektronenakzeptor.

e ☒ Gib an, welche Teilchen bei dieser Reaktion oxidiert und welche reduziert werden.

Material C

Lehrerversuch: Magnesium und Kupferoxid

Materialliste: Gasbrenner, feuerfeste Unterlage, Magnesiumpulver ◇, Kupfer(II)oxid ◇ ◇, Spatel

Achtung • Versuch im Abzug durchführen! Nicht direkt in die Flamme schauen!

1 Der Versuch wird nach der Anleitung durchgeführt. → 1

2 ☒ Beschreibe die Ausgangsstoffe und die Produkte der Reaktion.

3 ☒ Notiere die Reaktionsgleichung und erläutere die Reaktion.

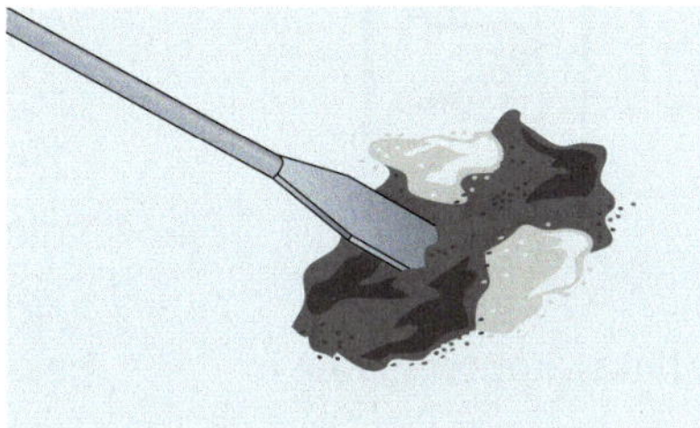

① 0,3 g Magnesiumpulver und 1 g Kupfer(II)oxidpulver werden auf einer feuerfesten Unterlage vermischt.

② Das Feststoffgemisch wird zu einer Strecke ausgezogen. Die Pulverlinie wird an einem Ende mit dem Brenner entzündet.

1

Material D

Zwei-Schalen-Versuch

Materialliste: 2 Petrischalen, Kupfersulfat-Lösung ◇ ◇ ◇, Kupfer-Blechstreifen, Kabel mit Klemmen, Rotor, Magnesiumchlorid-Lösung, Magnesium-Anspitzer, Filterpapierstreifen

1 Stelle die beiden Schalen eng nebeneinander. Fülle die eine mit Kupfersulfat-Lösung, die andere gleich hoch mit Magnesiumchlorid-Lösung.

2 Stelle den Spitzer in die „Magnesiumschale“ und das Kupferblech über den Rand in die „Kupferschale“. Verbinde die Metallstücke mit Klemmen und Kabeln mit dem Rotor. → 2

3 Befeuchte einen Filterpapierstreifen mit Wasser und lege ihn als Verbindung über die Ränder, sodass er in beide Lösungen taucht.

4 ☒ Fertige eine Versuchsskizze an.

5 ☒ Notiere die jeweiligen Reaktionen in den beiden Schalen. Gib an, ob dort eine Oxidation oder eine Reduktion abläuft.

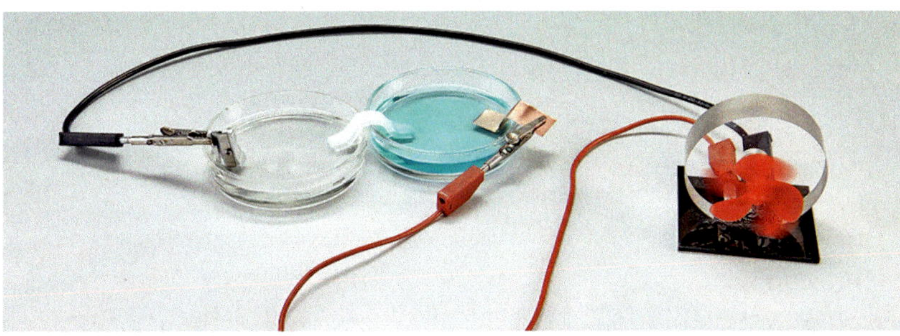

2 Zwei-Schalen-Versuch

Edle und unedle Metalle

1 Zinkspirale in Kupfersulfat-Lösung (links), Kupferspirale in Zinksulfat-Lösung (rechts)

Auf der Zinkspirale, die in Kupfersulfat-Lösung taucht, hat sich eine dicke Schicht gebildet. Die in Zinksulfat-Lösung getauchte Kupferspirale sieht unversehrt aus. Wieso ist das so?

Edel oder unedel • Verschiedene Metall-Atome unterscheiden sich in ihrem Bestreben, Elektronen abzugeben, das heißt zu oxidieren. Je größer dieses Bestreben ist, desto unedler ist das Metall. Bei der Zinkspirale in Kupfersulfat-Lösung entstehen aus den Kupfer-Ionen der Lösung neutrale Kupfer-Atome. Dazu müssen die Kupfer-Ionen Elektronen erhalten haben. Das heißt, sie wurden reduziert. Die Elektronen kamen von den Zink-Atomen der Spirale. Die Zink-Atome wurden reduziert.
Das edlere Metall Kupfer hat dem unedleren Metall Zink die Elektronen entrissen. Bei der Spirale aus Kupfer, die in Zinksulfat-Lösung taucht, passiert dies nicht. Dies liegt daran, dass Kupfer ein edleres Metall als Zink ist. Das heißt, es findet keine Elektronenübertragung statt.

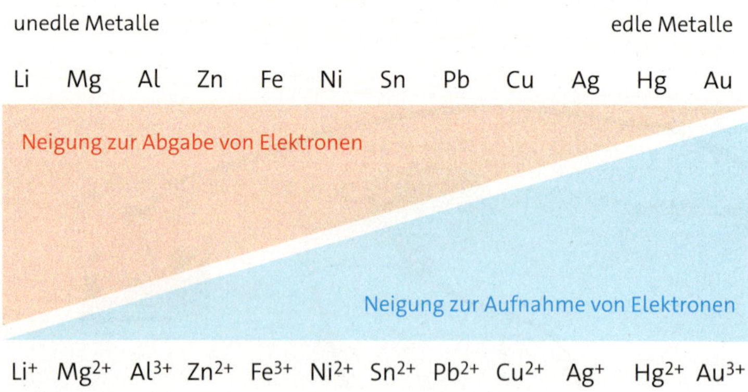

2 Die Redoxreihe der Metalle

Redoxreihe der Metalle • Wie Kupfer und Zink haben alle Metalle ein unterschiedliches Bestreben, Elektronen abzugeben. Sortiert man die Metalle nach ihrer Oxidierbarkeit, erhält man die Redoxreihe der Metalle. → 2

Die Metalle unterscheiden sich in ihrem Bestreben, Elektronen abzugeben. Je größer dieses Bestreben ist, desto unedler ist ein Metall.

Aufgaben

1 Erkläre, wie sich edlere Metalle von unedleren Metallen unterscheiden.

2 Ein Eisenstab taucht in Kupfersulfat-Lösung. Gib an, ob sich eine Kupferschicht auf dem Stab bildet. Begründe deine Entscheidung.

3 Nenne zwei Metalle, bei denen sich keine Kupferschicht bildet, wenn man sie in Kupfersulfat-Lösung hält.

Material A

Redoxreihe der Metalle

1 Betrachte die Redoxreihe der Metalle. → 2

a Übertrage die Aussagen aus Bild 3 in dein Heft und vervollständige die Lücken (A) bis (D).

b Begründe, warum Magnesium-Atome leicht Elektronen an Kupfer-Kationen abgeben.

c Gib an, an welche Metall-Ionen Kupfer-Atome Elektronen abgeben können.

> Metall-Atome, die in der Redoxreihe weiter **(A)** stehen, reagieren mit den Metall-Ionen, die weiter **(B)** in der Redoxreihe stehen.
>
> Metall-Atome, die in der Redoxreihe weiter **(C)** stehen, reagieren nicht mit den Metall-Ionen, die in der Redoxreihe weiter **(D)** stehen.

3

d Gib an, von welchen Metall-Atomen Aluminium-Ionen Elektronen aufnehmen können.

e Formuliere eigene Aufgaben und tausche sie mit deinem Nachbarn aus.

Material B

Metalle testen

Materialliste: 3 × 3 Bechergläser, jeweils 3 Blechstreifen von Kupfer, Zink und Silber, Schmirgelpapier, Zinkchlorid, Kupfersulfat und Silbernitrat

Deine Lehrkraft hat für dich in Bechergläsern dreimal jeweils die folgenden drei Lösungen vorbereitet: 5%ige Lösungen von Zinkchlorid, Kupfersulfat und Silbernitrat

1 Reinige die Oberflächen der Blechstreifen mithilfe des Schmirgelpapiers.

2 Tauche in die erste Reihe der Bechergläser jeweils einen Kupferblechstreifen, in die zweite einen Zinkblechstreifen und in die dritte einen Silberblechstreifen.

3 Beobachte die drei Versuchsreihen einige Minuten.

4 Fertige eine Tabelle an, aus der ersichtlich wird, welche Metalle und welche Lösungen miteinander reagieren und welche nicht.

5 Erkläre die Beobachtungsergebnisse anhand der Redoxreihe der Metalle.

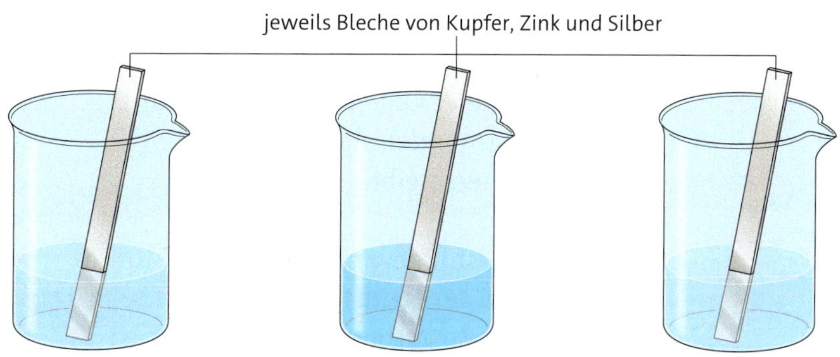

4 Zinkchlorid-Lösung — Kupfersulfat-Lösung — Silbernitrat-Lösung

Elektrolyse in Kunst und Technik

1 Gutenberg-Denkmal in Frankfurt

2 Ein Auto wird mit Wasserstoff betankt.

Ein Denkmal in Frankfurt und ein Sportwagen mit Wasserstoffantrieb – was haben sie gemeinsam?

Galvanoplastik • Bei dem Gutenberg-Denkmal in Frankfurt handelt es sich um eine Galvanoplastik. Zur Herstellung derartiger Kunstwerke wird eine Vorlage des Kunstwerks aus Wachs mit Graphit bestäubt. Dadurch wird sie elektrisch leitend gemacht. Die Vorlage wird dann mit einer Stromquelle verbunden und in eine wässrige Kupfersalz-Lösung getaucht. → 3 Unter Zufuhr von elektrischer Energie läuft eine Redoxreaktion ab. Auf der Vorlagenoberfläche bildet sich eine Schicht aus elementarem Kupfer. Abschließend wird die Vorlagensubstanz zerstört, sodass nur der Metallüberzug bestehen bleibt.

Wasserstoffgewinnung • Wasserstoff könnte der Treibstoff der Zukunft sein. Der große Vorteil von Wasserstoff ist seine saubere „Verbrennung“. Egal ob er in Verbrennungsmotoren verbrannt oder in der Brennstoffzelle zur Stromgewinnung genutzt wird – als Reaktionsprodukt entsteht jeweils nur Wasser. Der Wasserstoff, der als Treibstoff eingesetzt wird, kann aus Wasser hergestellt werden. Durch Zufuhr von elektrischer Energie wird das Wasser in die energiereichen Produkte Wasserstoff und Sauerstoff aufgespalten. → 4 Auch hier läuft eine Redoxreaktion ab.

Elektrolyse • Chemische Reaktionen, die unter Zufuhr von elektrischer Energie ablaufen, werden als Elektrolyse bezeichnet. Es handelt sich um Elektronenübertragungsreaktionen. Im Verlauf einer Elektrolyse wird elektrische Energie in chemische Energie umgewandelt.
Sowohl bei der Herstellung der Galvanoplastik als auch bei der Gewinnung von Wasserstoff aus Wasser kommt die Elektrolyse zum Einsatz.

die Galvanoplastik
die Elektrolyse

Galvanoplastik – Blick auf die Teilchen • Die mit Graphit bestäubte Vorlage für das Kunstwerk taucht in die Kupfersulfat-Lösung ein. → 3 Die Vorlage wird mit dem Minuspol der Stromquelle verbunden. Die Cu^{2+}-Ionen wandern aus der Lösung zur Vorlagenoberfläche und werden dort zu Cu-Atomen reduziert:

$$Cu^{2+} + 2\,e^- \rightarrow Cu$$

Mit dem Pluspol der Stromquelle ist ein Kupferblech verbunden. Dort werden Cu-Atome aus dem Blech oxidiert. Dadurch gelangen weitere Cu^{2+}-Ionen in die Lösung.

$$Cu \rightarrow Cu^{2+} + 2\,e^-$$

Wasserstoffgewinnung – Blick auf die Teilchen • Für die Zerlegung von Wasser wird genutzt, dass im Wasser die H_2O-Moleküle zu einem ganz geringen Anteil in H^+-Ionen und OH^--Ionen aufgespalten vorliegen. In das Wasser wird ein Platinstab getaucht. Dieser wird mit dem Minuspol der Stromquelle verbunden. Am Platinstab werden die im Wasser vorliegenden H^+-Ionen reduziert:

$$2\,H^+ + 2\,e^- \rightarrow H_2$$

An einem zweiten, mit dem Pluspol der Stromquelle verbundenen Platinstab werden OH^--Ionen oxidiert:

$$4\,OH^- \rightarrow O_2 + 2\,H_2O + 4\,e^-$$

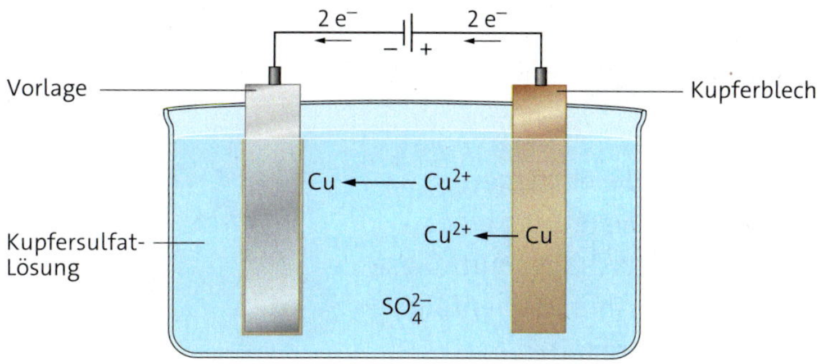

3 Herstellung einer Galvanoplastik durch Elektrolyse

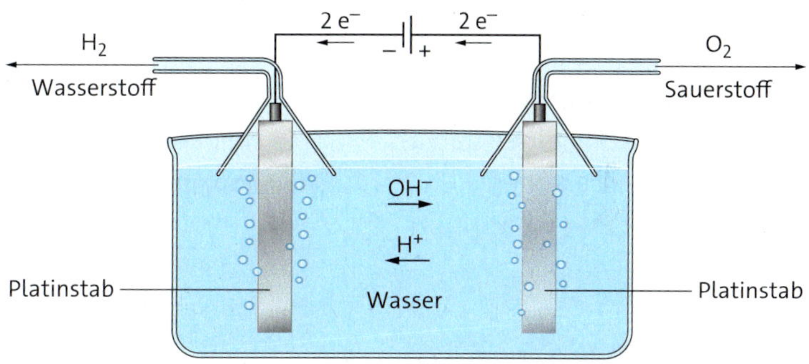

4 Wasserstoffgewinnung durch die Elektrolyse von Wasser

Elektrolysen sind Redoxreaktionen, in deren Verlauf elektrische Energie in chemische Energie umgewandelt wird.

Aufgaben

1 Gib die Gemeinsamkeit von Bild 1 und 2 an.

2 Ordne den Atomen und Ionen in Bild 3 die Begriffe „Elektronendonator" und „Elektronenakzeptor" zu.

3 Begründe, warum die H^+-Ionen und die OH^--Ionen jeweils zu den Platinstäben wandern. → 4

Elektrolyse in Kunst und Technik

Material A

Galvanoplastik

In Bild 1 sind die einzelnen Phasen zur Herstellung einer Galvanoplastik dargestellt. Diese sind jedoch in ihrer Reihenfolge durcheinandergeraten.

1 Bringe die Phasen A–D in die richtige Reihenfolge. → 1

2 Beschreibe den Vorgang zur Herstellung einer Galvanoplastik mit eigenen Worten.

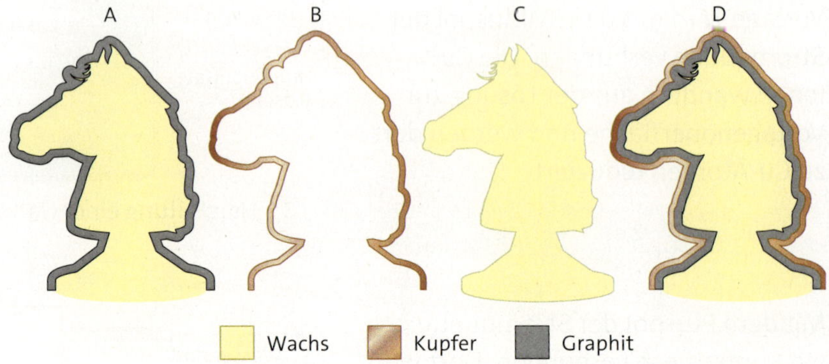

1 In der Reihenfolge vertauschte Phasen bei der Herstellung einer Galvanoplastik

Material B

Bringe Ordnung ins Chaos

Mark hat sich Kärtchen erstellt, mit deren Hilfe er sich die Vorgänge bei der Herstellung von Wasserstoff durch die Elektrolyse besser merken kann. → 2

1 Schreibe die rechts dargestellten Begriffe jeweils auf kleine Kärtchen.

2 Bringe die Kärtchen in einen sinnvollen Zusammenhang. Dazu kannst du z. B. die Begriffe zu Gruppen zusammenfassen oder aus den Begriffen eine Mindmap erstellen. Vergleicht eure Zuordnungen zu zweit.

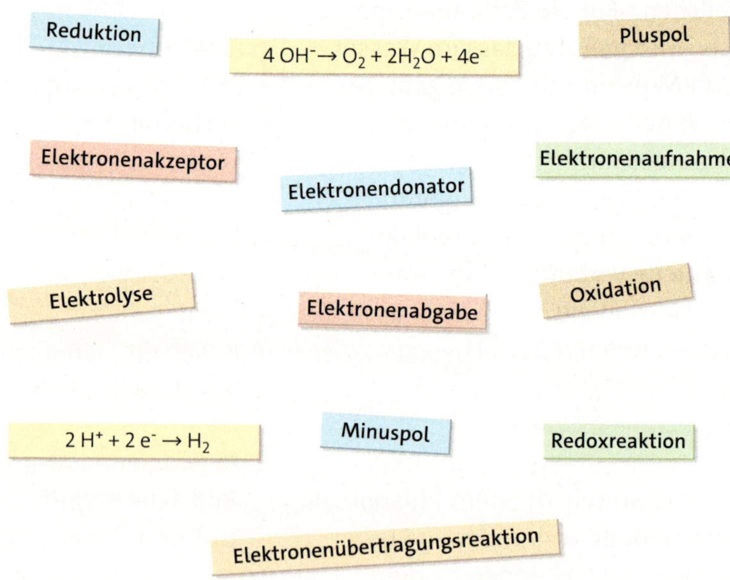

2 Kartenchaos bei der Herstellung von Wasserstoff

Material C

Galvanisches Verkupfern

Durch Elektrolyse kann man ein unedles Metall mit einer dünnen Schicht eines edleren Metalls überziehen.

Materialliste: Becherglas, Eisennagel, Kupferblech, Kupfersulfat-Lösung, angesäuert mit Essigsäure (5%ig), Wasser, Ethanol, Netzgerät, Kabel, 2 Klemmen

1 Fülle das Becherglas zur Hälfte mit Kupfersulfat-Lösung.
Reinige den Eisennagel mit Ethanol. Verbinde den Eisennagel über ein Kabel mit dem Minuspol und das Kupferblech mit dem Pluspol des Netzgeräts. → 3
Stelle beide Gegenstände in das Becherglas. Schalte das Netzgerät ein und stelle die Spannung $U = 4$ Volt ein.

2 Beschreibe deine Beobachtungen.

3 Stelle die Reaktionsgleichungen für die ablaufenden chemischen Reaktionen auf.

3 Versuchsaufbau

4 Begründe, warum sich die Gegenstände nicht berühren dürfen.

Material D

Herstellung von Aluminium

Aluminium wird durch die Elektrolyse von Aluminiumoxid (Al_2O_3) gewonnen. Dafür wird das Al_2O_3 in einem Ofen geschmolzen. → 4 In der Schmelze befinden sich nun frei bewegliche Al^{3+}-Ionen und O^{2-}-Ionen. Unten ist der Ofen mit einer Graphitschicht ausgekleidet, die als Minuspol dient. Dort nehmen die Al^{3+}-Ionen Elektronen auf. Es bildet sich elementares Aluminium. Als Pluspol dienen Graphitblöcke, die von oben in die Schmelze ragen. Hier geben die O^{2-}-Ionen Elektronen ab. Es bildet sich Sauerstoff (O_2).

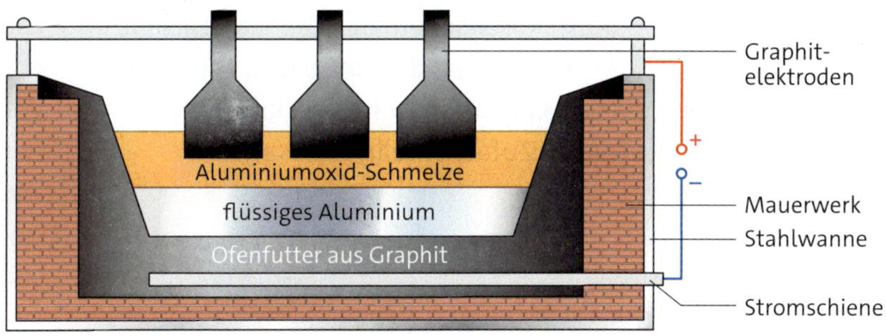

4 Schmelzflusselektrolyse zur Gewinnung von Aluminium

1 Entwickle Reaktionsgleichungen für die ablaufenden chemischen Reaktionen.

2 Recherchiere, warum Aluminium ein wichtiger Werkstoff für den Fahrzeugbau ist.

Vom Froschschenkel zur Batterie

1 Luigi Galvani (1737–1798)

2 Alessandro Volta (1745–1827)

3 Batterien heute

Noch vor weniger als 250 Jahren war elektrische Energie im Alltag der Menschen nicht vorhanden. Heute ist kaum noch jemand ohne kleine elektrische Energiespeicher unterwegs. Was haben Luigi Galvani und Alessandro Volta zu dieser Entwicklung beigetragen?

Vom Froschschenkel • Der italienische Professor der Anatomie und Medizin Luigi Galvani machte im Jahr 1780 durch Zufall eine interessante Entdeckung: Ein Froschschenkelnerv löste Muskelzuckungen aus, als er mit Instrumenten aus Kupfer und Eisen bearbeitet wurde. Galvani selbst konnte dies nicht erklären.

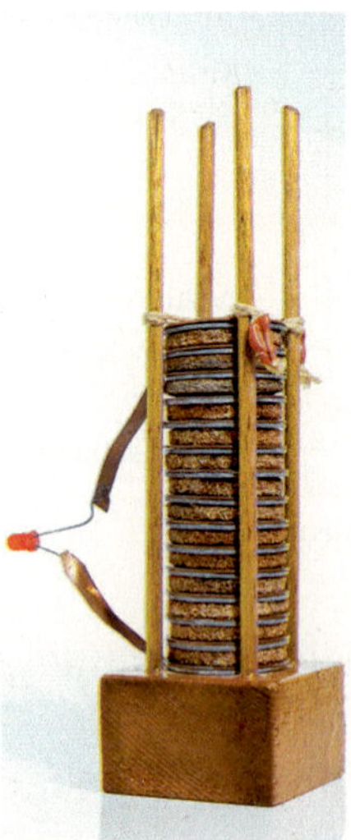

4 Historischer Nachbau der Voltasäule

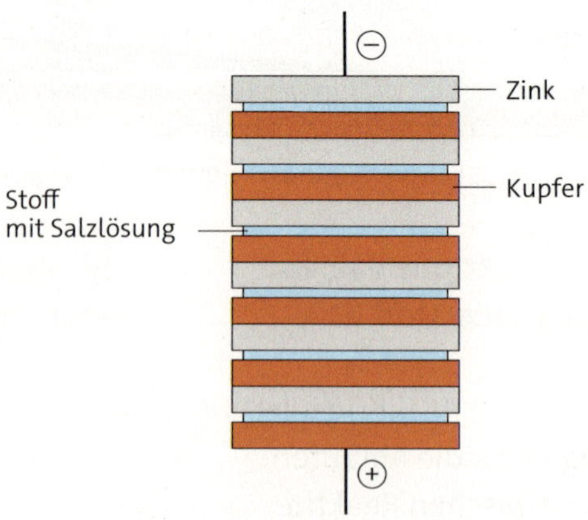

5 Voltasäule (Schema)

Über eine Säule • Der Physikprofessor Alessandro Volta (Italien) erfuhr 1792 von den „Froschversuchen“, forschte ebenfalls und baute im Jahr 1800 die Voltasäule. → 4 Mehrere Kupfer- und Zinkplatten waren in Schichten abwechselnd übereinandergelegt. → 5 Dazwischen lagen mit Salzlösung oder Säure angefeuchtete Textilstücke. An die oberste Zinkplatte und die unterste Kupferplatte montierte er jeweils einen Draht. Nachdem die Drähte zu einem Kreislauf geschlossen wurden, floss ein elektrischer Strom.

Zur heutigen Batterie • Heute gibt es Batterien in den unterschiedlichsten Größen und Formen. → 3 Sehr kleine Batterien, sogenannte Knopfzellen,

die Voltasäule
die Batterie

werden beispielsweise in Uhren oder Hörgeräten eingesetzt. 9-Volt-Blockbatterien sind deutlich größer. → 6 Sie werden z. B. in Rauchmeldern eingesetzt. Im Innern einer 9-Volt-Blockbatterie sind, ähnlich wie bei einer Voltasäule, sechs Einzelbatterien kombiniert. → 7 So ergibt sich die typische Quaderform.

Batterien – genauer betrachtet •
Batterien aus dem Supermarkt haben trotz großer äußerlicher Unterschiede wichtige Gemeinsamkeiten:

- Alle Batterien besitzen zwei Pole: einen Plus- und einen Minuspol.
- Werden diese Pole leitend ohne Verbraucher verbunden, entsteht ein kurzgeschlossener Stromkreis. Die Batterie leert sich dann schnell und wird heiß.
- In einer zerlegten Batterie lassen sich immer zwei Bereiche unterscheiden, die (meistens) durch ein feuchtes Papier- oder Textilstück voneinander abgetrennt werden. Dort laufen Oxidation und Reduktion getrennt voneinander ab.
- Bei undichtem Gehäuse kann austretende Feuchtigkeit das elektrische Gerät beschädigen oder zerstören.
- In einer Batterie wird chemische Energie in elektrische Energie umgewandelt.

Je nach Einsatzort unterscheiden sich Batterien in Größe und Form. Der innere Aufbau ist aber bei allen Batterien sehr ähnlich. In allen Batterien laufen Redoxreaktionen ab.

1,5-Volt-Rundzellen	9-Volt-Blockbatterie	4,5-Volt-Flachbatterie

6 Die Vielfalt der Batterien

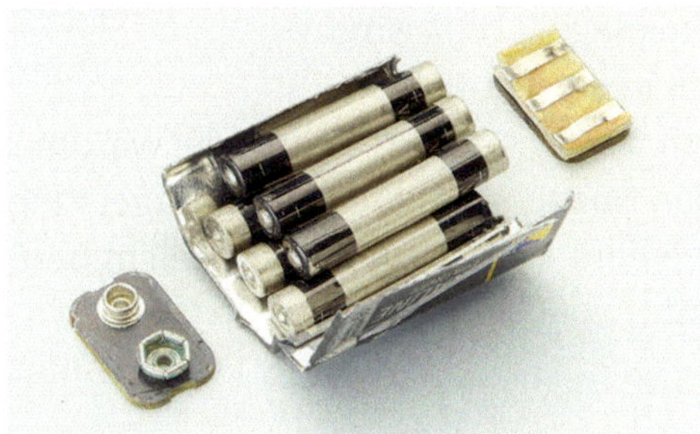

7 Zerlegte 9-Volt-Blockbatterie

Aufgaben

1 Batterien und ihr Einsatz:
a Nenne mindestens zwei Batterietypen.
b Ergänze zu jedem Batterietyp zwei Einsatzmöglichkeiten.

2 Begründe, warum in einer Batterie der Ort der Oxidation und der Ort der Reduktion voneinander getrennt werden müssen.

3 Begründe, warum für den Bau einer Voltasäule 5-Cent- und 10-Cent-Münzen, nicht aber 10-Cent- und 20-Cent-Münzen verwendet werden können.

Vom Froschschenkel zur Batterie

Material A

Die etwas andere Batterie

Materialliste: Zitrone, Kupfernagel, Zinknagel, Kabel, Krokodilklemmen, Spannungsmessgerät, Elektromotor

1 Stecke in die Zitrone einen Kupfernagel und an einer anderen Stelle einen Zinknagel. Die Nägel dürfen sich in der Frucht nicht berühren. Verbinde dann die beiden Nägel über zwei Kabel mit einem Spannungsmessgerät.

2 Notiere den vom Spannungsmessgerät angezeigten Wert.

3 Überprüfe, ob du mit deiner Batterie auch einen Elektromotor betreiben kannst.

4 Gib an, wo bei deiner Batterie die beiden Pole sind.

5 Begründe, warum sich die beiden Nägel innerhalb der Zitrone nicht berühren dürfen.

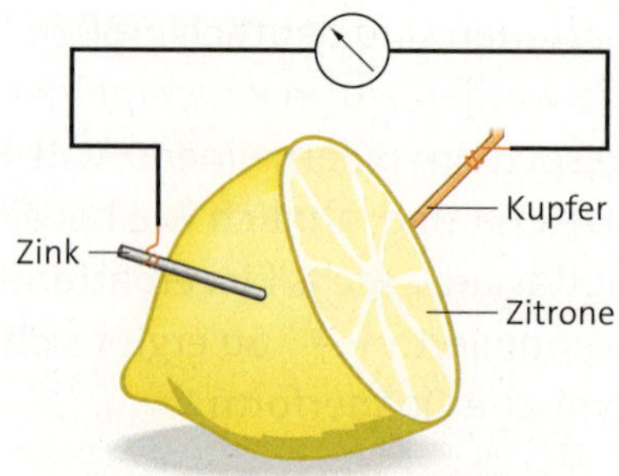

1 Aufbau der Zitronenbatterie

6 Begründe, warum die im Zitronensaft enthaltenen Ionen eine Voraussetzung für das Funktionieren der Batterie sind.

Material B

Knopfzellen im Vergleich

Knopfzellen erhielten ihren Namen durch die typische Bauform, die in Größe und Form einem Knopf ähnelt. Je nach eingesetztem Material unterscheidet man zwischen verschiedenen Typen:

- Lithium-Knopfzellen zeichnen sich durch ihre besonders hohe Lebensdauer und ihre Unempfindlichkeit gegenüber Temperaturschwankungen aus.
- Silberoxid-Knopfzellen können nicht auslaufen. Allerdings ist es kaum möglich, Silberoxid-Knopfzellen ohne einen gewissen Anteil an giftigem Quecksilber herzustellen.
- Alkali-Mangan-Knopfzellen sind vergleichsweise preiswert. Allerdings können diese Knopfzellen unter ungünstigen Bedingungen auch mal auslaufen.
- Zink-Luft-Knopfzellen besitzen eine besonders hohe Energiedichte. Zum Betreiben der Batterie ist allerdings immer der Sauerstoff aus der Luft nötig.

2

3 Lithium-Knopfzellen

1 Lies den Text. → 2

a Gib an, für welche Anwendung du welchen Knopfzellentyp einsetzen würdest: Spielzeug, LED-Taschenlampen, Armbanduhren, Herzschrittmacher, Computerplatinen, Hörgeräte.

b Begründe deine Zuordnung in Aufgabe 1a.

Erweitern und Vertiefen

Das Daniell-Element

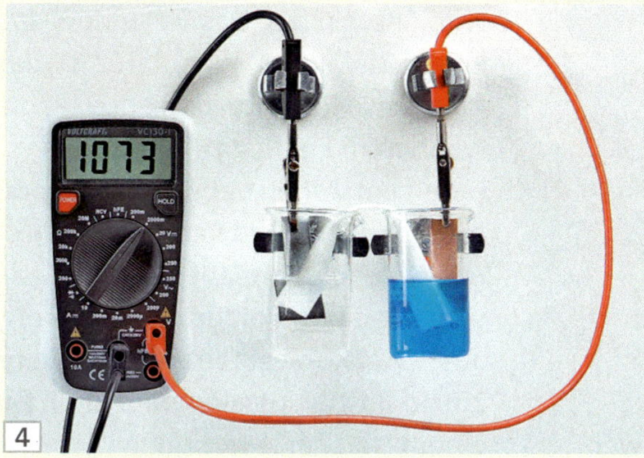

4

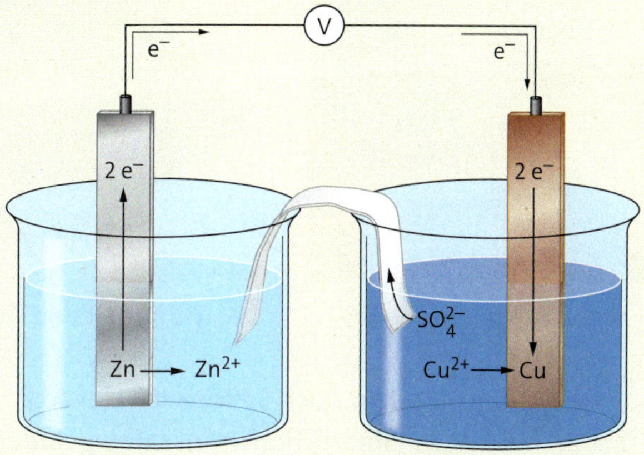

Eine einfache Batterie • Die erste technisch einsetzbare Batterie wurde 1835 von John Frederic Daniell entwickelt. Ihr Aufbau kann in etwas vereinfachter Form im Schullabor nachgestellt werden:
In einem Becherglas taucht ein Zinkblech in eine Zinksulfat-Lösung. In einem zweiten Becherglas taucht ein Kupferblech in eine Kupfersulfat-Lösung. → 4 Beide Lösungen werden durch ein in Kaliumnitrat-Lösung getränktes Filterpapier verbunden. Beim Betreiben der Batterie werden die beiden Metallbleche über Kabel miteinander verbunden.

Wie funktioniert diese Batterie? • Die Zink-Atome (Zn) aus dem Zinkblech geben jeweils zwei Elektronen ab. Es bilden sich zweifach positiv geladene Zink-Ionen (Zn^{2+}).

Zink-Atom	→	Zink-Ion	+	Elektronen
Zn	→	Zn^{2+}	+	$2\ e^-$

Die Elektronen wandern durch die Kabel zum Kupferblech. Die zweifach positiv geladenen Kupfer-Ionen (Cu^{2+}) aus der Kupfersulfat-Lösung nehmen die Elektronen auf. Am Kupferblech bilden sich Kupfer-Atome (Cu).

Kupfer-Ion	+	Elektronen	→	Kupfer-Atom
Cu^{2+}	+	$2\ e^-$	→	Cu

Das Filterpapier dient dazu, den elektrischen Stromkreis zu schließen. Sulfat-Ionen (SO_4^{2-}) wandern durch das Filterpapier aus der Kupfersulfat-Lösung in die Zinksulfat-Lösung und sorgen damit für einen Ladungsausgleich.

Aufgaben

1 ☒ Gib an, welche Teilchen Elektronendonatoren und welche Elektronenakzeptoren sind.

2 ☒ Begründe, welches der beiden verwendeten Metalle das edlere Metall ist.

Akkumulatoren

1 Laden des Smartphones

2 Lithium-Ionen-Akku

Nur noch 5 Prozent – der Akku im Smartphone muss neu geladen werden. Was bedeutet das eigentlich?

Akku • Akku ist die Kurzbezeichnung für Akkumulator. Dabei handelt es sich um eine Batterie, die mithilfe eines geeigneten Ladegeräts wieder aufgeladen werden kann. → 1 Was dabei geschieht, soll am Beispiel eines Zink-Iod-Akkumulators erklärt werden.

Blick auf die Stoffe • In einem Zink-Iod-Akkumulator sind die Stoffe Zink und Iod enthalten. Beim Entladen reagieren diese Stoffe zu Zinkiodid. Dabei wird Energie frei. Das Besondere an einem Zink-Iod-Akkumulator ist, dass man diese Reaktion umkehren kann, wenn man Energie zuführt. Beim Laden entstehen daher aus Zinkiodid die Stoffe Zink und Iod.
Im Modellexperiment sieht der Ladevorgang des Zink-Iod-Akkus wie folgt aus: Zwei Kohlestäbe werden in eine Zinkiodid-Lösung eingetaucht und mit einem Netzgerät verbunden. → 3 Nach kurzer Zeit bildet sich am Minuspol Zink, ein grauer Feststoff. Zur gleichen Zeit bildet sich am Pluspol rotbraunes Iod. Das Iod sinkt auf den Boden. → 4

Blick auf die Teilchen • Beim Laden des Zink-Iod-Akkumulators wandern die Zink-Ionen (Zn^{2+}) zum Minuspol.

3 Wenn man eine Spannung an eine Zinkiodid-Lösung anlegt, ...

4 ... bilden sich Zink (silbern, links) und Iod (gelb, rechts).

der Akku(mulator)

Dort nehmen sie zwei Elektronen auf. Es bilden sich Zink-Atome. → 5 Gleichzeitig wandern die Iodid-Ionen (I^-) zum Pluspol. Zwei Iodid-Ionen geben jeweils ein Elektron ab und bilden ein Iodmolekül (I_2). → 6 Beim Entladen laufen diese beiden Redoxreaktionen in umgekehrter Richtung ab.

Energieformen • Beim Entladen eines Zink-Iod-Akkumulators wird ein Teil der in Zink und Iod enthaltenen chemischen Energie in elektrische Energie umgewandelt. → 7
So kann z. B. ein Elektromotor betrieben werden. Beim Laden dagegen wird elektrische Energie in chemische Energie umgewandelt. → 8 Für diesen Vorgang kann z. B. ein Netzgerät eingesetzt werden.

Akkumulatortypen • Verschiedene technische Geräte benötigen unterschiedliche Akkumulatoren. Beispielsweise kommen in tragbaren Geräten wie Tablets, Smartphones und Notebooks Lithium-Ionen-Akkumulatoren zum Einsatz. → 2 Zum Starten eines Verbrennungsmotors in Autos werden leistungsstarke Bleiakkumulatoren benötigt.

Beim Entladen eines Akkumulators laufen Redoxreaktionen ab. Es wird chemische Energie in elektrische Energie umgewandelt. Beim Laden laufen die Redoxreaktionen in umgekehrter Richtung ab. Dabei wird elektrische Energie in chemische Energie umgewandelt.

Zink-Ion + Elektronen → Zink-Atom

$$Zn^{2+} + 2\,e^- \rightarrow Zn$$

5 Reduktion von Zink-Ionen beim Laden eines Zink-Iod-Akkumulators

Iodid-Ionen → Iodmolekül + Elektronen

$$2\,I^- \rightarrow I_2 + 2\,e^-$$

6 Oxidation von Iodid-Ionen beim Laden eines Zink-Iod-Akkumulators

7 Energieumwandlung beim Entladen des Zink-Iod-Akkumulators

8 Energieumwandlung beim Laden des Zink-Iod-Akkumulators

Aufgaben

1 ☒ Betrachte den Ladevorgang eines Zink-Iod-Akkumulators. Begründe, warum es sich bei der Bildung von Zink-Atomen um eine Reduktion handelt.

2 ☒ Begründe, warum es sich bei den Iodid-Ionen um Elektronendonatoren handelt.

3 ☒ Entwickle analog zu den Bildern 5 und 6 die Reduktions- und Oxidationsgleichung für das Entladen eines Zink-Iod-Akkumulators.

Akkumulatoren

Material A

Modellversuch

Mit den richtigen Materialien kannst du einen Akku selbst bauen.

Materialliste: U-Rohr, 2 Kohlestäbe, Kabel, Klemmen, zwei durchbohrte Stopfen passend zum U-Rohr, 50 ml 5 %ige Zinkiodid-Lösung, Kleinelektromotor (aus der Solartechnik), Gleichspannungsnetzgerät

1 Baue den Versuch entsprechend der Abbildung auf. → 1

a Aufladen: Stelle am Gleichspannungsnetzgerät für ca. 30 Sekunden eine Spannung von 6 V ein. Schreibe deine Beobachtungen auf.

b Entladen: Ersetze das Gleichspannungsnetzgerät durch den Elektromotor. Schreibe deine Beobachtungen auf.

2 ☒ Erkläre die beim Laden und beim Entladen gemachten Beobachtungen mit eigenen Worten.

3 ☒ Entwickle sowohl zum Ladevorgang als auch zum Entladevorgang die zugehörigen Oxidations- bzw. Reduktionsgleichungen.

4 ☒ Einen Zink-Iod-Akku hat man für den praktischen Einsatz nicht entwickelt. Begründe anhand deiner Beobachtungen aus den Aufgaben 1a und 1b.

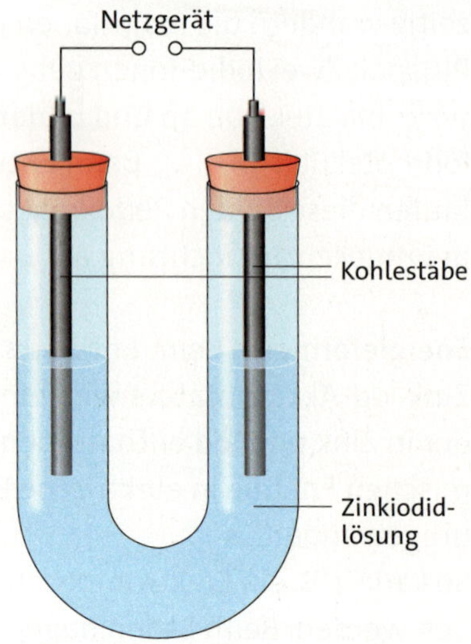

1 Modellversuch zum Zink-Iod-Akkumulator

5 ☒ Begründe: „Der Zink-Iod-Akku ist kein echter Akku." Es fehlt eine wichtige Eigenschaft, wie du sie von Batterien kennst.

Material B

Der Zink-Iod-Akkumulator

1 ☒ Übertrage die Tabelle in dein Heft. → 2 Trage die folgenden Aussagen a–j in die richtige Spalte ein.

Laden eines Zink-Iod-Akkumulators	Entladen eines Zink-Iod-Akkumulators
?	?

2 Tabelle zum Zink-Iod-Akkumulator

a Zn^{2+}-Ionen werden reduziert.
b Elektrische Energie wird in chemische Energie umgewandelt.
c Zn-Atome dienen als Elektronendonator.
d I_2-Moleküle dienen als Elektronenakzeptor.
e Chemische Energie wird in elektrische Energie umgewandelt.
f I^--Ionen werden oxidiert.
g Zn-Atome werden oxidiert.
h I_2-Moleküle werden reduziert.
i I^--Ionen dienen als Elektronendonator.
j Zn^{2+}-Ionen dienen als Elektronenakzeptor.

Erweitern und Vertiefen

Bleiakku oder Lithium-Ionen-Akku?

3 Elektroauto an der Ladestation

Zwei Akkus • Elektroautos gelten als Verkehrsmittel der Zukunft. Oft wird in diesem Zusammenhang der Lithium-Ionen-Akku als Energiequelle für die Elektromotoren genannt. Können da nicht auch Bleiakkumulatoren eingesetzt werden, die heute noch in fast jedem Auto als Starterbatterie vorhanden sind?

Daten und Fakten zum Bleiakku • Die Lebensdauer eines Bleiakkus beträgt etwa 4–8 Jahre. Für ein Auto mit einer Reichweite von 150 km würde das Gewicht des benötigten Bleiakkus etwa 900 kg betragen. Aufgrund der robusten Bauweise sind die Sicherheitsrisiken bei Bleiakkus relativ gering. Selbst bei erhöhten Temperaturen kommt es nicht zu einer Selbsterhitzung oder Explosion des Akkus. Obwohl Blei ein giftiges Schwermetall ist und auch die Schwefelsäure zu Umweltschäden führen kann, wird die Umweltverträglichkeit dieser Technologie als durchschnittlich eingestuft. Durch Gelieren der Inhaltsstoffe kann ein unkontrolliertes Austreten der Säure auch bei Zerstörung des Batteriegehäuses verhindert werden.

Daten und Fakten zum Lithium-Akku • Die Lebensdauer eines Lithium-Ionen-Akkus beträgt etwa 10–15 Jahre. Für ein Auto mit einer Reichweite von 150 km würde das Gewicht des benötigten Lithium-Akkus etwa 270 kg betragen. Ein großes Sicherheitsrisiko bei Lithium-Ionen-Akkus ist, dass bei unsachgemäßem Laden des Akkus Wasserstoff (Knallgas) entstehen kann. Außerdem enthalten die Akkus leicht brennbare Lösemittel. Deshalb darf die Temperatur des Akkus ca. 100 °C nicht überschreiten. Der Aufwand zur Überwachung des Akkus durch entsprechende Sensoren ist entsprechend groß. Zudem muss das ganze System gekühlt werden.

	Bleiakku	Lithium-Ionen-Akku
Energiegehalt	niedrig	hoch
Kosten	preiswert	teuer
Umweltverträglichkeit	durchschnittlich	durchschnittlich
grundsätzlich geeignet	ja	ja

4

Aufgaben

1 ☒ Übertrage die Tabelle in dein Heft. → 4 Ergänze die Tabelle um weitere Zeilen: Lebensdauer, Gewicht und Sicherheitsrisiko.

2 ☒ Erläutere, welche Eigenschaften des Akkus für die Elektromobilität besonders wichtig sind.

Ausgedient, aber gefährlich

1 Alte, teilweise ausgelaufene Batterien

Batterien und Akkumulatoren haben eine begrenzte „Lebensdauer". Während Batterien in der Regel nach dem Einmalgebrauch weggeworfen werden, können Akkus je nach Bauweise sogar 1000-mal und mehr wieder aufgeladen und eingesetzt werden. Doch was passiert danach?

Umweltsünden • Noch in den 1970er-Jahren wurden verbrauchte Batterien mit dem Hausmüll entsorgt. Zunehmende Meldungen über Verschmutzungen des Bodens in der Nähe von Mülldeponien mit Stoffen wie Quecksilber erforderten gesetzliche Regelungen. Das Trinkwasser in vielen Orten zeigte bedenkliche Schwermetallanteile an, z. B. von Blei.

Das Batteriegesetz • In den 1990er-Jahren wurde in der Batterieverordnung festgelegt, dass bestimmte schadstoffhaltige Batterien nicht mehr verkauft werden durften. Im seit 2009 gültigen Batteriegesetz wurde eine Rücknahmepflicht der Hersteller und des Handels ebenso eingeführt wie ein Pfandsystem für Autobatterien und die Pflicht zum Recycling. Jeder Verbraucher ist zur Abfalltrennung verpflichtet. Für leere Batterien und kaputte Akkus gibt es überall Sammelboxen, dort wo Batterien verkauft werden.

Recycling • Die Wiederverwertung von Wertstoffen aus ausgedienten Altbatterien und Altakkus ist aus zwei Gründen wichtig:

1. Wir vermeiden eine Belastung der Umwelt mit Schadstoffen.
2. Durch Wiederverwendung von Wertstoffen kann der Verbrauch seltener Rohstoffe vermindert werden.

Batterien dürfen nicht im Hausmüll entsorgt werden, da sie giftige Schwermetalle wie Quecksilber oder Blei enthalten können. Hersteller und Händler von Batterien sind verpflichtet, gebrauchte Batterien zurückzunehmen.

Aufgaben

1 Erläutere, warum die Benutzung von Akkus für die Umwelt besser ist als die Nutzung von Batterien.

2 Begründe, warum es für Batterien und Akkus ein anderes Recyclingsystem geben muss als für den üblichen Hausmüll.

Material A

Projekt „Batterierecycling“

Supermärkte und andere Stellen, die Batterien verkaufen, sind mit Sammelboxen ausgestattet.

1 Nenne mehrere Gründe, warum alte Batterien zurückgegeben werden müssen.

2 Batterie-Umfrage:

a Entwickelt in der Gruppe einen Fragebogen. Fragt darin:
- welche Batterien in eurem Bekanntenkreis verwendet werden,
- welche Geräte mit den Batterien betrieben werden und
- was mit den Batterien nach ihrem Gebrauch passiert.

b Führt mit diesem Fragebogen eine Umfrage unter Familienangehörigen, Mitschülerinnen und Mitschülern sowie Lehrkräften durch.

c Erstellt in der Gruppe ein Plakat mit euren Ergebnissen und präsentiert diese der Klasse.

d Vergleicht die Umfrageergebnisse. Diskutiert, wo Verbesserungen im Umgang mit Batterien nötig sind.

2 Sammelbehälter für Altbatterien

Material B

Batterierecycling als Kreisprozess

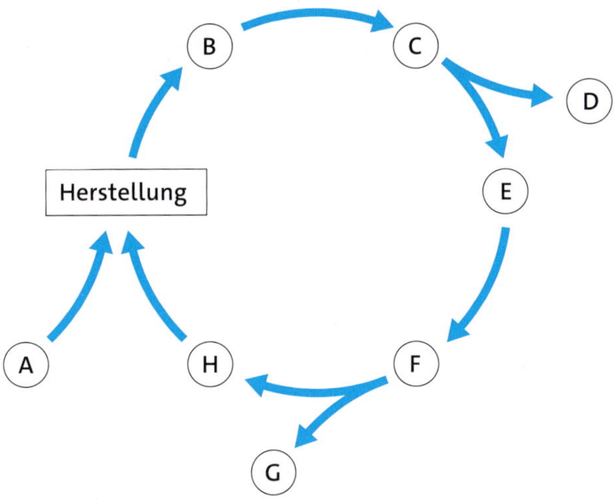

3 Kreisprozess

Damit keine Schadstoffe in die Umwelt gelangen und die Wertstoffe in der Batterie wiederverwendet werden können, ist es wichtig, Batterien dem Recyclingkreislauf zuzuführen.

1 Übertrage den Kreisprozess von Bild 3 in dein Heft und befülle die Lücken (A) bis (H) mit den richtigen Begriffen:

Einkauf, Wiedergewinnung, Sammlung, Nutzung, Deponierung nicht recyclefähiger Altbatterien, Einsatz „frischer“ Rohstoffe, Sortierung, Verlust

2 Begründe, warum Kreisprozesse für das Recycling aller Müllsorten von großer Bedeutung sind.

Brennstoffzellen

1 Mit einer Brennstoffzelle betriebenes Modellauto

Wasserstoffautos werden mit Brennstoffzellentechnik angetrieben. Wie funktioniert eine Brennstoffzelle?

Blick auf die Stoffe • In einer Wasserstoff-Brennstoffzelle findet eine kontrollierte Reaktion zwischen Wasserstoff und Sauerstoff statt (Knallgasreaktion). Bei dieser Reaktion wird Energie freigesetzt, das heißt, die Reaktion ist exotherm.

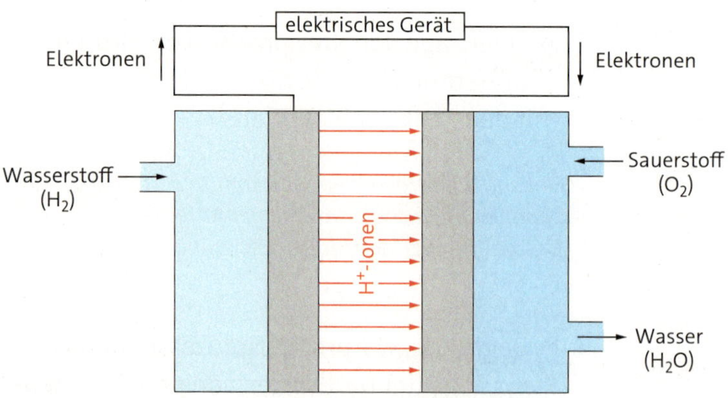

2 Querschnitt einer Wasserstoff-Brennstoffzelle

In der Brennstoffzelle wird die in Wasserstoff und Sauerstoff gespeicherte chemische Energie in elektrische Energie umgewandelt. → 2 Mithilfe der elektrischen Energie wird dann ein Elektromotor angetrieben. → 6

Blick auf die Teilchen • Im Laufe dieser Reaktion werden Elektronen von Wasserstoff-Atomen auf Sauerstoff-Atome übertragen. → 3 4
Dabei müssen Elektronenabgabe und -aufnahme an räumlich getrennten Orten in der Brennstoffzelle stattfinden, damit die Elektronen dann zur Energiegewinnung genutzt werden können. → 2 Die Elektronen können dann durch ein Kabel vom einen zum anderen Ort gelangen. So kann z. B. ein Elektromotor angetrieben werden. Gleichzeitig kann dafür gesorgt werden, dass die entstehenden H^+-Ionen zu den gleichzeitig gebildeten OH^--Ionen wandern. Aus den Ionen bildet sich Wasser. → 5

Elektrolyse • Die Gewinnung des Wasserstoffs kann durch die Elektrolyse von Wasser erfolgen. Diese Reaktion ist endotherm. Das bedeutet, dass hierfür Energie aufgewendet werden muss.

$$2\,H_2 \rightarrow 4\,H^+ + 4\,e^-$$

3 Elektronenabgabe

$$O_2 + 2\,H_2O + 4\,e^- \rightarrow 4\,OH^-$$

4 Elektronenaufnahme

$$2\,H_2 + O_2 + \rightarrow 2\,H_2O$$

5 Entstehung von Wasser

Umweltfreundlicher Antrieb • Wasserstoffautos sind besondere Elektroautos. Sie haben keinen großen Akku, sondern erzeugen die elektrische Energie durch die Brennstoffzelle selbst. Bei der Reaktion entsteht als Reaktionsprodukt reines Wasser, und nicht wie bei herkömmlichen Verbrennungsmotoren klimaschädliches Kohlenstoffdioxid. Wasserstoffautos haben eine größere Reichweite als akkubetriebene Elektroautos und sind schnell aufgetankt. Der zu tankende Wasserstoff lässt sich immer wieder herstellen, somit ist diese Technologie nachhaltig, sofern die dafür notwendige elektrische Energie aus regenerativen Quellen gewonnen wird.

Probleme beim Wasserstoffauto • Die derzeit noch hohen Anschaffungskosten eines Wasserstoffautos, die begrenzte Modellauswahl sowie das noch fehlende Tankstellennetz für Wasserstoff bremsen die Verbreitung dieser Technologie. Um Wasserstoff in großen Mengen klimaneutral zu gewinnen, reichen aktuell die Ressourcen an regenerativen Energiequellen noch nicht aus.

Brennstoffzellen ermöglichen es, elektrische Energie aus der Reaktion von Wasserstoff mit Sauerstoff zu gewinnen. Dabei läuft eine Redoxreaktion in der Brennstoffzelle ab. Das Reaktionsprodukt ist reines Wasser.

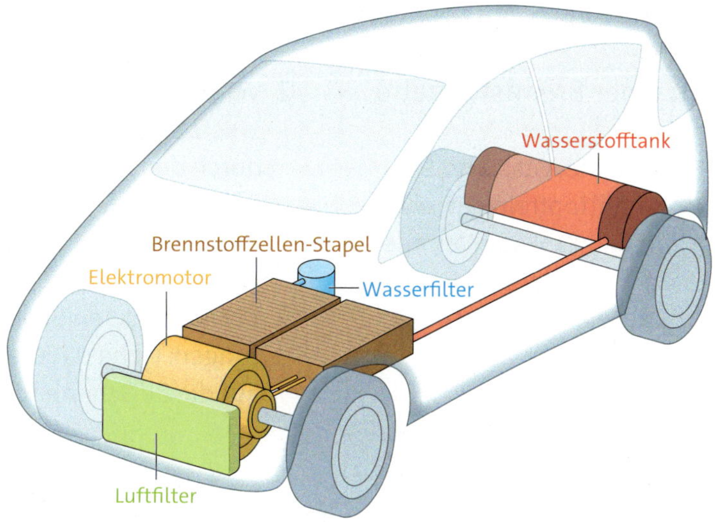

6 Bauteile eines Wasserstoffautos

Aufgaben

1 Nenne Vor- und Nachteile von Autos, die mit Wasserstoff betrieben werden.

2 Begründe, warum man bei einem Wasserstoffauto nur Wasserstoff, aber keinen Sauerstoff tanken muss.

3 Beschreibe die Funktionsweise einer Brennstoffzelle. → 2

4 Erkläre folgenden Werbespruch: „Mit Wasserstoff fahren Sie abgasfrei."

5 Nenne das Verfahren, mit dem der für eine Brennstoffzelle benötigte Wasserstoff gewonnen werden kann. Recherchiere zu dem Verfahren im Buch und beschreibe es.

Brennstoffzellen

Material A

Bau einer Brennstoffzelle

Materialliste: Glasschale, 2 Edelstahltopfreiniger, 2 Kabel mit Krokodilklemmen, 9-V-Batterie, kleiner Motor, verdünnte Kalilauge

1 Versuchsteil A:
Gieße etwas verdünnte Kalilauge in die Schale, sodass der Boden bedeckt ist. Lege die Topfreiniger hinein und verbinde sie über die Klemmen mit der Batterie. Die Topfreiniger dürfen sich dabei nicht berühren. Lass den Versuch 3 Minuten laufen. → 1

2 Versuchsteil B:
Ersetze dann die Batterie durch den Motor. → 2
Beschreibe deine Beobachtungen.

3 ☒ Erkläre deine Beobachtungen. Gehe dabei auch auf die Bläschenbildung ein.

4 ☒ Formuliere jeweils eine Reaktionsgleichung zu den beiden Versuchsteilen A und B.

5 ☒ Formuliere eine Hypothese, wie die Laufzeit des Motors im Versuch verlängert werden könnte.

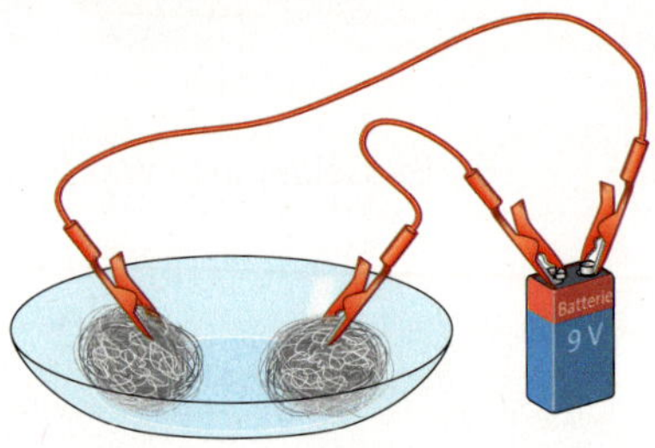

1 Erzeugung von Wasserstoff

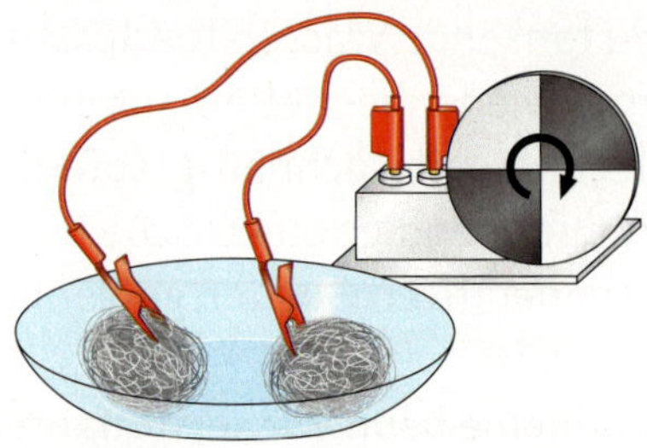

2 Nutzung von Wasserstoff

Material B

Wasserstoff im Vergleich

Wasserstoff bietet im Vergleich zu anderen Treibstoffen eine Reihe von Vorteilen. In dem Diagramm siehst du einen Vergleich von Wasserstoff mit anderen Treibstoffen. Bei gleicher Menge: Wie viel Energie liefert jeweils der Treibstoff?

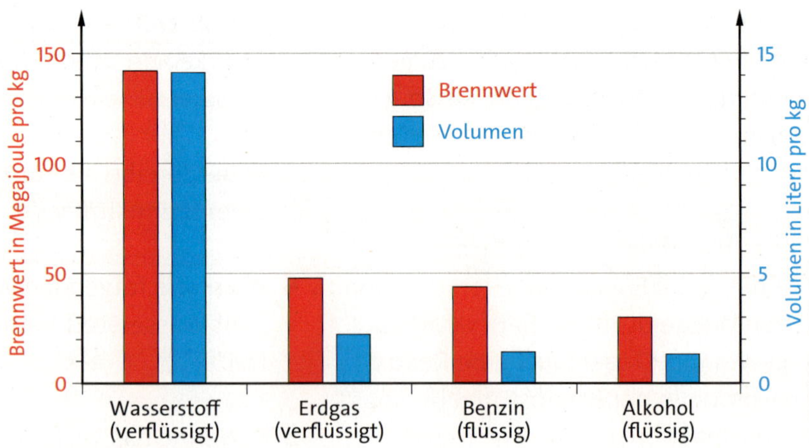

3 Treibstoffe im Vergleich

1 ☒ Beschreibe das Diagramm.

2 ☒ Vergleiche Wasserstoff mit den anderen Treibstoffen.

3 ☒ Bewerte, ob Wasserstoff insgesamt ein geeigneter Energieträger ist.

Material C

Wasserstoff und die Energiewende

Der Klimawandel macht es notwendig, dass noch mehr Energie aus erneuerbaren Energiequellen wie Fotovoltaik und Windkraft gewonnen wird.
An manchen Tagen wird heute schon mehr elektrische Energie aus diesen Quellen gewonnen, als benötigt wird. → 4
An anderen Tagen reicht die damit gewonnene Energie nicht aus. Dieses Phänomen wird sich durch den weiteren Ausbau von Fotovoltaik und Windkraftanlagen sowie den gleichzeitigen Rückbau von anderen Energiequellen weiter verstärken. Lösungen zur Energiespeicherung müssen daher entwickelt werden. Wasserstoff kommt als möglicher Energiespeicher infrage. Bei einem Energieüberschuss kann Wasserstoff durch die Elektrolyse von Wasser produziert werden. In Phasen, in denen wenig Wind- und Sonnenenergie zur Verfügung steht, kann der gespeicherte Wasserstoff dann zur Gewinnung elektrischer Energie genutzt werden.

1 ◩ Beschreibe mithilfe von Bild 4 die Probleme bei der Energiegewinnung durch erneuerbare Energiequellen.

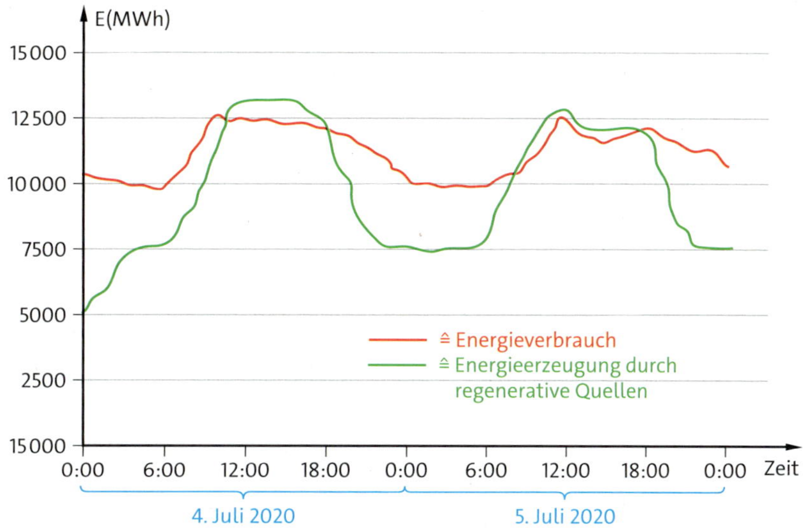

4 Energiebedarf und Energieerzeugung aus erneuerbaren Quellen am 4. und 5. Juli 2020

2 ☒ Übernimm Bild 5 in dein Heft und ergänze folgende Begriffe im Schema: *endotherm – exotherm – Wasser – Wasserstoff/ Sauerstoff*

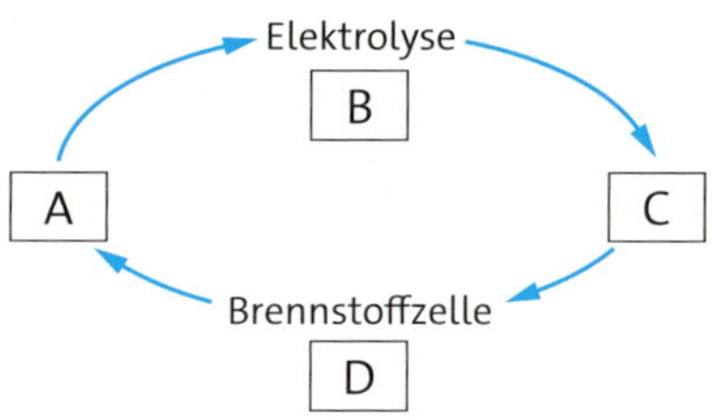

5 Ein Kreislauf

3 ☒ Beschreibe, wie Wasserstoff helfen könnte, energiearme Phasen von Fotovoltaik und Windkraft zu überbrücken.

6 Fotovoltaik und Windkraft

4 ☒ Recherchiere, welche Herausforderungen zu lösen sind, damit die Wasserstofftechnologie wichtiger Bestandteil der Energiewende sein kann.

Zusammenfassung

Elektronenübertragung • Bei Redoxreaktionen findet eine Elektronenübertragung statt. Bei der Oxidation werden Elektronen abgegeben, bei der Reduktion aufgenommen. Atome unedler Metalle geben die Elektronen leichter ab als Atome edler Metalle. Sie sind daher leichter oxidierbar. Sortiert man die Metalle nach ihrer Oxidierbarkeit, erhält man die Redoxreihe der Metalle. → 1

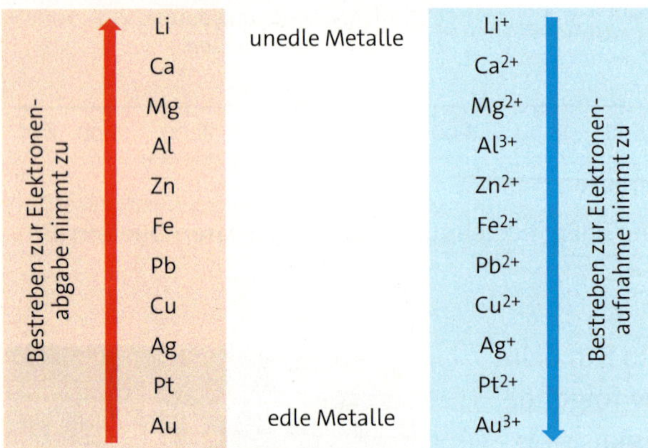

1 Redoxreihe der Metalle

Batterien • Batterien haben chemische Energie gespeichert und wandeln diese in elektrische Energie um. Sie besitzen zwei Pole – einen Plus- und einen Minuspol. Die zwei Pole berühren sich nicht direkt, stehen aber über eine Salzlösung in Verbindung.

Akkumulatoren • Batterien und Akkus sind im Aufbau ähnlich. Im Gegensatz zur Batterie kann man den Akku wieder aufladen: Durch Zufuhr von elektrischer Energie bilden sich die Ausgangsstoffe zurück. Beim Laden eines Akkus wird elektrische Energie in chemische Energie umgewandelt, beim Entladen geschieht dies umgekehrt.

Elektrolyse • Redoxreaktionen, die unter Zufuhr von elektrischer Energie ablaufen, werden als Elektrolyse bezeichnet. Im Verlauf einer Elektrolyse wird elektrische Energie in chemische Energie umgewandelt. Die Elektrolyse findet z. B. bei der Gewinnung von Wasserstoff aus Wasser und bei der Herstellung von Galvanoplastiken Anwendung.

Brennstoffzellen • In Brennstoffzellen reagiert z. B. Wasserstoff mit Sauerstoff. Dabei läuft eine Redoxreaktion in der Brennstoffzelle ab. Die frei werdende Energie kann zum Betreiben von Elektromotoren genutzt werden.
Wasserstoffautos sind besonders umweltfreundlich, sie stoßen nur Wasser als Verbrennungsprodukt aus.

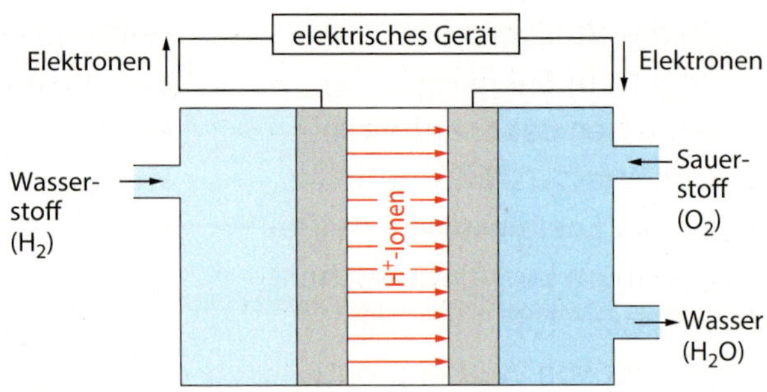

3 Brennstoffzelle (Schema)

Ausgedient, aber gefährlich • Die Abfallprodukte von Akkus und Batterien sind umweltschädlich, aber gleichzeitig Wertstoffe. Batterien dürfen nicht im Hausmüll entsorgt werden, da sie giftige Schwermetalle wie Quecksilber oder Blei enthalten können. Durch getrenntes Sammeln und Recycling gelangen die Wertstoffe wieder in den Stoffkreislauf zurück.

Teste dich! (Lösungen im Anhang)

Elektronenübertragung und Redoxreihe

1 ◩ Formuliere einen Merksatz mit den folgenden Begriffen:

um – eine – Elektronenaufnahme – bei – der – handelt – Oxidation – um – eine – Reduktion – und – bei – der – Elektronenabgabe – es – sich

2 ☒ Gib mithilfe der Redoxreihe der Metalle an, welche Metall-Atome von Zink-Ionen oxidiert werden können und welche Metall-Ionen Zink-Atome oxidieren können. Begründe.

Elektrolyse

3 ☒ Nenne drei Beispiele für die Anwendung von Elektrolysen.

4 ☒ Gib an, ob bei einer Elektrolyse die Ausgangsstoffe (Edukte) oder die Produkte mehr chemische Energie enthalten, und begründe deine Meinung.

Batterien und Akkumulatoren

5 ◩ Alessandro Volta stapelte in seiner „Säule" runde Platten aus zwei verschiedenen Metallen und in Salzlösung angefeuchtete Textilstücke.

a ◩ Gib an, welche beiden Metalle er dabei benutzte.

b ☒ Zeichne eine solche „Säule" und beschrifte die einzelnen Bauteile.

c ☒ Könnten die verwendeten Metalle auch durch Silber und Zinn ersetzt werden? Begründe deine Antwort.

6 ◩ Schreibe auf, welche grundsätzlichen Bestandteile von Batterien auch in Akkus enthalten sind.

7 ☒ Nenne Unterschiede zwischen Akkumulator und Batterie.

8 ☒ In Bild 4 siehst du einen in seine Bestandteile zerlegten Akku. Begründe anhand der Beobachtungen die Notwendigkeit der Müllsortierung und des Recyclings von Batterien und Akkus.

4 Akku nach langjährigem Einsatz

Brennstoffzelle

9 ◩ Zeichne den schematischen Aufbau einer Brennstoffzelle.

10 ☒ Erkläre, welche Teilchen bei der Wasserstoff-Brennstoffzelle Elektronendonatoren und welche Elektronenakzeptoren sind. Gib die Reaktionsgleichungen für die Oxidation und die Reduktion an.

11 ☒ Begründe, warum in einer Brennstoffzelle der Ort der Oxidation und der Ort der Reduktion voneinander getrennt sein müssen.

Saure, alkalische und neutrale Lösungen

Viele unserer Lebensmittel schmecken sauer. Was sind saure Lösungen?

Laugenbrötchen werden mit Natronlauge gebacken. Sind sie völlig ungefährlich?

Sauer, alkalisch oder neutral wie Wasser? Der pH-Wert gibt Auskunft.

Sauer, alkalisch, neutral

1 Beim Reinigen sind wir auf saure, alkalische oder neutrale Lösungen angewiesen.

Schmutz entfernen – das geht mit sauren, alkalischen und neutralen Lösungen. Wo liegt der Unterschied?

Saure Lösungen • Es gibt viele unterschiedliche saure Lösungen, z. B. Salzsäure-Lösung oder Ameisensäure-Lösung. Auch Essig oder Mineralwasser gehören zu den sauren Lösungen. In der Alltagssprache bezeichnet man saure Lösungen meist nur kurz als Säure.

Alle sauren Lösungen haben gemeinsame Eigenschaften. Sie reagieren beispielsweise mit Kalk. Bei dieser Reaktion entstehen Kohlenstoffdioxid, Wasser und ein lösliches Calciumsalz. Aufgrund dieser Reaktion sind saure Reiniger besonders gut geeignet, Kalkflecke in Waschbecken und auf Armaturen zu entfernen.

Außerdem reagieren saure Lösungen mit unedlen Metallen. Bei dieser Reaktion entstehen ebenfalls ein Salz und Wasserstoff.

Stark verdünnt sind saure Lösungen meist ungefährlich. Unverdünnt sind viele saure Lösungen jedoch aufgrund ihrer ätzenden Wirkung sehr gefährlich. Alle sauren Lösungen schmecken sauer. Unverdünnte und gefährliche saure Lösungen darf man aber nicht auf ihren Geschmack testen.

Ebenfalls leiten saure Lösungen den elektrischen Strom. Sie enthalten also frei bewegliche Ionen.

Alkalische Lösungen • Alkalische Lösungen werden auch Laugen genannt. Zu den alkalischen Lösungen gehören z. B. Natronlauge, Kalilauge, Kalkwasser und Ammoniakwasser. Auch alkalische Lösungen haben gemeinsame Eigenschaften:

Alle alkalischen Lösungen sind ätzend und fühlen sich seifig an – es sei denn, sie sind stark verdünnt.

Sie leiten ebenfalls den elektrischen Strom, da sie wie die sauren Lösungen frei bewegliche Ionen enthalten.

die saure Lösung
die alkalische Lösung
die neutrale Lösung
der pH-Wert
der Indikator

pH-Wert • Der pH-Wert gibt an, wie sauer oder alkalisch eine Lösung ist. → 2 Reines Wasser hat einen pH-Wert von 7. Lösungen mit pH = 7 nennt man neutral. Saure Lösungen haben einen pH-Wert kleiner als 7. Je kleiner der pH-Wert wird, desto gefährlicher ist die Lösung. Orangensaft mit einem pH = 4 kann man trinken. Eine saure Lösung mit pH = 0 ist gefährlich und wirkt ätzend. Alkalische Lösungen haben einen pH-Wert größer als 7. Auch hier gilt: Je weiter der pH-Wert von 7 entfernt ist, desto gefährlicher ist die Lösung. Eine Seifenlauge mit pH = 9 brennt nur ein wenig in den Augen. Eine alkalische Lösung mit pH = 14 ist dagegen äußerst gefährlich und stark ätzend, ganz ähnlich wie eine Säure mit pH = 0.

Indikatoren • Saure und alkalische Lösungen reagieren mit vielen Farbstoffen. Manche Farbstoffe ändern dabei ihre Farbe, z. B. Rotkohlsaft. → 2 Sein Farbstoff ist im sauren Bereich rot, im schwach alkalischen Bereich blau, im mittleren blaugrün bis grün und im stark alkalischen gelb. Ist die Lösung neutral, so zeigt Rotkohlsaft eine blauviolette Farbe. → 3
Solche Farbstoffe kann man als Indikatoren (= „Anzeiger") für saure, neutrale und alkalische Lösungen nutzen.

Saure und alkalische Lösungen reagieren mit vielen Stoffen, z. B. mit Metallen oder Kalk. Der pH-Wert gibt an, wie sauer oder wie alkalisch eine Lösung ist.

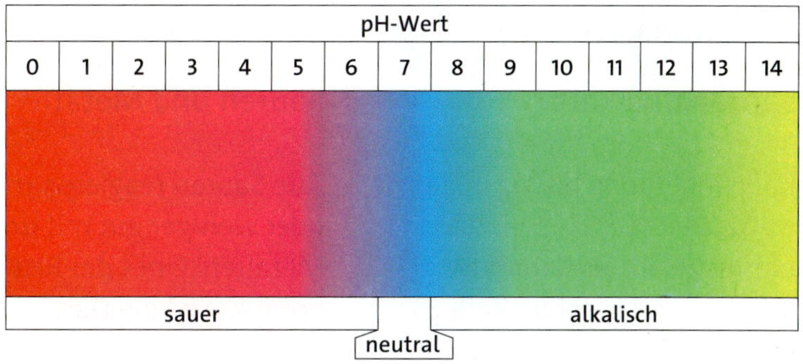

2 Die pH-Wert-Skala (mit der Färbung von Rotkohlsaft)

3 Rotkohlsaft – von pH = 0 (links) bis pH = 14 (rechts)

Aufgaben

1 ☑ Nenne Beispiele für saure, alkalische und neutrale Lösungen.

2 ☑ Liste gemeinsame Eigenschaften von sauren und alkalischen Lösungen auf.

3 ☒ Beschreibe den Nutzen von Indikatoren.

4 ☒ Erläutere, was der pH-Wert über eine Lösung aussagt.

Sauer, alkalisch, neutral

Material A

Säuren und Kalk

Kalk findet man häufig in der Natur. Viele Lebewesen bilden nämlich Kalk als Baumaterial. Mit Säuren kannst du Kalk nachweisen: Kalk reagiert mit Säuren – und weil eines der Reaktionsprodukte das Gas Kohlenstoffdioxid ist, stellt man dann ein Aufschäumen fest.

Materialliste: Pipette, säurefeste Unterlage, Eierschalen, Muscheln, Marmor, Kalkstein, Calciumcarbonat, verschiedene Gesteinsproben vom Schulgelände, verdünnte Salzsäure

1 Tropfe mit der Pipette etwas Säure auf die verschiedenen Probestücke.

2 Beobachte genau und notiere deine Ergebnisse.

1 Muschelschalen bestehen aus Kalk.

Material B

Säuren und Metalle

Alle Säuren reagieren mehr oder weniger gut mit unedlen Metallen. Eines der Reaktionsprodukte ist ein Gas.

Materialliste: Pipette, 10 Reagenzgläser, Reagenzglashalter, Gasbrenner, Dreifuß, Abdampfschale, Magnesiumband, Kupferpulver, Eisenpulver, Zinkpulver, verdünnte Schwefelsäure, 25%ige Essigsäure

1 Gib in vier Reagenzgläser jeweils etwas von einem Metall und 1 cm hoch verdünnte Schwefelsäure. Fange das entstehende Gas mit einem Reagenzglas auf und mache die Knallgasprobe. Wiederhole den Versuch mit Essigsäure.

a Beobachte und halte die Ergebnisse tabellarisch fest.

b Ordne die Metalle nach ihrer Reaktionsfähigkeit mit der Säure.

2 Gib nach Ende der Reaktion den flüssigen Rest in die Abdampfschale. Erhitze die Flüssigkeit im Abzug, bis sie verdampft ist.
Beschreibe deine Beobachtungen.

Material C

Laugen greifen an

Konzentrierte alkalische Lösungen sind sehr aggressiv gegenüber dem Keratin, aus dem unsere Hornhaut und unsere Haare bestehen.

Materialliste: 2 Reagenzgläser, Pipette, Reagenzglasklammer, Reagenzglashalter, Vogelfeder, Haarsträhne, Natronlauge (32%ig)

Achtung • Schutzhandschuhe verwenden!

1 Gib in ein Reagenzglas eine abgetrennte Haarsträhne und in das andere eine Vogelfeder. Dazu gibst du jeweils 10 ml Natronlauge. Beobachte, was passiert.

2 Überlege, warum Abflussreiniger den gleichen Stoff enthält, der in Natronlauge gelöst ist.

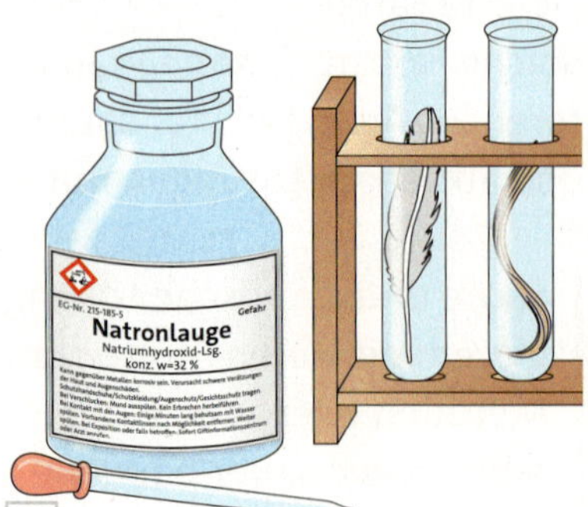

2

Material D

Indikatoren

Manche Indikatoren kann man sich selbst zubereiten.

> **Rotkohlindikator**
>
> Klein geschnittenen Rotkohl mit wenig Wasser kochen. Nach deutlicher Färbung (5 min Kochzeit) die Blätter aus dem Wasser nehmen.

Materialliste: Reagenzgläser, Reagenzglasständer, Pipette, Rotkohlindikator, Universalindikator, Phenolphthalein, Bromthymolblau, Stoffe aus dem Haushalt (Speiseessig (5%ig), Kernseife, WC-Reiniger, Essigreiniger, Spülmaschinentabs) und aus dem Labor (verdünnte Säuren und Laugen)

1 Untersuche die Stoffe aus dem Haushalt und die verdünnten Säuren und Laugen aus dem Labor auf ihren pH-Wert. Benutze dazu den selbst gemachten Rotkohlindikator und die drei anderen Indikatoren.

2 Protokolliere deine Ergebnisse in einer Tabelle.

3 Begründe, warum der pH-Wert von Orangensaft nicht mit einer Bromthymolblau-Lösung bestimmt werden kann.

pH-Wert	0	1	2	3	4	5	6	7	8	9	10	11	12	13	14
Universalindikatorlösung															
Phenolphthalein-Lösung															
Bromthymolblau-Lösung															
Rotkohlsaftlösung															

3 Farben von Indikatoren

Material E

pH-Wert und Verdünnung

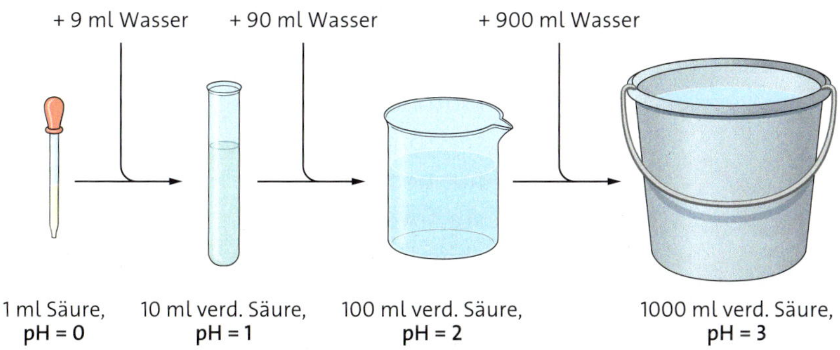

4 Mehrfaches Verdünnen einer Säure

In Bild 4 wird eine Säure immer wieder um den Faktor 10 verdünnt.

1 Beschreibe, wie sich der pH-Wert beim Verdünnen der Säure ändert.

2 Bis zu welchem pH-Wert kannst du die Säure verdünnen? Begründe.

Die entscheidenden Teilchen

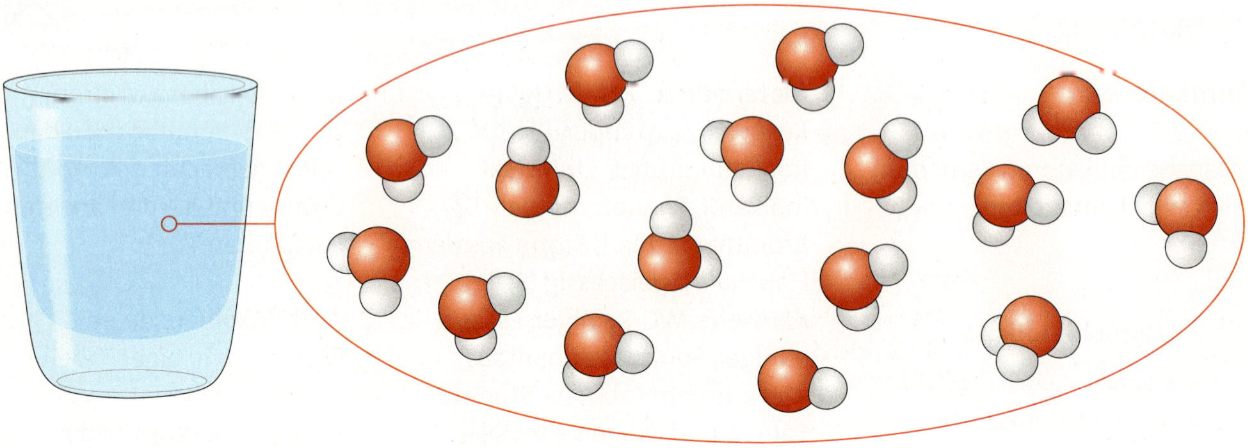

1 Wasser unter der Lupe

Reines Wasser besteht einzig und allein aus neutralen Molekülen. Mit einem empfindlichen Messgerät stellt man in flüssigem Wasser trotzdem einen schwachen Stromfluss fest. Wie ist das möglich?

Ionenentstehung • Im flüssigen Wasser sind die Wasser-Moleküle ständig in Bewegung. Stoßen zwei Moleküle zusammen, so kann es in seltenen Fällen passieren, dass Ionen entstehen. Diese Ionen sind für die elektrische Leitfähigkeit verantwortlich.

OH^--Ion • In einem Wassermolekül liegen zwei polare Elektronenpaarbindungen vor. Bei einem „erfolgreichen" Zusammenstoß zweier Wassermoleküle wird eine dieser Bindungen so gespalten, dass beide Bindungselektronen beim Sauerstoff-Atom bleiben. Unter Abgabe von einem H^+-Teilchen entsteht so aus einem Wassermolekül ein OH^--Ion, auch Hydroxid-Ion genannt. → 2

H_3O^+-Ion • Das abgegebene H^+-Teilchen wird vom anderen Wassermolekül aufgenommen. So entsteht ein H_3O^+-Ion, auch Oxonium-Ion genannt. Da pro OH^--Ion ein H_3O^+-Ion entsteht, ist in reinem Wasser die Anzahl der H_3O^+-Ionen gleich der Anzahl an OH^--Ionen. Deshalb ist Wasser neutral.

Protonenübertragung • Gibt ein Wasserstoff-Atom ein Elektron ab, so bleibt nur noch das Proton aus dem Wasserstoff-Atomkern übrig. Bei dem H^+-Teilchen handelt es sich also um ein Proton. Bei der Reaktion zwischen zwei Wassermolekülen werden demnach Protonen übertragen. → 2

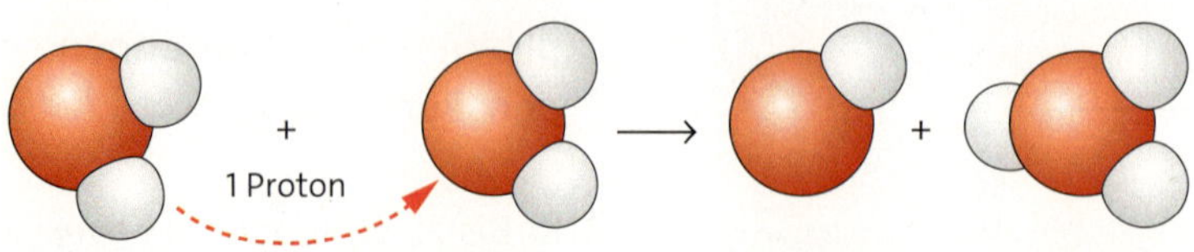

$$H_2O \quad + \quad H_2O \quad \rightarrow \quad OH^- \quad + \quad H_3O^+$$

2 Reaktion zwischen zwei Wassermolekülen

das Hydroxid-Ion
das Oxonium-Ion
die Protonenübertragung
der Protonendonator
der Protonenakzeptor

Bei der Reaktion zwischen Wassermolekülen entstehen durch die Übertragung von Protonen H_3O^+- und OH^--Ionen. Diese Ionen sind für die schwache elektrische Leitfähigkeit von Wasser verantwortlich.

Protonendonator • Auch beim Einleiten von Chlorwasserstoff-Gas (HCl-Gas) in Wasser findet eine Protonenübertragung statt. → 3 Die HCl-Moleküle geben jeweils ein Proton ab. Sie werden als Protonendonatoren (lat. donare: geben) bezeichnet. Damit befinden sich in der Lösung mehr H_3O^+-Ionen als OH^--Ionen. Der Überschuss an H_3O^+-Ionen ist dafür verantwortlich, dass bei diesem Vorgang eine saure Lösung entsteht.

Protonenakzeptor • Beim Einleiten von NH_3-Gas in Wasser nehmen die NH_3-Moleküle ein Proton von Wassermolekülen auf. → 4
Die NH_3-Moleküle werden als Protonenakzeptoren (lat. accipere: annehmen) bezeichnet. Damit befinden sich in der Lösung mehr OH^--Ionen als H_3O^+-Ionen.
Der Überschuss an OH^--Ionen ist dafür verantwortlich, dass bei diesem Vorgang eine alkalische Lösung entsteht.

Ionen im Gitter • Im Ionengitter von Metallhydroxiden wie Natriumhydroxid (NaOH) sind bereits OH^--Ionen (Hydroxid-Ionen) vorhanden. Beim Lösen von Metallhydroxiden in Wasser entstehen also auch alkalische Lösungen.

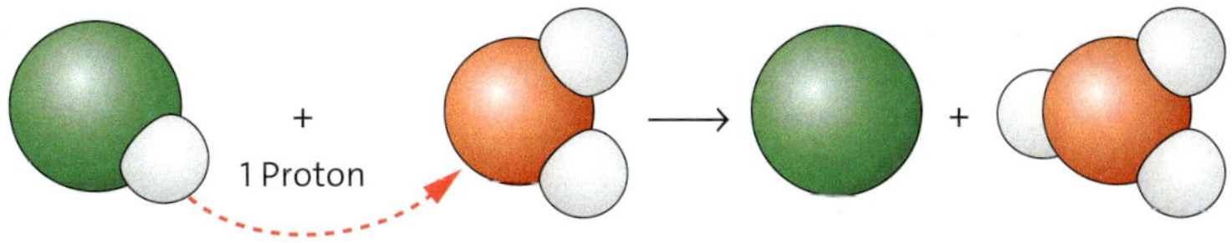

$$HCl + H_2O \rightarrow Cl^- + H_3O^+$$

3 Reaktion zwischen Chlorwasserstoff- und Wassermolekülen

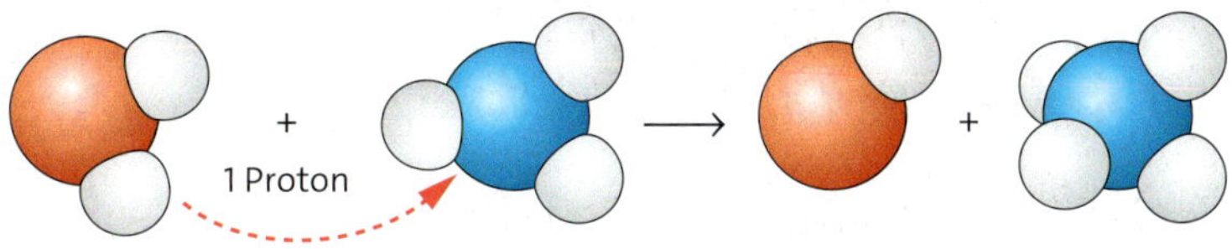

$$H_2O + NH_3 \rightarrow OH^- + NH_4^+$$

4 Reaktion zwischen Ammoniak- und Wassermolekülen

Saure Lösungen enthalten einen Überschuss an H_3O^+-Ionen. Alkalische Lösungen enthalten einen Überschuss an OH^--Ionen.

Aufgaben

1 Erkläre, warum man in Wasser einen schwachen Stromfluss messen kann.

2 Gib an, welche Ionen in sauren und in alkalischen Lösungen im Überschuss vorhanden sind.

3 Erkläre, was man unter einem Protonendonator bzw. einem Protonenakzeptor versteht.

4 „Wassermoleküle können sowohl Protonendonator als auch Protonenakzeptor sein." Bestätige dies mit Reaktionsgleichungen.

Die entscheidenden Teilchen

Material A

Sauer, alkalisch oder neutral?

Gegeben sind die folgenden drei Lösungen:

I wässrige HCl-Lösung
II wässrige NH_3-Lösung
III destilliertes Wasser

1 Ordne den Lösungen I–III die Aussagen A, B und C richtig zu.

2 Ordne den Lösungen I–III die Aussagen a, b und c richtig zu.

A Die Anzahl der H_3O^+-Ionen ist größer als die Anzahl der OH^--Ionen.

B Die Anzahl der H_3O^+-Ionen ist gleich der Anzahl an OH^--Ionen.

C Die Anzahl der H_3O^+-Ionen ist kleiner als die Anzahl an OH^--Ionen.

a Der Universalindikator färbt die Lösung grün.

b Der Universalindikator färbt die Lösung blau.

c Der Universalindikator färbt die Lösung rot.

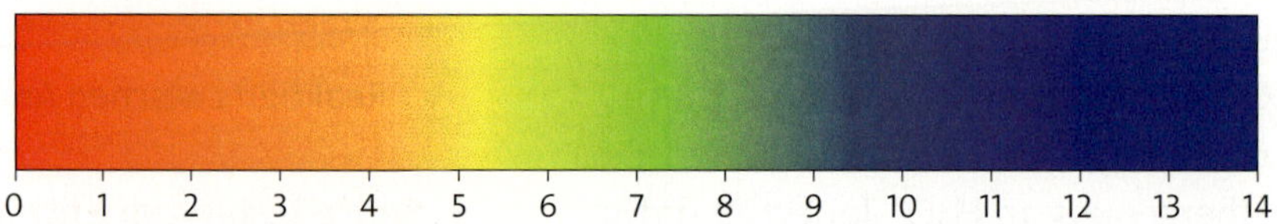

1 Farbverlauf beim Universalindikator

Material B

Kaliumhydroxid/Kalilauge

In Bild 2 siehst du das Ionengitter von Kaliumhydroxid (KOH).

1 Gib an, welche Ladung die Kalium- bzw. die Hydroxid-Ionen besitzen.

2 Begründe mithilfe der Aussage über die Ionenladung, warum im Ionengitter die Zahl an Kalium-Ionen genau so groß ist wie die Zahl an Hydroxid-Ionen.

3 Begründe, warum festes Kaliumhydroxid den elektrischen Strom nicht leitet, während Kalilauge (eine wässrige Kaliumhydroxid-Lösung) dagegen schon.

4 Begründe, warum beim Lösen von Kaliumhydroxid in Wasser eine alkalische Lösung entsteht.

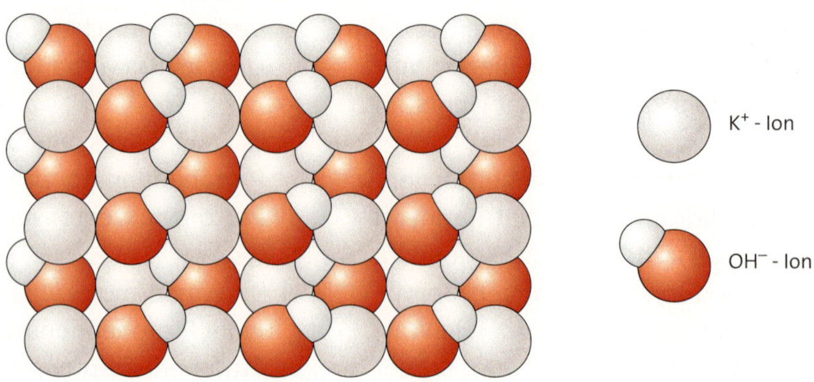

2 Ionengitter Kaliumhydroxid

Material C

Elektrische Leitfähigkeit

Materialliste: Becherglas, 2 Kohleelektroden, 3 Kabel, Amperemeter, Netzgerät (AC), 2 Tropfpipetten, Spatel, Salzsäure (0,1 M), destilliertes Wasser, Natriumhydroxid

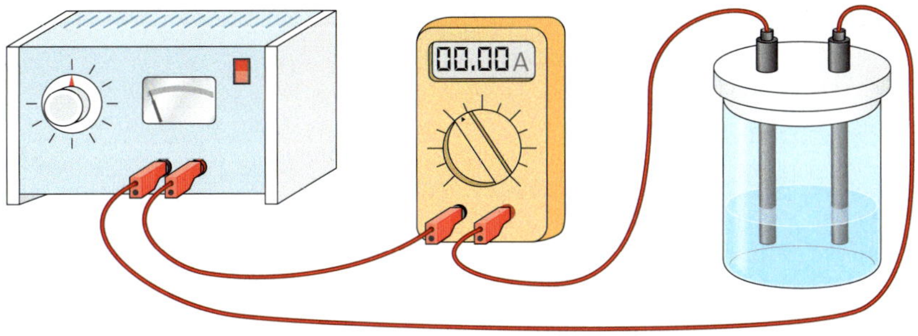

3 Versuchsaufbau

1 Baue den Versuch entsprechend Bild 3 auf. Gib 50 ml Wasser in das Becherglas. Die folgenden drei Versuchsvarianten A–C können nun jeweils durchgeführt werden:

2 Variante A: Schalte das Amperemeter ein. Erhöhe ausgehend von 0 V die anliegende Spannung.

3 Variante B: Lege eine Spannung von 5 V an. Gib tropfenweise Salzsäure zu.

4 Variante C: Lege eine Spannung von 5 V an. Gib mit dem Spatel ein NaOH-Plätzchen in das Becherglas mit Wasser und löse es durch Schwenken.

5 Gib für die Versuchsteile A, B und C an, wie sich die Stromstärke jeweils ändert.

6 Erkläre jeweils die Änderung der Stromstärke.

Material D

Ameisensäure

In Bild 4 siehst du die Strukturformel von Ameisensäure.

1 Gib für alle am Aufbau des Moleküls beteiligten Atome die Elektronegativitätswerte an.

2 Berechne für alle im Molekül auftauchenden Elektronenpaarbindungen die Elektronegativitätsdifferenz.

3 Bei einer EN-Differenz größer als 0,5 spricht man von einer polaren Bindung. Gib für jede der Elektronenpaarbindungen an, ob diese polar oder unpolar ist.

4 Entwickle die Reaktionsgleichung für die Reaktion von Ameisensäure mit Wasser. Begründe, warum bei der Reaktion eine saure Lösung entsteht.

5 Begründe, warum nur eines der beiden H-Atome bei der Reaktion mit Wasser als Proton übertragen werden kann.

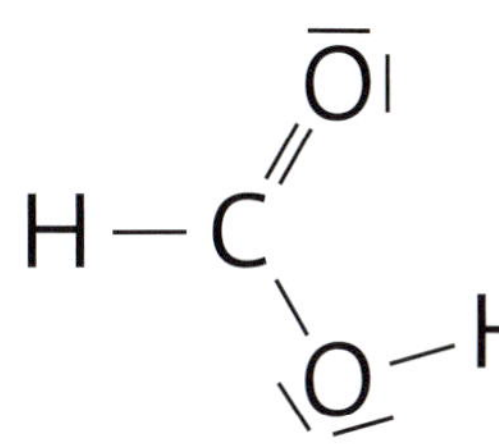

4 Strukturformel der Ameisensäure

Saure Lösungen – Beispiel Salzsäure

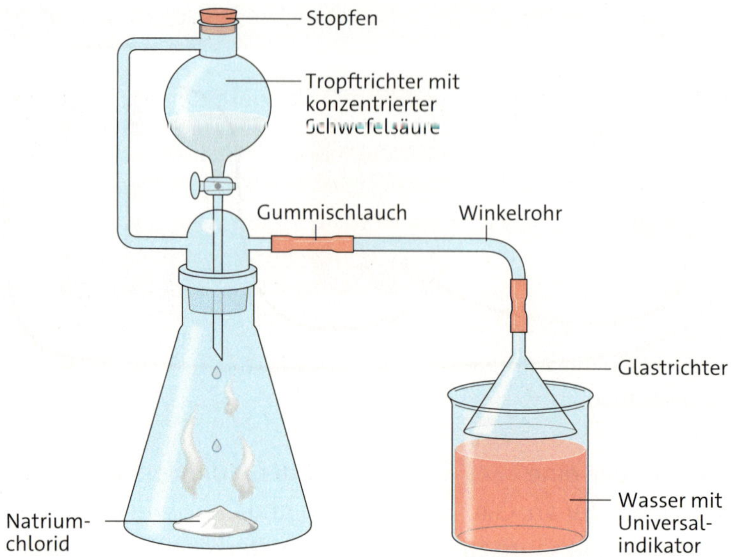

1 Herstellung von Salzsäure aus Kochsalz

Salzsäure kann aus Kochsalz hergestellt werden. Daher leitet sich ihr Name ab.

Herstellung • Wird konzentrierte Schwefelsäure auf Kochsalz getropft, entsteht ein Gas: Chlorwasserstoff mit der Formel HCl. → 1 Es ist farblos und stark ätzend. Wird Chlorwasserstoff in Wasser eingeleitet, dann reagiert es mit Wasser. Bei dieser Reaktion entstehen Oxonium-Ionen und Chlorid-Ionen. → 2 Diese entstandene saure Lösung bezeichnet man als Salzsäure.

„Rauchende" Salzsäure • Konzentrierte Salzsäure wird auch „rauchende" Salzsäure genannt, weil sie über dem offenen Gefäß mit der Luftfeuchtigkeit Nebel bildet.

Chlorwasserstoff	+	Wasser	→	Oxonium-Ion	+	Chlorid-Ion
HCl	+	H_2O	→	H_3O^+	+	Cl^-

2

Bei der Herstellung von konzentrierter Salzsäure können bis zu 400 Liter Chlorwasserstoff mit einem Liter Wasser reagieren.

Eigenschaften • Salzsäure reagiert wie alle Säuren mit Kalk und mit unedlen Metallen. Dabei bilden sich ihre Salze, die Chloride. Weil sie Ionen enthält, leitet Salzsäure den elektrischen Strom. Eine Mischung von konzentrierter Salzsäure mit konzentrierter Salpetersäure wird „Königswasser" genannt. Königswasser reagiert sogar mit Gold, der „Königin der Metalle", und löst es auf.

Vorkommen und Verwendung • In der Natur kommt Salzsäure außer in Vulkanseen vor allem im Magen von Menschen und Wirbeltieren vor. Salzsäure wird in verschiedenen Reinigungsmitteln eingesetzt. In der Industrie ist sie eine der wichtigsten Grundchemikalien.

Salzsäure gehört zu den sauren Lösungen. Sie entsteht, wenn Chlorwasserstoff mit Wasser reagiert.

Aufgaben

1 ☒ Nenne Eigenschaften von Salzsäure.

2 ☒ Erkläre, warum Wasser nach dem Einleiten von Chlorwasserstoffgas den elektrischen Strom leitet.

der Chlorwasserstoff
die Salzsäure

Material A

3 Der Springbrunnenversuch

Der Springbrunnenversuch

Ein Rundkolben wird mit Chlorwasserstoff gefüllt. Darunter steht ein Gefäß mit Wasser, das mit Universalindikator angefärbt wurde. Beide Gefäße werden durch ein Glasröhrchen mit einem Hahn verbunden.
Wird der Hahn geöffnet, steigt das Wasser nach oben. Sobald ein paar Tropfen Wasser in den Kolben kommen, reagiert Chlorwasserstoff mit dem Wasser. Das Wasser spritzt in den Kolben.

1 Skizziere den Springbrunnenversuch in dein Heft und beschrifte deine Skizze.

2 Gib die Reaktionsgleichung für die Reaktion von Chlorwasserstoff mit Wasser an.

3 Erkläre, warum sich die Farbe des Indikators ändert, sobald Wasser in den Kolben strömt.

Material B Lehrplaninhalt: SuS unterscheiden verschiedene Arten der Salzbildung

Bildung von Salzen

1 Säure und Metall

Materialliste: Magnesiumband, Zinkgranulat, Kupferpulver, verdünnte Salzsäure, 3 Reagenzgläser, Reagenzglasständer, Pipette, Spatel

a Gib in je ein Reagenzglas 2 cm Säure und 2 cm Magnesiumband, ein Korn Zink bzw. eine Spatelspitze Kupferpulver. Beobachte. Dampfe die Lösungen nach der Reaktion ein.
b Benenne die entstandenen Salze.
c Formuliere die Wort- und Symbolgleichungen zu den ablaufenden Reaktionen.

2 Säure und Metalloxid

Materialliste: Magnesiumoxid, Zinkoxid, Kupferoxid, verdünnte Salzsäure, 3 Reagenzgläser, Reagenzglasständer, Spatel

a Gib in je ein Reagenzglas 2 cm Säure und eine Spatelspitze der Metalloxide. Dampfe die Lösungen nach der Reaktion ein.
b Benenne auch hier die entstandenen Salze.
c Formuliere einen Merksatz, auf welchen verschiedenen Wegen Salze entstehen können.

4 Zink in Salzsäure

Saure Lösungen – Beispiel Schwefelsäure

1 Schwefelsäure ist zur Produktion von Waschmitteln und Düngern nötig.

Schwefelsäure spielt für die Industrie eine wichtige Rolle. Ihre Salze kommen auch im Haushalt und in der Natur vor.

Schwefelsäure • Reine, also 100%ige Schwefelsäure ist eine farblose, ölige Flüssigkeit mit einer hohen Dichte ($1{,}8\,\frac{g}{ml}$). Sie besteht aus H_2SO_4-Molekülen. Konzentrierte Schwefelsäure reagiert sehr heftig mit Wasser. Dabei entstehen H_3O^+-Ionen und HSO_4^--Ionen, sogenannte Hydrogensulfat-Ionen. → 2 Diese können ein weiteres Proton abgeben. Dabei entsteht das Sulfat-Ion (SO_4^{2-}-Ion). → 3 Eine Schwefelsäure-Lösung enthält also H_3O^+-Ionen, Sulfat- und Hydrogensulfat-Ionen.

Schwefelsäure	+	Wasser	→	Oxonium-Ion	+	Hydrogensulfat-Ion
H_2SO_4	+	H_2O	→	H_3O^+	+	HSO_4^-

2

Hydrogensulfat-Ion	+	Wasser	→	Oxonium-Ion	+	Sulfat-Ion
HSO_4^-	+	H_2O	→	H_3O^+	+	SO_4^{2-}

3

Eigenschaften • Konzentrierte Schwefelsäure ist stark wasseranziehend. Sie muss gut verschlossen aufbewahrt werden, sonst zieht sie Luftfeuchtigkeit an und verdünnt sich selbst. Viele Stoffe zerstört sie so, dass dabei Wassermoleküle entstehen, mit denen sie dann reagieren kann. Daher ist konzentrierte Schwefelsäure sehr gefährlich.

Vorkommen • Schwefelsäure ist in der Natur kaum zu finden. Die Salze der Schwefelsäure, die Sulfate und Hydrogensulfate, kommen dagegen häufig vor. Ein Beispiel ist Calciumsulfat, das unter dem Namen Gips bekannt ist.

Verwendung • Schwefelsäure wird als Batterieflüssigkeit in Autobatterien eingesetzt. In der chemischen Industrie ist sie eine der wichtigsten Chemikalien zur Produktion von Waschmitteln, Düngemitteln und Farben. → 1
Für die Herstellung von Arzneimitteln, Farbstoffen und Chemiefasern wird sie als Katalysator gebraucht.

Verdünnte Schwefelsäure ist eine saure Lösung. Sie enthält H_3O^+-Ionen.

Aufgaben

1 Gib an, welche Ionen in verdünnter Schwefelsäure enthalten sind.

2 Erkläre, warum reine Schwefelsäure nicht den elektrischen Strom leitet.

die Schwefelsäure
das Hydrogensulfat-Ion
das Sulfat-Ion

Material A

Schwefelsäure auf der Waage

Ein Becherglas mit konzentrierter Schwefelsäure wurde offen auf einer Waage stehen gelassen. → 4 5

1 Erkläre, warum die Masse im Lauf der Zeit zunimmt.

4 Zu Beginn

5 Ein Tag später

Material B

Temperaturverlauf beim Verdünnen

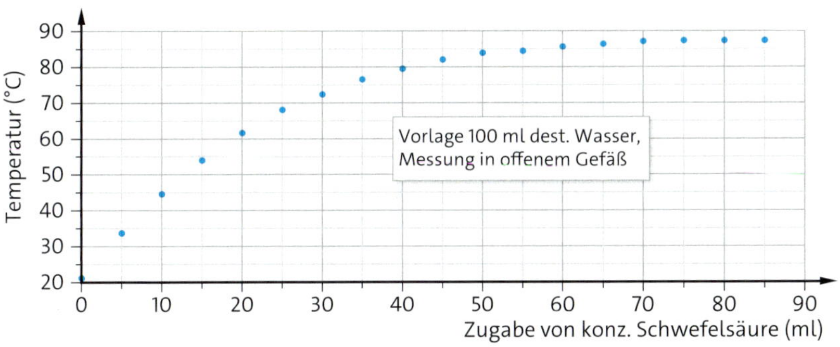

6 Temperaturverlauf bei Zugabe von Schwefelsäure zu Wasser

1 Wenn konzentrierte Schwefelsäure mit Wasser reagiert, wird sehr viel Energie frei. In einem Beispielexperiment wurde Wasser mit vielen kleinen Portionen Schwefelsäure versetzt. Kurz nach der Zugabe von Säure wurde die Temperatur gemessen. → 6
Beschreibe den Verlauf des Graphen in Bild 6.

2 Beim Verdünnen von konzentrierter Schwefelsäure mit Wasser findet eine chemische Reaktion statt. Formuliere die Reaktionsgleichung.

3 Erkläre die Temperaturzunahme bei dem Versuch.

Material C

Wie wirken WC-Reiniger?

Materialliste: saurer WC-Reiniger ◇, Pipette, Spatel, Reagenzglas, Universalindikator

1 Löse eine Spatelspitze WC-Reiniger in Wasser. Untersuche die Lösung mit Universalindikator.

2 Erkläre die Farbänderung des Indikators.

3 Erkläre, wie der Reiniger Kalkablagerungen entfernt.

7 WC-Reiniger-Etikett

Saure Lösungen – Beispiel Schwefelsäure

Erweitern und Vertiefen

Schwefelsäure und ihre Salze

Für Schwefelsäure und ihre Salze gibt es viele nützliche Anwendungen.

Zum Trocknen • Manche Stoffe im Chemielabor würden sofort mit Wasser reagieren. Man muss sie so aufbewahren, dass sie nicht einmal mit Luftfeuchtigkeit in Kontakt kommen. Dabei hilft konzentrierte Schwefelsäure: Ein Exsikkator ist ein verschließbares Glasgefäß. → 1 Unten gibt man konzentrierte Schwefelsäure in das Gefäß. Sie nimmt die Luftfeuchtigkeit auf. Weiter oben ist eine Siebplatte als Abstellfläche für die Stoffe, die trocken gehalten werden sollen.

In Autobatterien • Als Startbatterie für Kraftfahrzeuge nutzt man Bleiakkumulatoren. → 2 Diese enthalten als leitende Flüssigkeit verdünnte Schwefelsäure. Beim Entladen des Bleiakkumulators entstehen Blei-Ionen. Die Schwefelsäure reagiert mit den Blei-Ionen zu Bleisulfat. Deshalb ist die Konzentration der Schwefelsäure ein Maß für den Ladezustand des Bleiakkumulators.

Als Baustoff • Calciumsulfat, besser bekannt als Gips, ist ein wichtiger Baustoff. Er wird zur Herstellung von Wandbauplatten benutzt und ist Grundstoff für Wandputz und Spachtelmassen. In der Medizin wird Gips für die Herstellung des Gipsverbandes verwendet.

Als Abführmittel • Natriumsulfat oder Glaubersalz ist ein Salz, das stark abführend wirkt. In der Medizin wird es daher zur Behandlung von Verstopfungen angewendet. In der Alternativmedizin ist es ein beliebtes Mittel zur Entschlackung, z. B. zu Beginn einer Fastenkur.

Beim Röntgen • In normalen Röntgenbildern ist unser Magen und Darm ziemlich unsichtbar. Das ändert sich, wenn man eine Bariumsulfat-Suspension trinkt. Bariumsulfat ist also ein Röntgenkontrastmittel. → 3 Da Bariumsulfat in Wasser fast unlöslich ist, werden keine gefährlichen Barium-Ionen freigesetzt.

Aufgaben

1 Nenne ein Salz, das in Autobatterien enthalten ist.

2 Erkläre die Funktion des Exsikkators.

3 Erkläre die Rolle von Bariumsulfat beim Röntgen.

1 Exsikkator

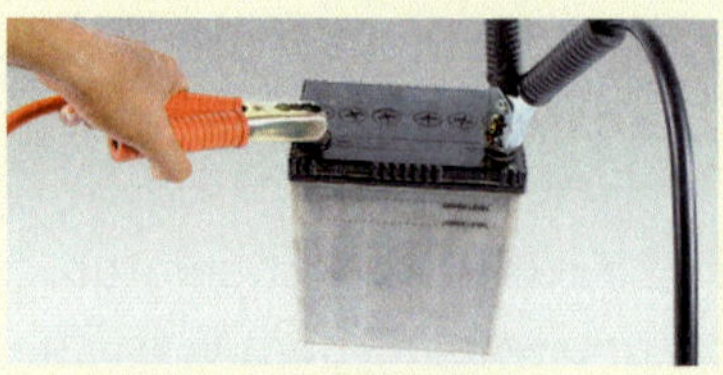

2 Autobatterie

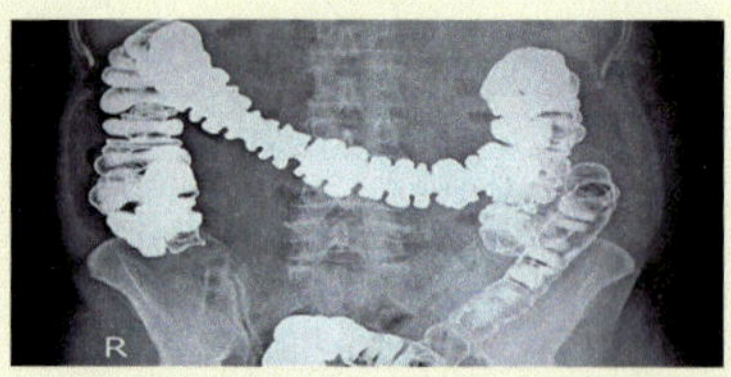

3 Röntgenbild des Dickdarms

Erweitern und Vertiefen

Entstehung von saurem Regen

4 Sichtbare Schäden durch sauren Regen

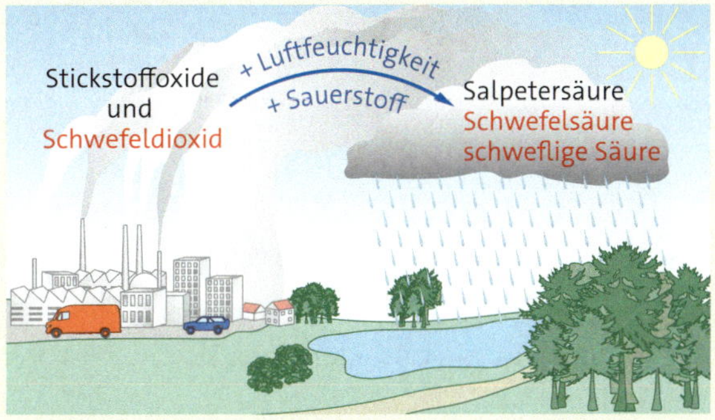

5 Entstehung von saurem Regen

Säure im Regen • In den 1980er Jahren stellte man mit Erschrecken fest, dass der Regen immer mehr Säure enthielt. Der pH-Wert des Regens lag immer weiter unter 7. Dies bedrohte vor allem die Umwelt. Man befürchtete ein allgemeines „Waldsterben“. Was war geschehen?

Entstehung • Wenn man Kohlenstoff verbrennt, entsteht Kohlenstoffdioxid. Dieses bildet mit Wasser Kohlensäure. Ähnlich ist es, wenn man Schwefel verbrennt. Dabei entsteht Schwefeldioxid, das mit Wasser z. B. Schwefelsäure bilden kann. Allgemein gilt: Die Oxide von Nichtmetallen (Kohlenstoff, Schwefel, Stickstoff, ...) bilden zusammen mit Wasser Säuren. Die Abgase bilden also zusammen mit der Luftfeuchtigkeit den sauren Regen. → 5

Ursachen und Folgen • Die schädlichen Nichtmetalloxide in Abgasen werden hauptsächlich von der Industrie, Kraftwerken und dem Verkehr verursacht. Der saure Regen bewirkt, dass sich der pH-Wert der Böden absenkt und schädigt somit Pflanzen. → 4 Weitere Folgen sind Steinfraß an Denkmälern bis hin zu Atemwegserkrankungen bei Menschen.

Gegenmaßnahmen • Heutzutage aber hat man dieses Problem weitgehend in den Griff bekommen. So verwendet man jetzt z. B. Treibstoffe mit geringerem Schwefelanteil, Entschwefelungsanlagen in Kraftwerken und Abgaskatalysatoren in Autos. Geschädigten Böden wird Kalk zugesetzt, um den pH-Wert wieder zu erhöhen. Darüber hinaus gibt es Grenzwerte für Stickoxide, die nicht überschritten werden dürfen. Der pH-Wert des Regens liegt heute wieder deutlich näher an pH 7.

Aufgaben

1 ☒ Beschreibe die Entstehung von saurem Regen und nenne Folgen davon.

Kohlensäure

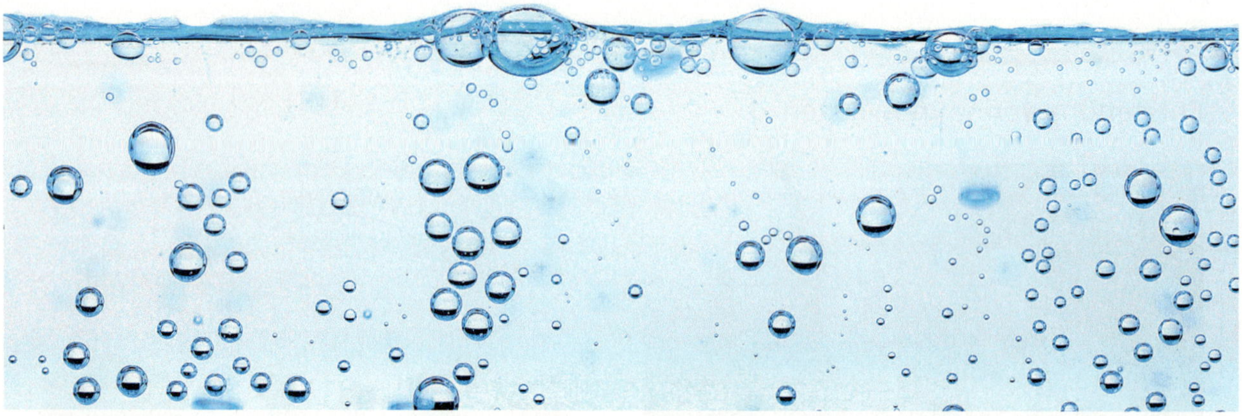

1 Ist Kohlensäure ein Gas oder eine Säure?

Viele Getränke enthalten Kohlensäure. Könnte das nicht gefährlich sein?

Gase in Flüssigkeiten • Man kann Gase in Flüssigkeiten drücken. Die Gasteilchen verteilen sich dann zwischen den Molekülen der Flüssigkeit.
So ist es auch bei Kohlenstoffdioxid. Wenn man dieses Gas mit Überdruck in Wasser drückt, erhält man Sprudelwasser. Und wenn man die Sprudelflasche öffnet, entweicht das Gas auch allmählich wieder. Durch Schütteln und durch Erwärmen entweicht das Gas noch schneller.

Bildung von Kohlensäure • Sprudelwasser schmeckt aber nicht nur sprudelig, sondern auch sauer. Kohlenstoffdioxid reagiert nämlich auch mit Wasser. Dabei entsteht Kohlensäure:

Kohlenstoffdioxid + Wasser → Kohlensäure

$$CO_2 + H_2O \rightarrow H_2CO_3$$

Trotzdem ist Sprudelwasser ungefährlich. Das liegt daran, dass nur ein sehr kleiner Teil des Kohlenstoffdioxids zu Kohlensäure reagiert.

Abgabe von H^+-Ionen • Die Moleküle der Kohlensäure können ein H^+-Ion abgeben. Als Säurerest-Ion bleibt ein Hydrogencarbonat-Ion (HCO_3^-) übrig. Dieses Ion kann ein weiteres H^+-Ion abgeben. Dann bleibt als Säurerest-Ion ein Carbonat-Ion (CO_3^{2-}) übrig.

Kohlenstoffdioxid reagiert in geringem Umfang mit Wasser zu Kohlensäure.

Aufgaben

1 Erkläre das Zischen beim Öffnen einer Sprudelflasche.

2 Kohlensäure kann zwei H^+-Ionen abgeben und auf diese Weise zwei Säurerest-Ionen bilden. Fomuliere dazu die Reaktionsgleichungen.

die Kohlensäure
das Hydrogencarbonat-Ion
das Carbonat-Ion

Material A

Eine unbeständige Säure

Kohlenstoffdioxid entweicht leicht aus Sprudelwasser, vor allem bei Unterdruck und bei Erwärmen.

Materialliste: Kolbenprober, Sprudelwasserflasche, Stück Gummischlauch, Becherglas, Kalkwasser

1 Verbinde die offene Flasche über das Schlauchstück mit dem Kolbenprober. Die Verbindung muss luftdicht sein. → 2 Bewege dann den Kolbenprober nach oben und wieder nach unten. Beobachte dabei genau. Ziehe dann den Kolbenprober wieder hoch und drücke das aufgefangene Gas in Kalkwasser.

2 Beschreibe und erkläre deine Beobachtungen.

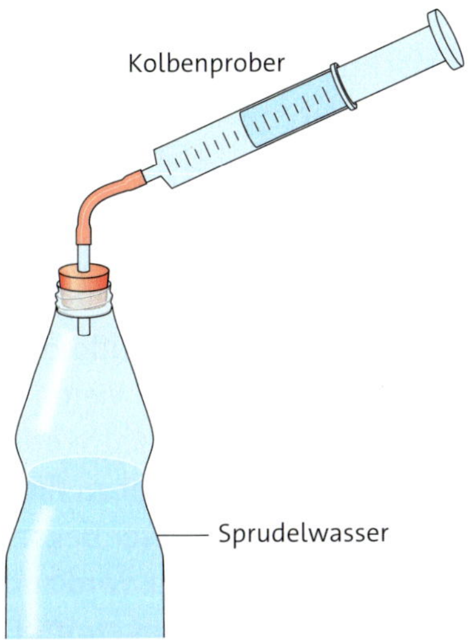

2 Unterdruck anlegen

Materialliste: Becherglas, Brenner mit Dreifuß, Sprudelwasser, Universalindikator

3 Gib ca. 100 ml Sprudelwasser mit einigen Tropfen Indikator in das Becherglas. Erhitze bis zum Kochen und beobachte genau.

4 Erkläre das Versuchsergebnis.

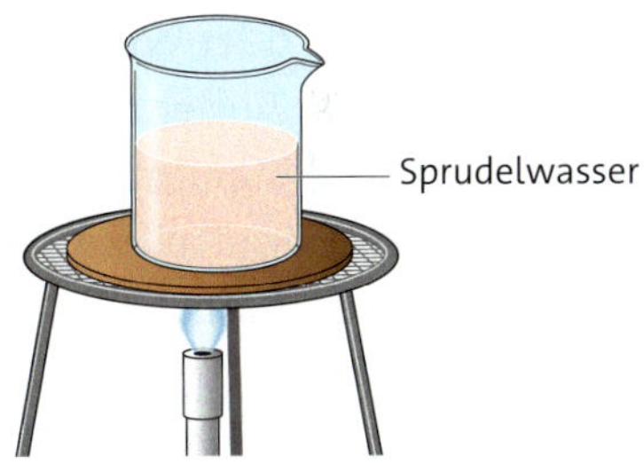

3 Sprudelwasser erwärmen

Material B

Sprudelwasser herstellen

Materialliste: Becherglas, Kohlenstoffdioxid, Universalindikator

1 Gib in das Becherglas Wasser und etwas Indikator. Lass dann die Lehrkraft Kohlenstoffdioxid in das Wasser geben. Du kannst den Versuch auch mit Indikatorpapier und einem Sprudler zu Hause machen.

2 Erstelle ein Versuchsprotokoll.

3 Beschreibe die Anlage in Bild 4 und erkläre, auf welche Weise dort Sprudelwasser hergestellt wird.

4 Vergleiche die industrielle Herstellung von Sprudelwasser in Bild 4 mit der Funktionsweise eines haushaltsüblichen Sprudlers.

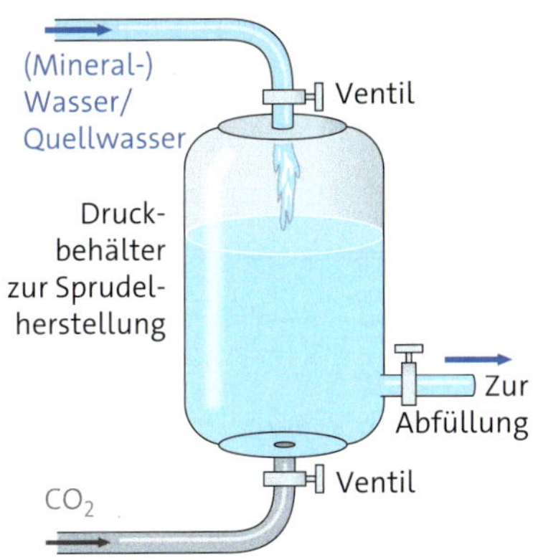

4 Herstellung von Sprudelwasser in der Industrie

Erweitern und Vertiefen

Weitere Säuren und ihre Salze

Phosphorsäure • Reine Phosphorsäure (H_3PO_4) ist bei Raumtemperatur fest und wie die Schwefelsäure stark wasseranziehend. Sie wird als 80- bis 85%ige Phosphorsäurelösung verkauft. Verdünnte Phosphorsäure wird zum Entrosten von Metallen und als Rostschutz genutzt. In der Lebensmittelindustrie findet man sie als Säuerungsmittel in Getränken wie z. B. Cola. Die Salze der Phosphorsäure werden als Konservierungsmittel und Antioxidantien genutzt. Sie verhindern, dass Fette ranzig werden oder Wurst und Fleischwaren sich verfärben. Außerdem werden Phosphate als Enthärter in Spülmaschinenmitteln eingesetzt. Der Hauptteil der Phosphate kommt allerdings als Dünger zum Einsatz.

Salpetersäure • Reine Salpetersäure (HNO_3) ist eine farblose Flüssigkeit. Sie zersetzt sich allerdings sehr leicht und hat dann einen gelblichen Farbton. Salpetersäure ist sehr gefährlich. Sie ist stark ätzend und setzt bei vielen Reaktionen giftige Gase frei. In Konzentrationen über 70 Prozent ist sie brandfördernd. Salpetersäure ist Ausgangsstoff für viele wichtige Produkte. Sie wird unter anderem zur Herstellung von Farbstoffen, Lacken, Medikamenten und Explosivstoffen wie Nitroglycerin genutzt. Die Salze der Salpetersäure werden in der Lebensmittelindustrie als Konservierungsmittel zum Pökeln von Wurstwaren verwendet. Außerdem werden sie als Düngemittel eingesetzt.

Kohlensäure • Reine Kohlensäure (H_2CO_3) lässt sich unter normalen Bedingungen nicht herstellen. Eine Kohlensäure-Lösung erhält man, wenn man Kohlenstoffdioxid in Wasser einleitet. Dabei reagiert ein geringer Teil des Kohlenstoffdioxids zu Kohlensäure. Kohlensäure ist in vielen Erfrischungsgetränken enthalten. Die Salze der Kohlensäure sind überall in der Natur zu finden. Besonders Calciumcarbonat, besser bekannt als Kalk, ist weit verbreitet. Kalk wird zur Herstellung von Zement und als Düngemittel eingesetzt. Er ist als Lebensmittelzusatzstoff zugelassen und in Kosmetikartikeln wie zum Beispiel Zahnpasta zu finden.

Aufgaben

1 ◩ Gib an, wozu man die verschiedenen Säuren und ihre Salze nutzt.

2 ◪ Gib für die Reaktion der drei Säuren mit Wasser jeweils die Reaktionsgleichung an.

Säure	Formel der Säure	Salze	Beispiel für Salz	Formel des Salzes
Phosphorsäure	H_3PO_4	Phosphate	Natriumphosphat	Na_3PO_4
Salpetersäure	HNO_3	Nitrate	Kaliumnitrat (Kalisalpeter)	KNO_3
Kohlensäure	H_2CO_3	Carbonate	Calciumcarbonat (Kalk)	$CaCO_3$

1 Wichtige Säuren und ihre Salze

Erweitern und Vertiefen

Kalk in der Natur

Salze der Kohlensäure • Aus der Kohlensäure können zwei verschiedene Arten von Salzen gewonnen werden: Carbonate und Hydrogencarbonate. Das bekannteste Carbonat ist Calciumcarbonat ($CaCO_3$), der Kalkstein. Reiner Kalkstein ist weiß, z. B. als Kreidekalk oder als weißer Marmor. Oft ist er aber z. B. mit Ton gemischt und erscheint dann braun oder grau. Auch Schneckenhäuser, Muscheln und Eierschalen bestehen aus Calciumcarbonat.

Kalkstein • Ein großer Anteil der Gebirge auf der Erde besteht aus Kalkstein. Höhlen mit Tropfsteinen gibt es nur in solchen Gebirgen. → 2 Calciumcarbonat ist in Wasser praktisch unlöslich. Dennoch werden Figuren aus Kalkstein, ja sogar Gebirge abgetragen. Regenwasser enthält nämlich immer etwas Kohlensäure. Säuren reagieren mit Kalk. Dabei entsteht eine Calciumhydrogencarbonatlösung. Der Kalkstein wird dann als Calciumhydrogencarbonatlösung „weggeschwemmt". Der Stein verwittert.

Kalkkreislauf • Kalkgebirge sind durch die Auflösung des Kalksteins von Spalten und Höhlen durchzogen. Dort tropft das harte Wasser oft von der Decke und lässt Tropfsteine wachsen. Hier findet die umgekehrte Reaktion statt wie bei der Auflösung von Kalkstein. Die gebildete Kohlensäure zerfällt in Wasser und Kohlenstoffdioxid. Kalkstein bleibt zurück. Der Kreis schließt sich. Auf die gleiche Weise führt hartes Wasser auch zu Kalkablagerungen in Wasserrohren oder in Wasserkochern.

2 Tropfsteinhöhlen

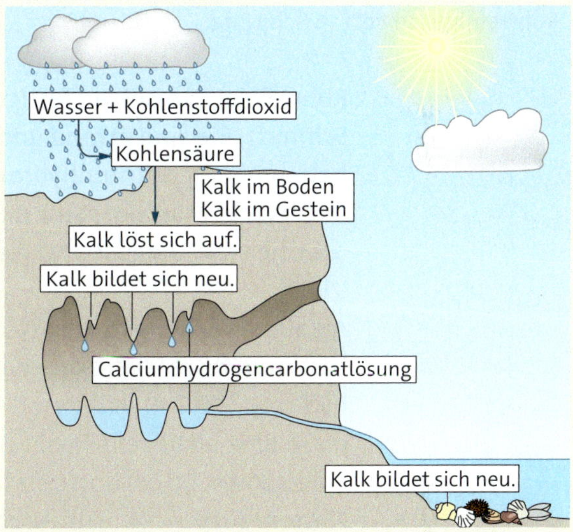

3 Kalkkreislauf in der Natur

Wasserhärte • Calciumhydrogencarbonat ist ein Bestandteil der Wasserhärte. Wasser aus Brunnen in Regionen mit Kalksteingebirgen ist also meist hart. Carbonatarmes Wassers bezeichnet man als weich.

Aufgaben

1 ☒ Beschreibe den Zusammenhang zwischen Kohlensäure und Kalkstein.

Alkalische Lösungen

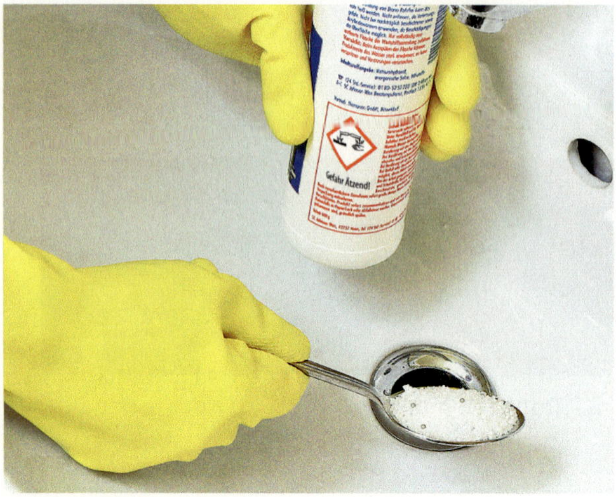

1 Rohrreiniger zersetzen Schmutz.

2 Das Indikatorpapier zeigt eine alkalische Reaktion.

Rohrreiniger zersetzen fettigen Schmutz. Sie sind ätzend und enthalten häufig Natriumhydroxid. Untersucht man sie, stellt man fest, dass sie stark alkalisch reagieren.

Alkalische Lösungen aus Hydroxiden • Löst man feste Hydroxide wie Natriumhydroxid (NaOH) in Wasser, so zeigen diese eine alkalische Reaktion. Es ist eine alkalische Lösung entstanden, die Natronlauge. → 4 Alkalische Lösungen enthalten einen Überschuss an frei beweglichen Hydroxid-Ionen. → 3 Diese sind für die Färbung des Indikators verantwortlich. → 2

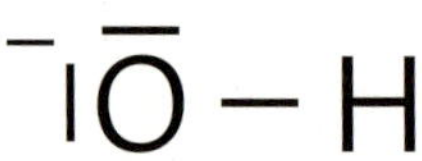

3 Das Hydroxid-Ion

Weitere Herstellungsverfahren • Alkalische Lösungen entstehen auch, wenn man Alkalimetalle oder Erdalkalimetalle mit Wasser reagieren lässt. Diese Reaktion verläuft unterschiedlich stark. Die Alkalimetalle reagieren viel heftiger als die Erdalkalimetalle. Bei den Alkalimetallen reagiert Lithium noch recht langsam. Natrium reagiert schon stärker. Bei Kalium ist die Reaktion sehr heftig.

Alkalische Lösungen lassen sich auch aus den Oxiden der Metalle gewinnen. So lässt sich zum Beispiel Calciumlauge gut aus Calciumoxid und Wasser herstellen. Wenn man alkalische Lösungen eindampft, so erhält man wieder das feste Hydroxid. Das Hydroxid entsteht, weil sich die Ionen aus der Lösung wieder zu einem Ionengitter zusammenlagern. → 5

Natriumhydroxid	→	Natrium-Ion	+	Hydroxid-Ion
NaOH	→	Na^+	+	OH^-

4

Verwendung • Hydroxide und alkalische Lösungen sind ätzend. Sie reagieren mit vielen organischen Stoffen und lösen so fetthaltigen Schmutz auf. Deshalb nutzt man sie in Rohrreinigern oder in Backofensprays. Auch Abbeizmittel für alte Farben und Lacke entdas **Hydroxid**

halten Laugen. Daher heißt der Vorgang auch „Ablaugen“.
Alkalische Lösungen sind auch wichtige Industrierohstoffe. Sie werden zum Beispiel für die Herstellung von Papier und Seife benötigt.

Ammoniak • In manchen Reinigern ist Ammoniak enthalten. Ammoniak ist ein Gas und hat einen typisch stechenden Geruch. Die Formel von Ammoniak lautet NH_3.
Mit Wasser reagiert Ammoniak zu positiv geladenen Ammonium-Ionen und Hydroxid-Ionen:

$$NH_3 + H_2O \rightarrow NH_4^+ + OH^-$$

Bei dieser Reaktion entsteht eine alkalische Lösung. Diese alkalische Lösung nennt man Ammoniakwasser.
Ammoniak bildet Salze. Steht konzentriertes Ammoniakwasser neben konzentrierter Salzsäure, bildet sich ein weißer Feststoff, das Salz Ammoniumchlorid. → 6 7

Weitere Verwendung von Ammoniak • In der Lebensmittelindustrie wird Ammoniak als Säureregulator (E527) genutzt. Das Salz Ammoniumchlorid ist oft in Lakritz als Geschmacksverstärker enthalten. In Salmiakpastillen wirkt es schleimlösend.

Gelöste Hydroxide nennt man alkalische Lösungen oder Laugen. Die Hydroxid-Ionen sind verantwortlich für die Eigenschaften der alkalischen Lösungen.

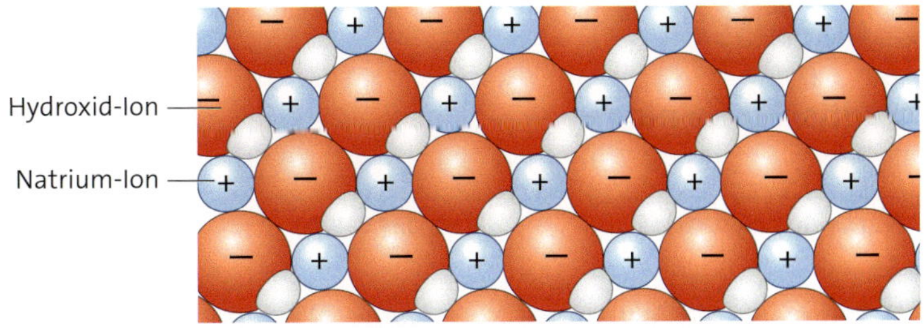

5 Modelldarstellung von festem Natriumhydroxid

6 Konzentrierte Ammoniaklösung und konzentrierte Salzsäure nebeneinander

Ammoniak	+	Salzsäure	→	Ammoniumchlorid
NH_3	+	HCl	→	NH_4Cl

7

Aufgaben

1 Nenne den Bestandteil von Rohrreinigern, der die organischen Rückstände im Abflussrohr angreift.

2 Beschreibe drei Verfahren, mit denen sich alkalische Lösungen herstellen lassen.

3 Erkläre die Begriffe Hydroxid und alkalische Lösung.

4 Erkläre, warum bei der Reaktion von Ammoniak mit Wasser eine alkalische Lösung entsteht.

Alkalische Lösungen

Material A

Alkalische Reiniger

Name des Hydroxids	Name der Lauge	Ionen in der Lösung
Natriumhydroxid/Ätznatron	Natronlauge/Natriumlauge	Na^+, OH^-
Kaliumhydroxid/Ätzkali	Kalilauge/Kaliumlauge	K^+, OH^-
Calciumhydroxid	Kalkwasser/Calciumlauge	Ca^{2+}, 2 OH^-
Bariumhydroxid	Barytwasser/Bariumlauge	Ba^{2+}, 2 OH^-

1 Übersicht über einige Hydroxide und Laugen

Materialliste: 5 Reagenzgläser, Reagenzglashalter, Spatel, Wasserspritzflasche, Universalindikator, Kernseife, Waschlotion, Backofenspray, Schmierseife, Waschmittel

1 Gib jeweils etwas von dem Reinigungsmittel in ein Reagenzglas und löse bzw. verdünne es mit Wasser. Gib in jedes der Reagenzgläser 2 Tropfen Indikatorlösung.

2 Protokolliere deine Beobachtungen.

3 Gib mithilfe der Farbskala des Universalindikators den pH-Wert der Reiniger an.

4 Untersuche die Etiketten der Reinigungsmittel. Gib die alkalischen Bestandteile an.

5 Erkläre, warum Seifenwasser im Auge brennt.

Material B

Rohrreiniger untersuchen

Materialliste: Reagenzgläser, Reagenzglashalter, Pinzette, Spatel, Thermometer, Universalindikator, Rohrreiniger

Achtung • Schutzhandschuhe tragen!

1 Trenne mit der Pinzette die einzelnen Bestandteile des Rohrreinigers. Löse diese dann jeweils in Wasser und gib 2 Tropfen Universalindikator dazu. Protokolliere deine Beobachtungen.

2 Fülle ein Reagenzglas zu etwa einem Drittel mit Wasser und miss die Temperatur. Gib zwei Spatel Rohrreiniger dazu. Beobachte die Temperatur.

3 Gib an, wie sich die Temperatur verändert hat. Welche Schlussfolgerung ziehst du aus dieser Beobachtung?

4 Nenne die Bestandteile des Rohrreinigers, die reinigungsaktiv sind.

5 Betrachte die Gefahrensymbole auf dem Etikett des Rohrreinigers. Erkläre, worauf man beim Umgang mit einem Rohrreiniger achten sollte.

2 Etikett eines Rohrreinigers

Material C

Alkalische Lösungen herstellen

Materialliste: 4 Reagenzgläser, Reagenzglashalter, Reagenzglasklammer, Gasbrenner, Pinzette, Schleifpapier, Spatel, Magnesiumband, Magnesiumoxid, Calcium, Universalindikator

1 Gib 2 cm gut angeschliffenes Magnesiumband im Reagenzglas in 2 ml Wasser. Füge 2 Tropfen Indikator hinzu und beobachte. Erwärme dann das Reagenzglas leicht und beobachte erneut. Wiederhole den Versuch mit ein wenig Magnesiumoxid.

2 Gib in ein Reagenzglas 1 ml Wasser und etwas Indikator. Gib 2 Körnchen Calcium mit der Pinzette hinein und stelle das Reagenzglas in den Halter. Fange das entstehende Gas auf, indem du ein weiteres Reagenzglas mit einer Klammer über das erste Reagenzglas hältst. Mache damit die Knallgasprobe.

3 Vergleiche die Ergebnisse der drei Experimente.

4 Erkläre, warum bei diesen Reaktionen alkalische Lösungen entstehen.

Material D

Trockene Hydroxide

Materialliste: Leitfähigkeitsmessgerät, Becherglas, Uhrglas, Indikatorpapier, Natriumhydroxid-Plätzchen

1 Untersuche ein Natriumhydroxid-Plätzchen auf Leitfähigkeit. Löse es dann in Wasser und miss erneut. Untersuche außerdem ein Natriumhydroxid-Plätzchen zuerst mit trockenem, dann auch mit feuchtem Indikatorpapier.

2 Erkläre deine Beobachtungen.

Material E

Der technische Kalkkreislauf

Calciumhydroxid ist in Kalkmörtel enthalten. Kalkmörtel reagiert beim Hausbau allmählich zu Kalkstein, der die Mauersteine fest verbindet.

1 Bild 3 stellt dar, wie Calciumhydroxid in der Technik gewonnen wird. Erkläre die Zusammenhänge in dem Bild mit Wortgleichungen. Versuche auch Symbolgleichungen zu erstellen.

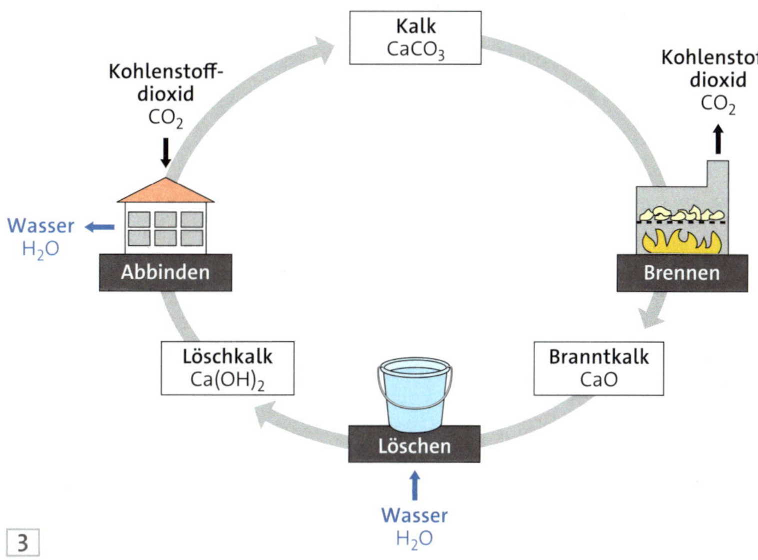

3

Neutralisation

1 Im Klärwerk kommen saure und alkalische Lösungen zusammen.

Unser Abwasser ist oft sauer oder alkalisch. Im Klärwerk muss es daher neutralisiert werden. Denn nur Wasser mit einem neutralen pH-Wert darf in die Umwelt entlassen werden.

Chemisches Farbenspiel • Eine saure Lösung färbt sich nach Zugabe von Universalindikator rot. Bei tropfenweiser Zugabe einer alkalischen Lösung ändert sich die Farbe über Gelb nach Grün und abschließend zu Blau.

2 Zugabe von Natronlauge zu Salzsäure. Die Lösungen enthalten Universalindikator.

Dieser Vorgang ist umkehrbar. Bei Vorgabe einer alkalischen Lösung wird dann entsprechend eine saure Lösung zugetropft.
Mit etwas Geschick kann man die Zugabe der alkalischen bzw. sauren Lösung beim Erreichen der grünen Farbe abbrechen. → 2 Nun ist die Lösung neutral.

Teilchen • Eine saure Lösung enthält einen Überschuss an H_3O^+-Ionen. Bei Zugabe einer alkalischen Lösung reagieren die OH^--Ionen mit den H_3O^+-Ionen. Es entstehen neutrale Wassermoleküle.

$$H_3O^+ + OH^- \rightarrow 2\,H_2O$$

Diese Reaktion wird als Neutralisation bezeichnet. Bei gleicher Anzahl an H_3O^+- und OH^--Ionen entsteht so eine neutrale Lösung.

die **Neutralisation**

Salzbildung • Nach der Neutralisation von Salzsäure mit Natronlauge kann man den Reaktionsansatz an einem warmen Ort stehen lassen. Nach einiger Zeit bleibt ein weißer Feststoff zurück. → 5 Was ist geschehen?
Neben den H_3O^+-Ionen enthält Salzsäure auch noch Cl^--Ionen. In der Natronlauge sind neben den OH^--Ionen noch Na^+-Ionen enthalten.
Werden genau passende Mengen der beiden Lösungen zusammengegeben, so findet innerhalb kürzester Zeit die Neutralisationsreaktion statt. → 3 Zurück bleiben in Wasser verteilte Na^+- und Cl^--Ionen.
Wird dieses Salzwasser eingedampft, kann man das Salz sehen. Die Ionen lagern sich zu einem Ionengitter zusammen. Es bilden sich Salzkristalle. → 4

Saure Lösungen lassen sich durch Zugabe von alkalischen Lösungen neutralisieren. Alkalische Lösungen werden durch Zugabe von sauren Lösungen neutralisiert.
Bei der Neutralisation entstehen Wasser und ein Salz.

Aufgaben

1 ☒ Erkläre, was bei einer Neutralisationsreaktion geschieht.

2 ☒ Begründe, warum sich beim Eindampfen die Na^+- und Cl^--Ionen zu einem Ionengitter zusammenlagern.

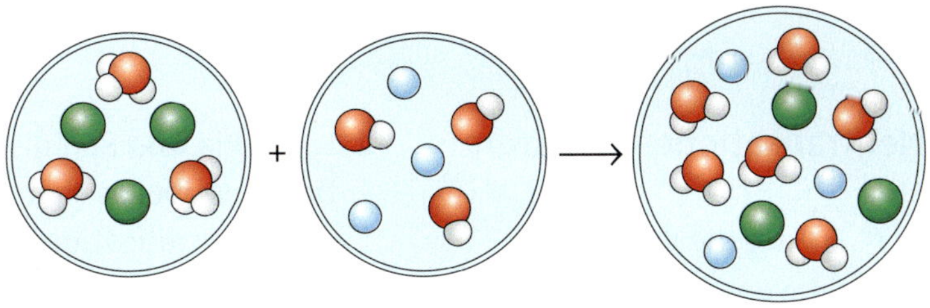

3
Salzsäure + Natronlauge → neutrale Natriumchlorid-Lösung
$H_3O^+ + Cl^- + Na^+ + OH^- \rightarrow 2\,H_2O + Na^+ + Cl^-$

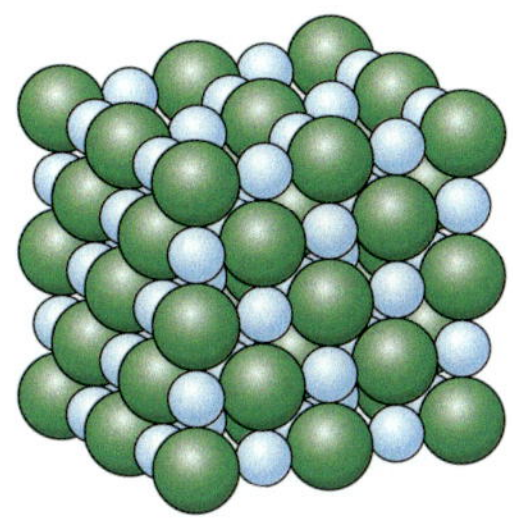

4
Natrium-Ion + Chlorid-Ion → Natriumchlorid
$Na^+ + Cl^- \rightarrow NaCl$

5 Eine Salzlösung nach dem Eindampfen

Neutralisation

Material A

Neutralisationen erklären

1 Erkläre die Reaktion in Bild 1. Verwende dabei die Begriffe „Protonendonator“, „Protonenakzeptor“, „Protonenübertragung“ und „Neutralisation“.

2 Lotte, Pia und Ben diskutieren, wobei es sich um eine Neutralisation handelt. → 2

a Gib an, wer recht hat.

b Begründe deine Meinung.

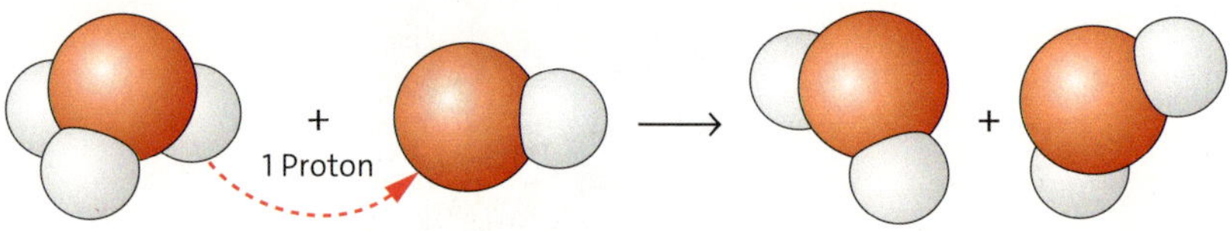

$$H_3O^+ + OH^- \longrightarrow 2\,H_2O$$

1 Neutralisation im Modell

Lotte: Wenn man eine saure und eine alkalische Lösung zusammengibt, hat man eine neutrale Lösung.

Pia: Ich glaube das gilt nur für Salzsäure und Natronlauge.

Ben: Ich denke, das hängt eher damit zusammen, wie viele H_3O^+- und OH^--Ionen in den Lösungen enthalten sind.

2

Material B

Magensäure neutralisieren

Im Magen sorgen bestimmte Drüsen dafür, dass eine saure Lösung abgesondert wird, die für die Verdauung des Speisebreis wichtig ist. Diese Lösung ist der Salzsäure sehr ähnlich. Sie hat bei nüchternem Magen einen pH-Wert von 1, bei vollem Magen einen pH-Wert von 2 bis 4.
Manchmal sondern die Drüsen zu viel Magensäure ab. Es kommt zum unangenehmen Sodbrennen. Dieses schmerzhafte Gefühl kann man durch Einnahme von neutralisierenden Substanzen beseitigen. Die neutralisierende Wirkung von Magentabletten kannst du selbst in einem Versuch testen.

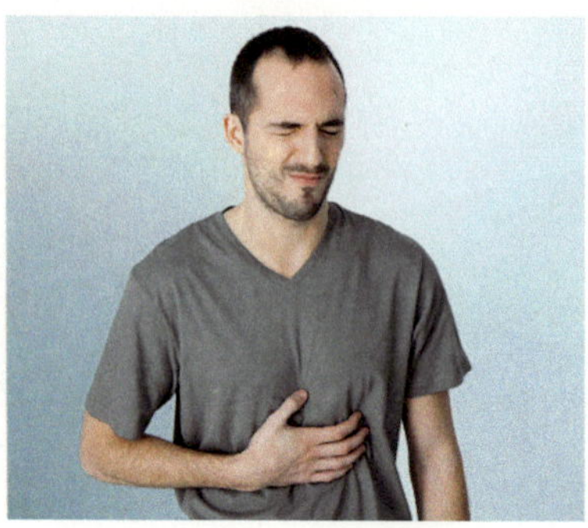

3 Schmerzhaftes Sodbrennen

Materialliste: kleines Becherglas, verdünnte Salzsäure ⟨!⟩, Universalindikator, mehrere Magentabletten (Rennie®, Talcid® oder Riopan®)

1 Fülle verdünnte Salzsäure 1–2 cm hoch in das Becherglas und gib 2 Tropfen Universalindikator dazu. Füge dann eine Magentablette zu, rühre um und beobachte die Flüssigkeit.

2 Erkläre die Wirkung des Medikaments im Magen.

Material C

Salzbildung auf dem Uhrglas

Materialliste: Uhrglas, Tropfpipetten, Salzsäure (1-molar), Natronlauge (1-molar)

1 Gib 2 ml Salzsäure auf das Uhrglas. Ergänze dann tropfenweise 1 ml Natronlauge.

2 Lass das Uhrglas für mehrere Tage an einem möglichst warmen Ort stehen.

3 Notiere und erkläre deine Beobachtungen.

Material D

Lehrerversuch: Salzbildung unter der Lupe

Materialliste: Glasplatte, Unterlage (schwarz), Tropfpipetten, Lupe, rauchende Salzsäure, 40%ige Natronlauge

1 Die Glasplatte wird auf die schwarze Unterlage gelegt.

2 Deine Lehrkraft gibt 1 ml Natronlauge auf die Glasplatte. Daneben gibt sie einige Tropfen Salzsäure, sodass sich die Flüssigkeiten nicht berühren.

3 Beobachte mit der Lupe. Notiere und erkläre deine Beobachtungen.

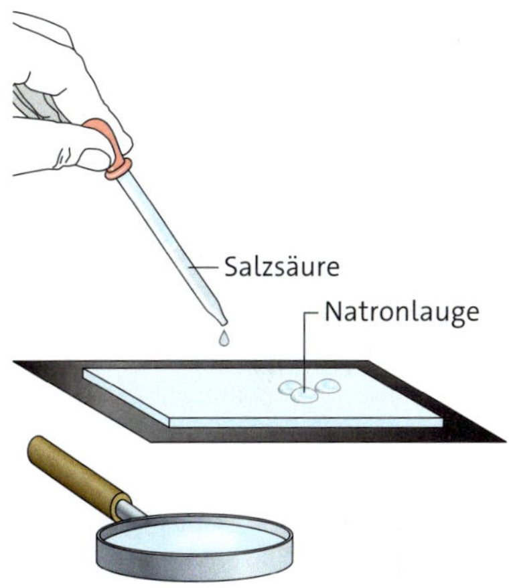

4 Versuchsaufbau

Material E

Rallye zu den Salzen

Bei Neutralisationsreaktionen können viele verschiedene Salze entstehen.

1 Übertrage die Tabelle in dein Heft und ergänze die Lücken. → 5

2 Ergänze weitere Zeilen mit selbst gewählten Beispielen. (Hinweis: Hier kann z. B. das Stichwortverzeichnis des Buches helfen.)

Name des Salzes	Formel des Salzes	Eingesetzte saure Lösung	Säurerest-Anion	Eingesetzte alkalische Lösung	Metall-Kation
Natriumchlorid	NaCl	Salzsäure (HCl)	Cl^-	Natronlauge (NaOH)	Na^+
Kaliumiodid	KI	...	...	Kalilauge (KOH)	K^+
Calciumsulfat	$CaSO_4$	...	...	Calciumlauge ($Ca(OH)_2$)	...
Natriumacetat	...	Essigsäure (CH_3COOH)	...	...	...

5 Salze und ihre Namen

Auf die Konzentration kommt es an

1 Speiseessig

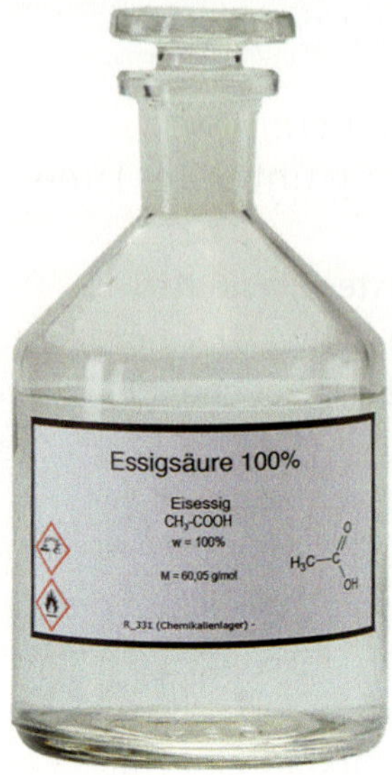

2 Essigsäure im Labor

Ob eine saure oder alkalische Lösung ätzend ist, hängt auch von ihrer Konzentration ab.

Konzentrationsangaben • Die Konzentration gibt an, wie viel von einem Stoff in einer Lösung gelöst ist. Konzentrationen können unterschiedlich angegeben werden. Auf Mineralwasserflaschen findet man häufig eine Gehaltsangabe der gelösten Salze in $\frac{g}{l}$. So bedeutet z. B. die Angabe „Natrium-Ionen: 180 mg“, dass in einem Liter Mineralwasser 0,180 g Natrium-Ionen gelöst sind. Diese Angabe nennt man Massenkonzentration.

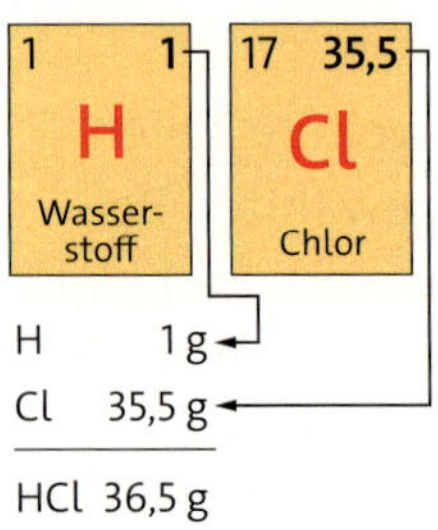

3 Masse eines Mols HCl bestimmen

Stoffmengenkonzentration • Für den Chemiker ist es häufig wichtiger zu wissen, wie viele Teilchen eines Stoffs in einem Liter Wasser gelöst sind. Diese Angabe nennt man Stoffmengenkonzentration. Sie wird in $\frac{mol}{l}$ angegeben. Das bedeutet, in einem Liter einer Lösung mit der Konzentration von $1\,\frac{mol}{l}$ sind $6{,}022 \cdot 10^{23}$ Teilchen eines Stoffes gelöst.

Um eine solche Lösung herzustellen, kann man nicht die einzelnen Teilchen abzählen. Man weiß aber, dass 1 mol Teilchen eines Stoffs genau der Massenzahl dieser Teilchen in Gramm entspricht (molare Masse). Mithilfe des Periodensystems kann man deshalb leicht ausrechnen, wie viel Gramm man einwiegen muss, um eine Lösung mit der Konzentration von $1\,\frac{mol}{l}$ herzustellen.

Ein Beispiel • Zur Herstellung einer Salzsäure-Lösung mit der Konzentration $1\,\frac{mol}{l}$ benötigst du 1 mol Chlorwasserstoff (HCl). Mithilfe des Periodensystems kannst du berechnen, dass 1 mol HCl 36,5 g wiegt. → 3 Löst man 36,5 g HCl in Wasser und füllt diese Lösung auf einen Liter auf, so hat man eine Salzsäure-Lösung mit der Konzentration von $36{,}5\,\frac{g}{l}$ bzw. $1\,\frac{mol}{l}$. Man sagt auch: Die Lösung ist 1-molar.

Die Stoffmengenkonzentration von Lösungen wird in $\frac{mol}{l}$ angegeben.

Aufgaben

1 Nenne zwei Möglichkeiten, um Konzentrationen von Lösungen anzugeben.

2 Erkläre die folgende Angabe: Salzsäurelösung $2\,\frac{mol}{l}$.

die Stoffmengenkonzentration
molar

Material A

Mol, molare Masse und Konzentration

1 Erkläre die Begriffe Mol, molare Masse und Stoffmengenkonzentration.

2 Berechne mithilfe des Periodensystems die molare Masse von HCl, NaOH und NH_3.

3 Ermittle die Masse von:
- 1 mol HBr
- 0,5 mol KOH
- 2 mol H_2SO_4

4 Berechne, wie viele Mol der Stoffproben vorliegen:
- 46,00 g Na
- 100,00 g NaOH
- 4,50 g H_2O

5 Gib die Konzentration in $\frac{mol}{l}$ an:
- physiologische Kochsalzlösung: 9 $\frac{g}{l}$ NaCl
- Wasser aus dem Toten Meer: 360 $\frac{g}{l}$ NaCl

6 Berechne die Masse von festem Natriumhydroxid in einem Liter der Natronlauge in Bild 4.

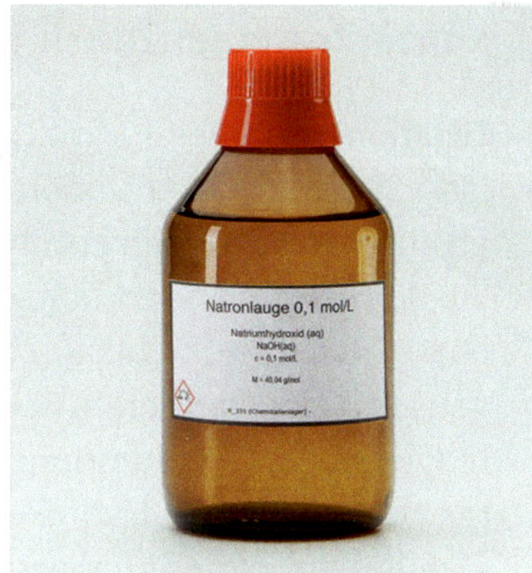

4 0,1 $\frac{mol}{l}$ NaOH-Lösung

7 0,5 mol eines Stoffes wiegen 40 g. Gib die molare Masse an.

Material B

Konzentrationsangaben

1 Die Konzentration von sauren und alkalischen Lösungen wird in $\frac{mol}{l}$ angegeben. Gib bei den folgenden Salzlösungen die Konzentration in $\frac{g}{l}$ an:
- Salzsäure-Lösung (HCl) mit der Konzentration 0,5 $\frac{mol}{l}$
- Schwefelsäure-Lösung (H_2SO_4) mit der Konzentration 2,5 $\frac{mol}{l}$
- Essigsäure-Lösung (CH_3COOH) mit der Konzentration 0,2 $\frac{mol}{l}$

2 Umgekehrt lassen sich aber auch Konzentrationsangaben von $\frac{g}{l}$ in $\frac{mol}{l}$ umrechnen.
Gib jeweils die Konzentration in $\frac{mol}{l}$ an:
- bei einer Kalkwasser-Lösung ($Ca(OH)_2$) mit der Konzentration 1 $\frac{g}{l}$
- bei einer Natriumcarbonat-Lösung (Na_2CO_3) mit der Konzentration 212 $\frac{g}{l}$
- bei einer Natriumphosphat-Lösung (Na_3PO_4) mit der Konzentration 250 $\frac{g}{l}$

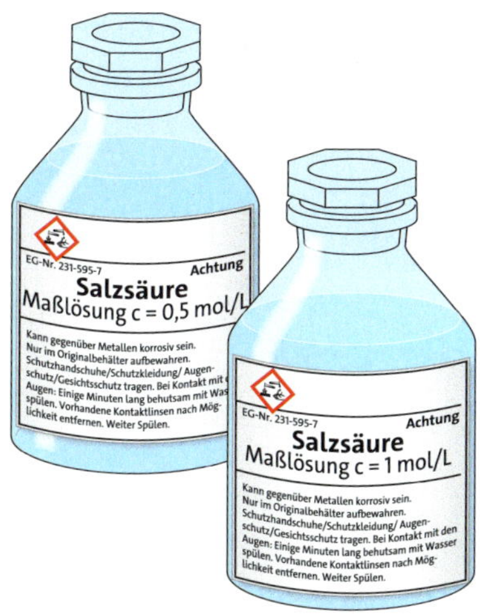

5 Säuren mit verschiedener Konzentration

Auf die Konzentration kommt es an

Erweitern und Vertiefen

Konzentrationen durch Titrationen genau bestimmen

Titrationsverfahren • Mithilfe einer Titration lässt sich die Konzentration von sauren und alkalischen Lösungen ermitteln.

Bei der Titration nutzt man die Eigenschaft, dass sich saure und alkalische Lösungen gegenseitig neutralisieren. Bei dieser Reaktion reagieren die Oxonium-Ionen (H_3O^+) der sauren Lösung mit den Hydroxid-Ionen (OH^-) der alkalischen Lösung zu Wasser. Um die Konzentration (c) einer unbekannten sauren Lösung zu bestimmen, neutralisiert man diese Lösung mit einer alkalischen Lösung bekannter Konzentration. Eine solche Lösung nennt man Maßlösung. Um zu erkennen, wann die Lösung neutral ist, gibt man einen Indikator hinzu. Möchte man z. B. die Konzentration einer unbekannten sauren Lösung bestimmen, tropft man aus einer Bürette so lange eine alkalische Maßlösung hinzu, bis der Indikator seine Farbe ändert. → 1

Aus dem Volumen (V) der verbrauchten Maßlösung, ihrer Konzentration und dem Volumen der Probelösung kann man die Konzentration der unbekannten Probe bestimmen.

Auswertung der Titration • Wenn saure und alkalische Lösung sich neutralisiert haben gilt:

$c_{\text{Säure}} \cdot V_{\text{Säure}} = c_{\text{alkal. Lösung}} \cdot V_{\text{alkal. Lösung}}$

Um die Konzentration einer unbekannten sauren Lösung zu bestimmen, löst man die Gleichung nach $c_{\text{Säure}}$ auf und setzt das Probevolumen, das Volumen der verbrauchten alkalischen Lösung und ihre Konzentration ein:

$$c_{\text{Säure}} = \frac{c_{\text{alkal. Lösung}} \cdot V_{\text{alkal. Lösung}}}{V_{\text{Säure}}}$$

Aufgaben

1 Gib an, wie man die Lösung nennt, die in die Bürette gefüllt wird.

2 10 ml Salzsäure werden mit 30 ml Natronlauge mit der Konzentration 0,5 $\frac{\text{mol}}{\text{l}}$ neutralisiert. Berechne die Säurekonzentration.

1 Titration: Zu einer Säure wird eine Lauge zugetropft – genau bis zur Neutralisation.

Methode

Eine Titration durchführen und auswerten

Im Schrank des Schullabors steht eine alte Flasche mit Salzsäure – ohne Etikett.
Mit folgenden Schritten lässt sich die Konzentration der Salzsäure ermitteln:

1. Abfüllen eines genauen Volumens der zu untersuchenden Lösung Miss mit einer Pipette 10 ml der Salzsäure-Lösung ab und gib die Lösung in einen Weithals-Erlenmeyerkolben.

2. Hinzugabe des Indikators Gib zur Salzsäure einige Tropfen Phenolphthalein-Lösung.

3. Befüllen der Bürette mit der Maßlösung Fülle die Bürette mit Natronlauge (Konzentration = 0,1 $\frac{mol}{l}$) auf und notiere den Anfangsstand.

4. Tropfenweise Zugabe der Maßlösung bis zur Farbänderung des Indikators Tropfe vorsichtig Natronlauge in die Salzsäurelösung und schwenke dabei den Erlenmeyerkolben. Die Titration ist beendet, wenn die Farbe der Probelösung von farblos nach Pink umschlägt.

5. Ablesen des Endstands Bestimme den Verbrauch der Natronlauge. Berechne dazu die Volumendifferenz von Endstand und Ausgangsstand.
Beim Ablesen ist zu beachten, dass das Auge auf der Höhe des Flüssigkeitsmeniskus ist.
→ 2

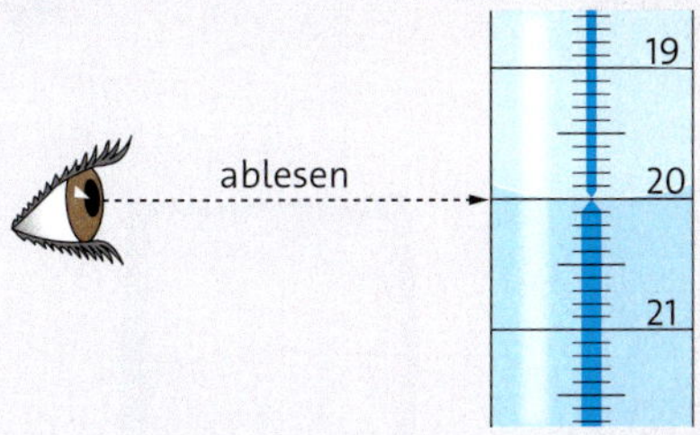

2 Ablesen des Endstands

6. Überprüfung des ermittelten Volumens durch eine zweite Titration Führe mit einer zweiten Salzsäureprobe noch mal eine Titration durch. Wiederhole dazu die Schritte 1–5.

7. Berechnung der Konzentration der untersuchten Lösung → 3

Gesucht: Konzentration der Salzsäure-Lösung $c(HCl)$

Gegeben: Konzentration der Natronlauge: 0,1 $\frac{mol}{l}$
Probevolumen der Salzsäure: 10 ml
Verbrauch an Natronlauge: 20 ml

Lösung: $c(HCl) = \frac{c(NaOH) \cdot V(NaOH)}{V(HCl)}$

$c(HCl) = \frac{0{,}1 \frac{mol}{l} \cdot 20\,ml}{10\,ml} = 0{,}2 \frac{mol}{l}$

Ergebnis: Die Konzentration der Salzsäure-Lösung beträgt 0,2 $\frac{mol}{l}$.

3 Beispielrechnung

Aufgaben

1 Zeichne und beschrifte den Versuchsaufbau für die Durchführung einer Titration.

2 Führe die Titration nach Absprache mit deiner Lehrkraft durch und berechne die Konzentration der Salzsäure-Lösung.

Nutzen und Risiken – Säuren und Laugen

1 Es gibt ungefährliche und gefährliche alkalische und saure Lösungen, die uns im Alltag begegnen.

2 Gefahrenpiktogramm: Ätzwirkung

Saure und alkalische Lösungen spielen in unserem Alltag eine große Rolle. Doch woher wissen wir, ob sie für uns gesundheitsschädlich sind oder nicht?

Nutzen im Alltag • Wir kommen im Alltag ständig mit sauren und alkalischen Lösungen in Kontakt. Viele Lebensmittel und Getränke enthalten saure Lösungen. Sie sorgen nicht nur für einen sauren Geschmack, sondern dienen auch als Konservierungsmittel. Die Reinigungswirkung vieler Putzmittel ist auf saure und alkalische Lösungen zurückzuführen. So finden wir in WC-Reinigern häufig saure Lösungen wie Essigsäure, die Kalk und Urinstein entfernen. In Backofenreinigern dagegen sind vorwiegend alkalische Lösungen enthalten wie Natronlauge, die Fett zersetzen. Auch Kosmetikartikel oder Medikamente können saure und alkalische Lösungen enthalten. In der Industrie sind sie als Ausgangsstoff für eine Vielzahl wichtiger Konsumgüter von großer Bedeutung.

Gefahren • Saure und alkalische Lösungen sind nicht ungefährlich. Je nach Art, Konzentration und pH-Wert sind sie gesundheitsschädlich und ätzend. Die Verpackungen von sauren und alkalischen Haushaltsprodukten sind in einem solchen Fall mit Gefahrenpiktogrammen gekennzeichnet. → 2 Außerdem findet man auf dem Etikett Gefahrenhinweise (H-Sätze) und Sicherheitshinweise (P-Sätze). Sie geben Auskunft darüber, was man bei der Nutzung der Haushaltschemikalie beachten muss.

Nützliche saure und alkalische Lösungen können auch gefährlich sein. Hinweise liefern die Gefahrenpiktogramme.

Aufgabe

1 ◩ Begründe, warum man vor Nutzung eines Reinigungsmittels das Etikett genau lesen sollte.

Material A

Sicherer Umgang mit einem Backofenreiniger

Ob ein Reinigungsmittel für uns Menschen gefährlich ist, kann man am Etikett erkennen. → 3

Inhaltsstoffe: Kaliumhydroxid
Gefahr **UN 1950**

Gefahrenhinweis:
Extrem entzündbares Aerosol.
Behälter steht unter Druck: Kann bei Erwärmung bersten.
Kann gegenüber Metallen korrosiv sein.
Verursacht schwere Verätzungen der Haut und schwere Augenschäden.

Sicherheitshinweis:
Ist ärztlicher Rat erforderlich, Verpackung oder Etikett bereithalten. Darf nicht in die Hände von Kindern gelangen. Vor Gebrauch Etikett lesen. Von Hitze/Funken/offener Flamme/ heißen Oberflächen fernhalten. Nicht rauchen. BEI KONTAKT MIT DER HAUT (oder dem Haar): Alle beschmutzten, getränkten Kleidungsstücke sofort ausziehen. Haut mit Wasser abwaschen/ duschen. BEI KONTAKT MIT DEN AUGEN: Einige Minuten lang behutsam mit Wasser spülen. Vorhandene Kontaktlinsen nach Möglichkeit entfernen.Weiter spülen. Sofort GIFTINFORMA-TIONSZENTRUM/Arzt anrufen. Unter Verschluss aufbewahren. Vor Sonnenbestrahlung schützen und nicht Temperaturen von mehr als 50 °C aussetzen. Inhalt/Behälter der Problem-abfallentsorgung zuführen. Behälter steht unter Druck. Auch nach Gebrauch nicht gewaltsam öffnen oder verbrennen. Nicht gegen Flamme oder gühende Gegenstände sprühen.

3 Etikett eines Backofen- und Grillreinigers

1 Gib an, zu welcher Stoffgruppe der Inhaltsstoff dieses Backofenreinigers gehört. Begründe.

2 Nenne die Gefahren, die von dem Reiniger ausgehen.

3 Ordne den verschiedenen Gefahren- und Sicherheitshinweisen die passenden H- und P-Sätze zu.

4 Gib an, welche Schutzmaßnahmen du beim Gebrauch des Reinigers treffen würdest.

5 Schreibe eine Gebrauchsanweisung für den sicheren Umgang mit diesem Reiniger.

Material B

Sicherer Umgang mit Säuren im Labor

Viele Säuren und saure Lösungen sind stark ätzend. Sie zerstören nicht nur die Kleidung, sondern verätzen auch Haut und Schleimhäute. → 4 Konzentrierte Säuren setzen häufig giftige Dämpfe frei. Beim Verdünnen von konzentrierten Säuren mit Wasser erwärmen sich die Lösungen oft sehr stark. Dabei kann überhitzte Säure herausspritzen.

1 Gib an, welche Gefahren von Säuren und sauren Lösungen ausgehen können.

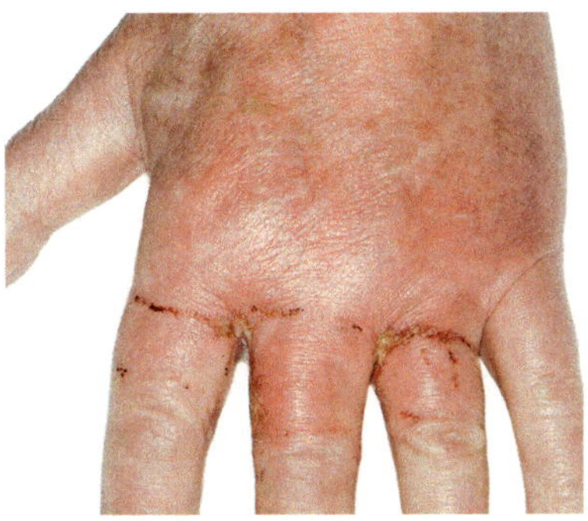

4 Verätzung der Haut durch konzentrierte Schwefelsäure

2 Nenne Schutzmaßnahmen, die du beim Umgang mit Säuren unbedingt einhalten musst.

3 Begründe, warum du beim Verdünnen einer konzentrierten Säure besonders vorsichtig sein musst.

4 „Erst das Wasser, dann die Säure, sonst geschieht das Ungeheure!" Erkläre diese Regel.

Saure, alkalische und neutrale Lösungen

Zusammenfassung

Eigenschaften • Saure Lösungen haben ebenso wie alkalische Lösungen eine Reihe von gemeinsamen Eigenschaften. → 1
Die H_3O^+-Ionen sind für die gemeinsamen Eigenschaften der sauren Lösungen, die OH^--Ionen für die gemeinsamen Eigenschaften der alkalischen Lösungen verantwortlich.

Eigenschaft	Saure Lösungen	Alkalische Lösungen
Ionen in Lösung	H_3O^+	OH^-
leiten elektrischen Strom	ja	ja
Färbung Universalindikator	rot bis gelb	blau bis blaugrün
pH-Wert	< 7	> 7
reagieren mit	unedlen Metallen und Kalk	
Besonderheiten	schmecken sauer	fühlen sich seifig an

1 Eigenschaften saurer und alkalischer Lösungen

Schwefelsäure und Wasser • Konzentrierte Schwefelsäure besteht aus H_2SO_4-Molekülen. Erst wenn diese mit Wasser reagieren, entstehen die H_3O^+-Ionen der Säure. Dabei können zwei Säurerest-Ionen entstehen: HSO_4^- und SO_4^{2-}. Die aus ihnen entstehenden Salze heißen Hydrogensulfate und Sulfate.
Konzentrierte Schwefelsäure ist auch deshalb gefährlich, weil sie aus sehr vielen Stoffen Wasser zur Verdünnung abspaltet und die Stoffe dadurch völlig zerstört.

Salzsäure • Chlorwasserstoff löst sich gut in Wasser. Dabei entsteht Salzsäure. Ihre Salze sind die Chloride mit dem Säurerest-Ion Cl^-.

Neutralisation • Wenn saure und alkalische Lösungen zusammentreffen, lagern sich die H_3O^+-Ionen und die OH^--Ionen zusammen. Dabei bildet sich neutrales Wasser. Die negativ geladenen Rest-Ionen der sauren Lösung und die positiv geladenen Ionen der alkalischen Lösung bilden nach dem Eindampfen der Salzlösung ein Salz.

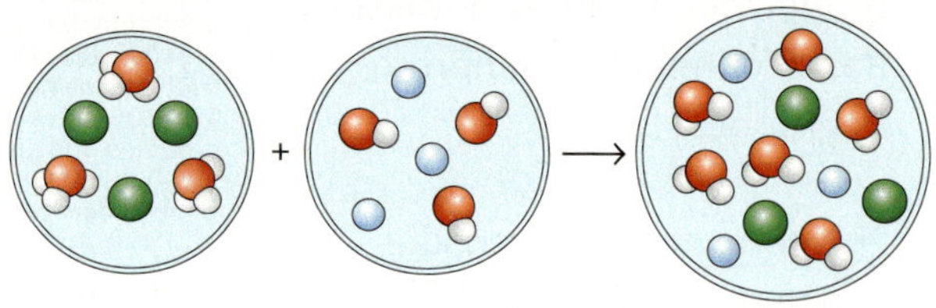

Salzsäure + Natronlauge → neutrale Natriumchlorid-Lösung
$H_3O^+ + Cl^- + Na^+ + OH^- \rightarrow 2\,H_2O + Na^+ + Cl^-$
2

Wie entstehen alkalische Lösungen? • Alkalische Lösungen bilden sich bei der Reaktion von Wasser mit Metallen oder auch mit Metalloxiden. Alkalische Lösungen entstehen außerdem beim Lösen von festen Hydroxiden in Wasser.
Beispiele:

Natrium + Wasser → Natronlauge + Wasserstoff
Calciumoxid + Wasser → Calciumlauge
Natriumhydroxid + Wasser → Natronlauge

Name der Lauge	Name des festen Hydroxids	Ionen in der Lösung
Natronlauge	Natriumhydroxid	Na^+ und OH^-
Calciumlauge (Kalkwasser)	Calciumhydroxid (Löschkalk)	Ca^{2+} und $2\,OH^-$
Kalilauge	Kaliumhydroxid (Ätzkali)	K^+ und OH^-

3 Einige wichtige Laugen

Teste dich! (Lösungen im Anhang)

1 Nenne gemeinsame Eigenschaften von sauren Lösungen.

2 Nenne gemeinsame Eigenschaften von alkalischen Lösungen.

3 Welche Ionen sind für die gemeinsamen Eigenschaften von sauren Lösungen, welche für die gemeinsamen Eigenschaften von alkalischen Lösungen verantwortlich?

4 Erkläre, was der pH-Wert angibt.

5 Gib an, wofür die Buchstaben A, B und C in der Zeichnung stehen. → 4

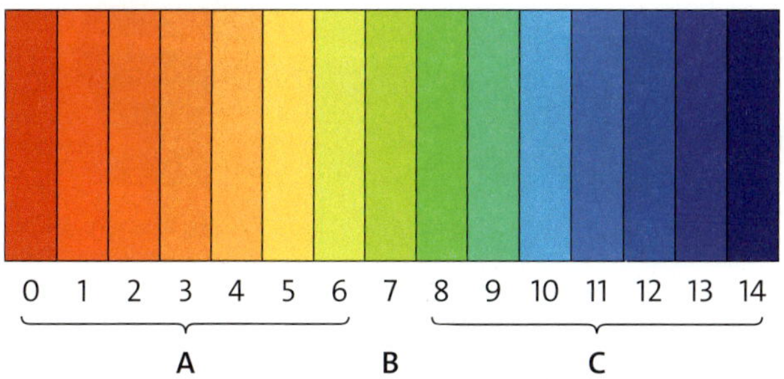

4 pH-Skala

6 Beschreibe die Entstehung von Kohlensäure.

7 Gib an, welche saure Lösung stärker konzentriert ist: Essigsäure (pH 2,5) oder die Magensäure (ca. pH 1,5).

8 Gib an, wie man den pH-Wert einer Lösung bestimmen kann.

9 Gib an, welche Ionen in einer Lösung mit pH 9 überwiegen.

Name der Säure	Ionen in Lösung	Name der Salze
Salzsäure	?	?
?	H_3O^+ und SO_4^{2-}	?
?	?	Hydrogen-carbonate
Essigsäure	?	?
?	H_3O^+ und HSO_4^-	?

5 Säuren und ihre Salze

10 Übertrage die Tabelle von Bild 5 in dein Heft und fülle sie aus.

11 Erkläre den Begriff Neutralisation.

12 Gib an, welche Stoffe bei einer Neutralisation entstehen.

13 Das Salz Natriumsulfat entstand bei einer Neutralisation. Gib an, welche Säure und welche Lauge reagiert haben.

14 Erkläre, warum konzentrierte Schwefelsäure schwere Verletzungen verursachen kann.

15 Nenne Anwendungen von Laugen.

16 Konzentrationen von Lösungen:
- a Erkläre die Angabe 0,5 $\frac{mol}{l}$.
- b Gib an, wie viel g Natrium in einer 2-molaren Kochsalzlösung enthalten sind.

17 Nutzen und Gefahren
- a Nenne Einsatzbereiche von sauren und alkalischen Lösungen im Alltag.
- b Nenne Gefahren beim Einsatz von sauren und alkalischen Lösungen.

Kohlenstoff – der Molekülbauer

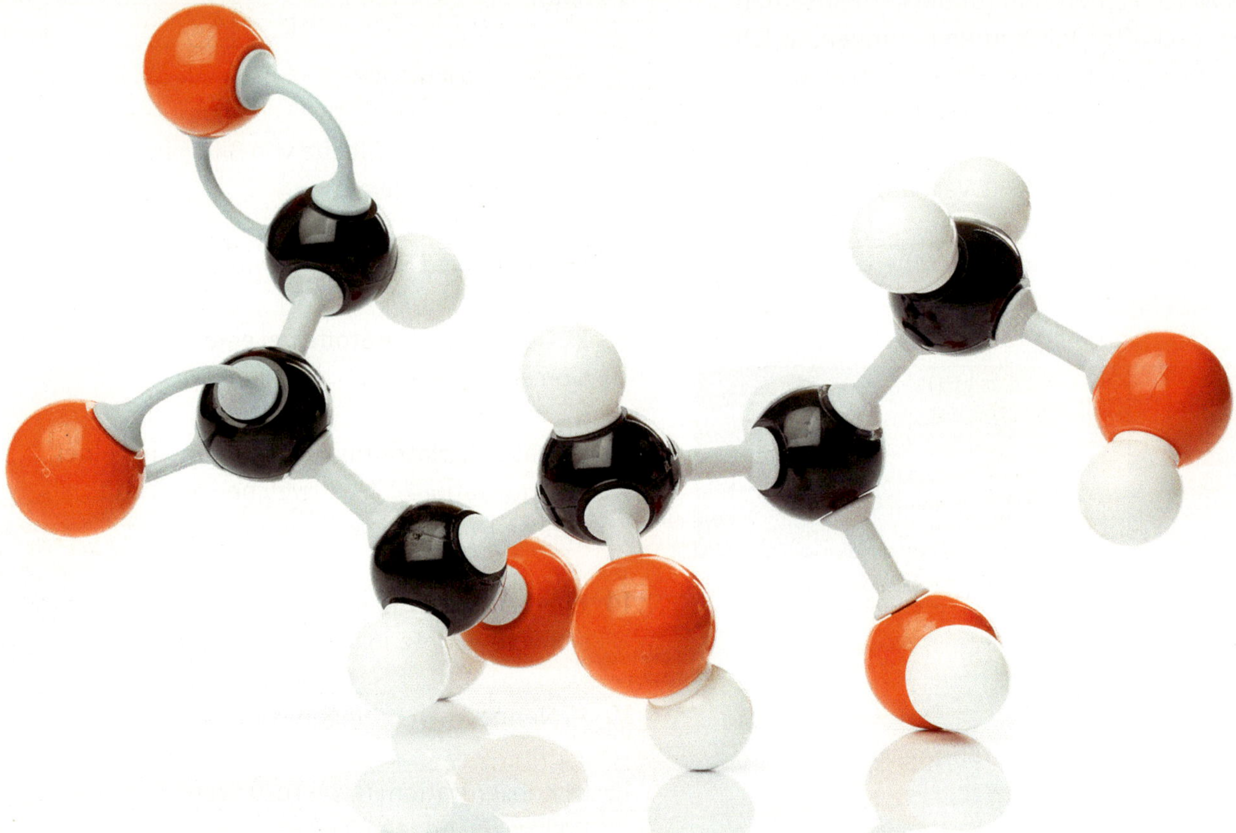

Keine Atomsorte kann eine so große Vielfalt von Verbindungen bilden wie Kohlenstoff.

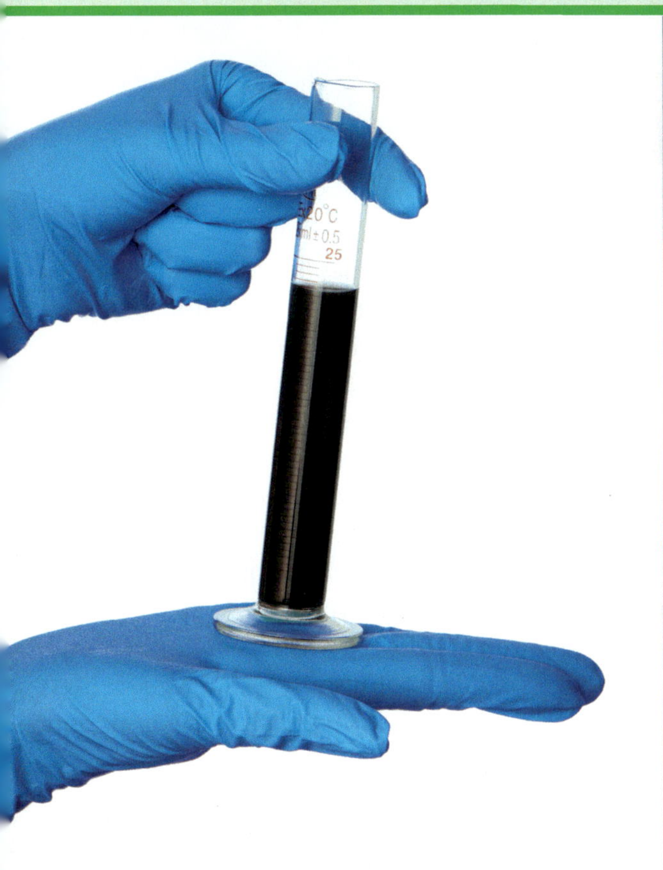

Aus was besteht Erdöl und wie wird es verarbeitet?

Ob als Massenware oder maßgeschneiderter technischer Werkstoff – Kunststoffe sind aus unserem Leben nicht mehr wegzudenken.

Kohlenstoff gibt es fast überall

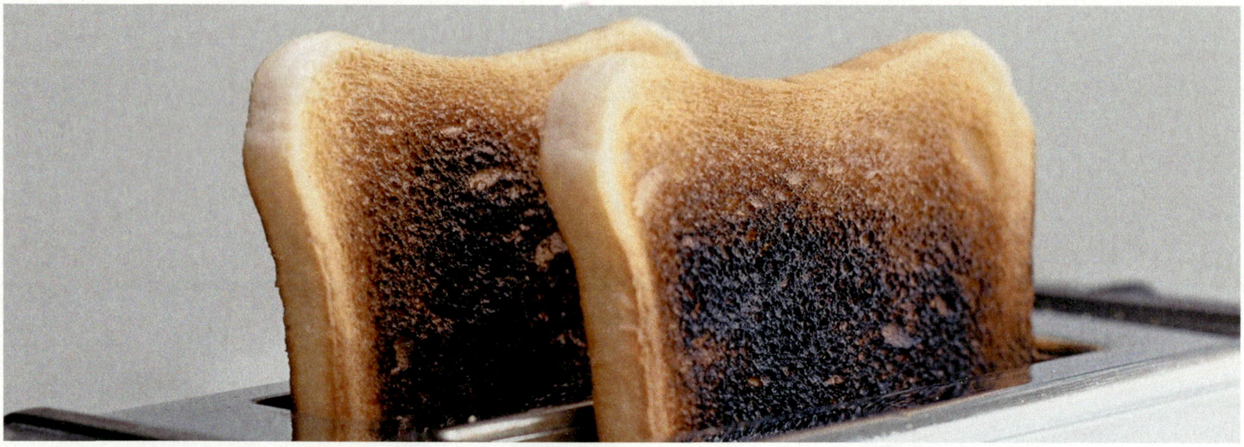

1 Kohlenstoff wird sichtbar beim verkohlten Toast.

Jeder kennt das Phänomen: Man vergisst den Kuchen im Ofen oder der Toaster ist zu heiß eingestellt und so werden Kuchen bzw. Toast schwarz – sie „verkohlen".

Kohlenstoff • Stoffe, die beim Erhitzen schwarz werden, enthalten Kohlenstoff. Schon seit Urzeiten ist er den Menschen bekannt. Als Brennmaterial in Form von Holzkohle oder als Zeichenmaterial fand er damals schon Verwendung. Erst Ende des 18. Jahrhunderts entdeckte der französische Chemiker Lavoisier, dass es sich dabei um ein chemisches Element handelt.

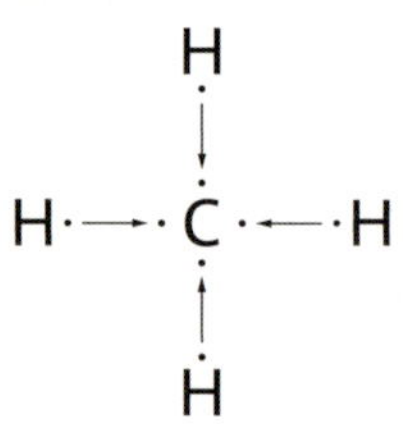

2 Kohlenstoff ist vierbindig.

Bindigkeit • Kohlenstoff ist ein Nichtmetall und steht in der IV. Hauptgruppe. Er besitzt vier Außenelektronen, über die Bindungen zu anderen Atomen eingegangen werden können. → 2 Ein einzelnes Kohlenstoff-Atom kann also beispielsweise vier Elektronenpaarbindungen zu vier Wasserstoff-Atomen eingehen. Beide Elemente befinden sich damit im Edelgaszustand. Der Stoff, der dabei entsteht, ist Methan (CH_4). Kohlenstoff ist in seinen Verbindungen also vierbindig. → 2 Typische Bindungspartner sind Sauerstoff, Wasserstoff oder Stickstoff.

Kohlenstoffverbindungen und ihre Reaktionsprodukte • Wie du weißt, entsteht bei der Verbrennung von Holz Kohlenstoffdioxid (CO_2). Das bedeutet, dass in Holz Kohlenstoff gewesen sein muss. Da bei jeder Verbrennung von Kohlenstoffverbindungen auch Wasser entsteht, muss darin auch Wasserstoff enthalten sein.

Kohlenstoff ist vierbindig und bildet oft Verbindungen mit Sauerstoff, Wasserstoff oder Stickstoff.

Fotosynthese • Das Element Kohlenstoff ist in vielen Verbindungen auf der Erde gespeichert. Der wichtigste Stoff ist hierbei das Kohlenstoffdioxid.

vierbindig
die Fotosynthese
die Zellatmung
der Kohlenstoffkreislauf

Pflanzen nehmen Kohlenstoffdioxid auf und produzieren in der Fotosynthese mithilfe von Sonnenlicht und Wasser energiereiche Stoffe, z. B. Traubenzucker. → 3 Dabei wachsen die Pflanzen. Zusätzlich entsteht als Nebenprodukt Sauerstoff. Der Kohlenstoff wird in sogenannte Biomasse umgewandelt.

Zellatmung • Umgekehrt wandeln alle Lebewesen auf der Erde über ihre Atmung Traubenzucker und Sauerstoff wieder in Kohlenstoffdioxid und Wasserdampf um. → 4 Dabei werden Zucker abgebaut und zur Energiegewinnung genutzt. Diese in den Zellen stattfindenden Reaktionen nennt man Zellatmung. Ein Teil des so umgewandelten Kohlenstoffs bleibt jedoch dauerhaft im Organismus gespeichert.

Kohlenstoffkreislauf • Kohlenstoff ist unter anderem auch in Gesteinen und fossilen Brennstoffen wie Erdöl, Erdgas und Kohle gespeichert. Diese sind vor vielen Millionen Jahren aus tierischen und pflanzlichen Überresten unter hohem Druck und Sauerstoffabschluss entstanden. Durch Verbrennung oder Zersetzung dieser Brennstoffe wird der darin enthaltene Kohlenstoff wieder in Kohlenstoffdioxid umgewandelt. Somit schließt sich der Kohlenstoffkreislauf. → 5

Im Kohlenstoffkreislauf wird Kohlenstoff in verschiedene Verbindungen umgewandelt. Kohlenstoffdioxid ist der wichtigste Stoff im Kohlenstoffkreislauf.

Wasser + Kohlenstoffdioxid ⇄ Traubenzucker + Sauerstoff

$$6\,H_2O + 6\,CO_2 \rightleftarrows C_6H_{12}O_6 + 6\,O_2$$

3

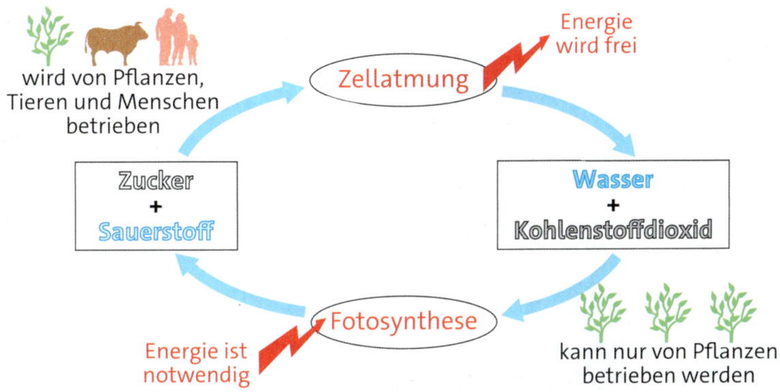

4 Fotosynthese und Zellatmung

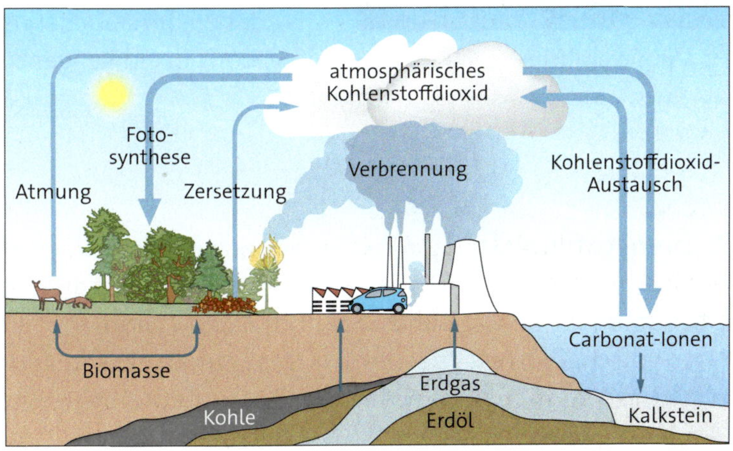

5 Kohlenstoffkreislauf

Aufgaben

1 Erkläre den Begriff Verkohlen.

2 Kohlenstoff bildet vier Elektronenpaarbindungen aus. Erkläre.

3 Beschreibe den Kreislauf des Kohlenstoffs. → 5

Kohlenstoff gibt es fast überall

Material A

Dem Kohlenstoff auf der Spur

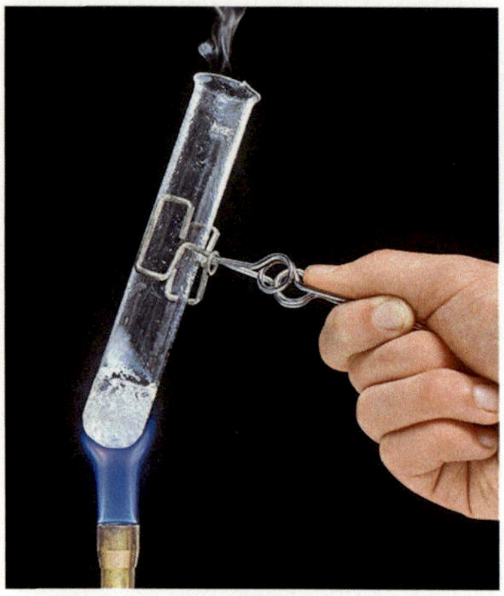

1 Stoffe erhitzen

Im folgenden Versuch werden verschiedene Stoffe erhitzt. Finde heraus, in welchen Stoffproben Kohlenstoff enthalten ist.

Materialliste: Brenner, 5 Reagenzgläser, Reagenzglasständer, Reagenzglashalter, feuerfeste Unterlage, Kochsalz, Haushaltszucker, Holz, Tafelkreide, Wasser

1 Gib jeweils eine kleine Probe des zu untersuchenden Stoffs in ein Reagenzglas.

2 Erhitze die Probe zuerst schwach, dann kräftig. Schwenke dabei das Reagenzglas leicht.

3 Stelle das Reagenzglas zum Abkühlen in den Reagenzglasständer und erhitze die nächste Probe.

4 Fertige ein Versuchsprotokoll dazu an.

5 Gib an, in welchen Stoffproben Kohlenstoff enthalten.

Material B

Kohlenstoffkreislauf

Der englische Theologe und Naturforscher Joseph Priestley war mit seinen Versuchen Ende des 18. Jahrhunderts seiner Zeit weit voraus. Er untersuchte die Reinigung „verdorbener" Luft mithilfe von Pflanzen. Dabei setzte er verschiedene Lebewesen und Gegenstände unter eine luftdicht abgeschlossene Glasglocke und beobachtete. Er kam zu folgenden Ergebnissen: Eine Maus unter der Glasglocke starb nach kurzer Zeit. Ebenso erlosch eine Kerze unter der Glasglocke. Auch Maus und Kerze zusammen hielten nicht lange durch. Erst als er eine Pflanze zusammen mit der Maus und der Kerze unter die Glocke stellte, überlebten beide.
Priestley folgerte daraus, dass Pflanzen in der Lage sind, „verdorbene" Luft zu reinigen.

1 Beschreibe Bild 2 und stelle es mit Priestleys Experiment in Verbindung.

2 Erkläre Priestleys Experiment mithilfe des Kohlenstoffkreislaufs.

2 Glasglockenexperiment

Erweitern und Vertiefen

Ein Element – viele Strukturen

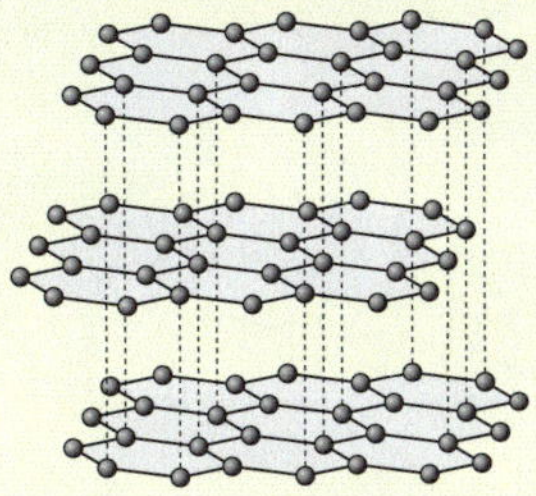

3 Graphitstruktur

4 Graphit in Bleistiften

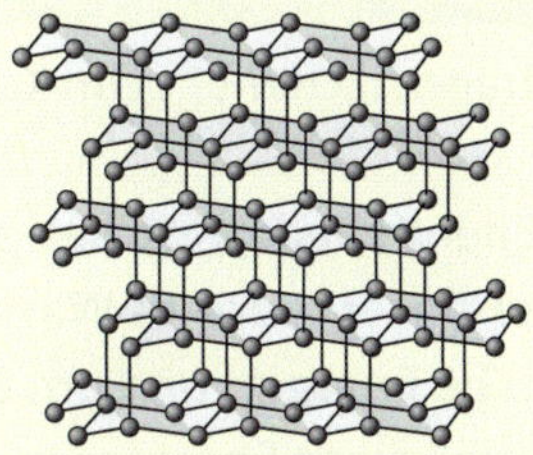

5 Diamantstruktur

6 Diamant

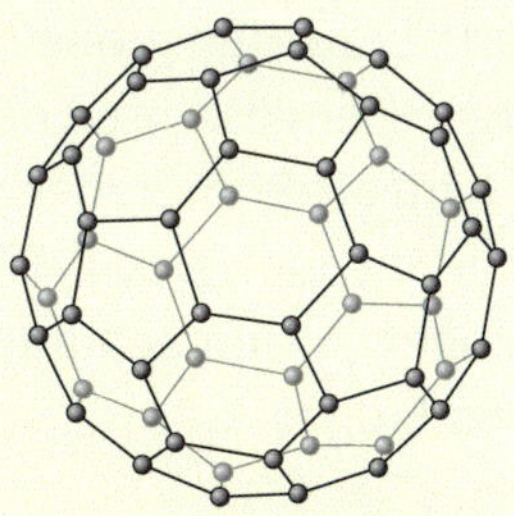

7 Fullerenstruktur

8 Kuppelbau von R. Buckminster Fuller

Strukturen • Kohlenstoff kommt auf der Erde in drei verschiedenen Formen, sogenannten Modifikationen, vor: Graphit, Diamant und Fullerene. Die jeweilige Modifikation ergibt sich durch die Struktur der Bindungen. Die Struktur bestimmt die Eigenschaften des Stoffs.

Graphit • Graphit ist in Schichten aufgebaut. → 3 Die C-Atome in einer Schicht sind von drei C-Nachbarn umgeben und bilden eine Wabe. Der Kohlenstoff ist hier dreibindig. Das vierte freie Elektron ist über die ganze Schicht verteilt. Dadurch ist die Struktur blättrig schichtartig und macht Graphit sehr weich. Beim Schreiben mit einem Bleistift, dessen Miene aus Graphit besteht, werden diese Schichten auf das Papier abgerieben. Entlang der Schichten ist Graphit elektrisch leitfähig.

Diamant • Die Struktur eines Diamanten ist wesentlich stabiler als die des Graphits. Hier ist jedes C-Atom von vier nächsten Nachbarn umgeben. → 5 Die vier C-Bindungen sind alle gleich lang und stehen im selben Winkel. Aufgrund der stabilen Molekülstruktur ist Diamant eines der härtesten Materialien auf der Erde und wird deshalb oft in Bohrköpfen verwendet. Da es hier keine freien Elektronen gibt, wirkt der Diamant als Isolator und ist nicht elektrisch leitend.

Fulleren • Die C-Atome sind hier in Sechs- und Fünfecken angeordnet und bilden eine fußballartige Molekülform: das Buckminster-Fulleren. → 7 Es besteht aus 60 Kohlenstoff-Atomen und könnte als Graphitkugel bezeichnet werden, allerdings mit anderen Eigenschaften. Das C_{60}-Molekül erhielt seinen Namen von dem amerikanischen Architekten Richard Buckminster Fuller, da der Bau dessen kuppelartigen Bauwerken ähnelt. → 8

Aufgabe

1 ☑ Beschreibe die drei Kohlenstoffstrukturen.

Erdgas

1 Erdgas – wichtiger Energieträger, nicht nur beim Kochen

Unser Energiebedarf ist riesig. Warme Häuser, warmes Wasser und elektrische Energie rund um die Uhr. Wo kommt diese Energie her?

Primärenergie • Verkehr, Industrie und Haushalte brauchen große Mengen an Energie. Der gesamte Energieverbrauch wird als Primärenergieverbrauch bezeichnet. Den größten Anteil daran tragen in Deutschland derzeit Erdöl und Erdgas. → 3

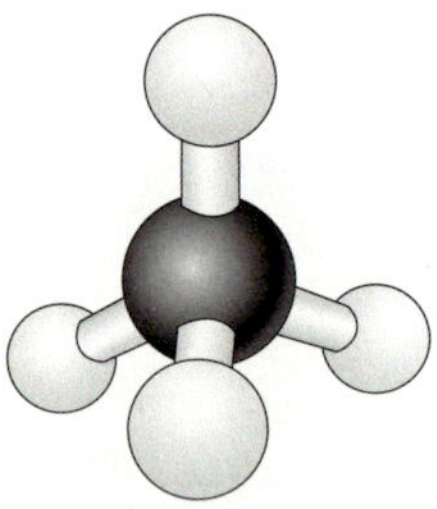

2 Methan

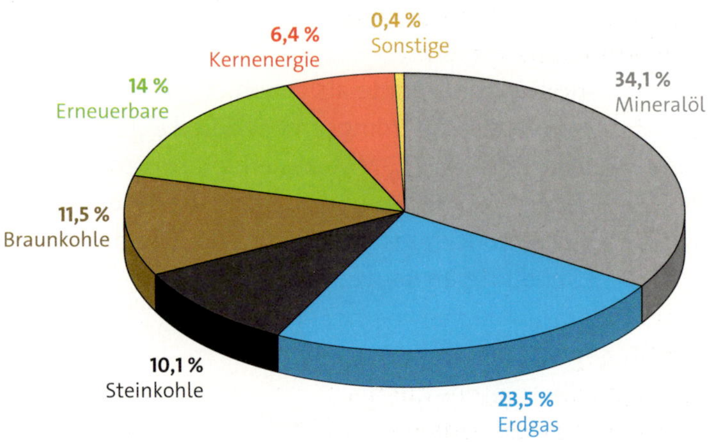

3 Primärenergiemix in Deutschland

Erdgas und Biogas • Ein großer Teil des Energiebedarfs von Deutschland wird von gasförmigen Energieträgern gedeckt. Diese Gase bestehen zu 75 bis 99 Prozent aus Methan (CH_4). Der Rest setzt sich zusammen aus Ethan (C_2H_6), Schwefelwasserstoff (H_2S) und Stickstoff (N_2). Biogas deckt einen sehr geringen Teil des Energiebedarfs.

Erdgaslagerstätten • Erdgas findet man, wie der Name schon sagt, in der Erde. Entstanden ist es vor vielen Millionen Jahren. Auf dem Boden urzeitlicher Meere lagerten sich tote Pflanzen und Tiere ab. Nach der Überlagerung mit Schlamm zersetzten Bakterien die Stoffe. Auch Hitze und Druck unter immer dickeren Gesteinsschichten veränderten die Stoffe. Schließlich wurde das Gas aus diesen Schichten herausgepresst und stieg auf bis zu undurchlässigen Erdschichten. → 4 Ganz ähnlich ist auch Erdöl entstanden. Daher findet man diese beiden Stoffe auch immer zusammen.

die Primärenergie
das Erdgas
das Methan

Verwendung • Methan hat zwei wichtige Eigenschaften, die erklären, warum es in so großem Maß genutzt wird: Es ist leicht brennbar und die Reaktion der Verbrennung verläuft exotherm. Die frei werdende Wärme wird entweder direkt zum Heizen genutzt oder in Gaskraftwerken wird Wasser verdampft. Der Wasserdampf wird dann auf Turbinen geleitet, die einen Generator zur Stromerzeugung antreiben. Etwa 11 Prozent des Stroms in Deutschland werden derzeit so erzeugt.

Methan und Treibhauseffekt • Bei der Verbrennung von Methan entstehen Kohlenstoffdioxid und Wasser. → 5 Die Reaktionsprodukte sind dabei ungiftig. Doch das Reaktionsprodukt Kohlenstoffdioxid hat einen gewaltigen Nachteil: Durch den Ausstoß enormer Mengen dieses Treibhausgases ist es der Hauptverursacher des Klimawandels.
Methan selbst ist ebenfalls ein klimaschädliches Gas. Es wirkt um ein Vielfaches stärker als Kohlenstoffdioxid.

Erdgas und Biogas sind wichtige Energieträger. Sie bestehen hauptsächlich aus Methan.
Bei der exothermen Verbrennung entsteht das klimaschädliche Gas Kohlenstoffdioxid. Methan selbst ist ein noch stärkeres Treibhausgas als Kohlenstoffdioxid.

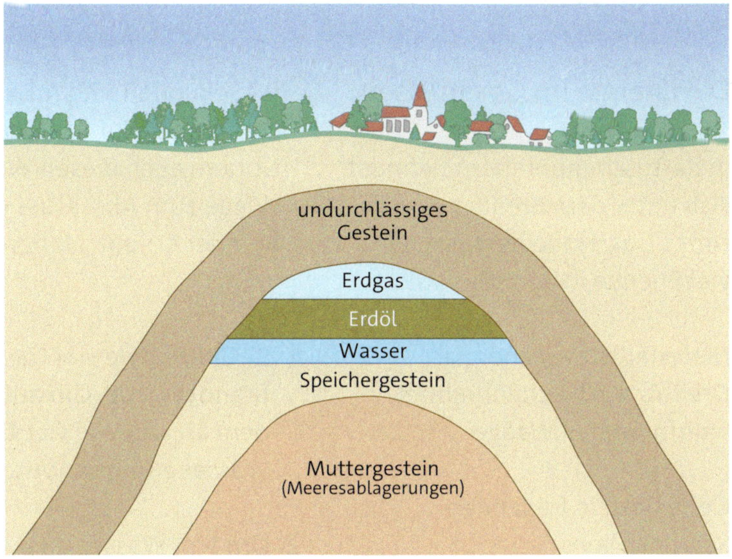

4 Erdgaslagerstätte

5

$$\text{Methan} + \text{Sauerstoff} \rightarrow \text{Wasser} + \text{Kohlenstoffdioxid}$$
$$CH_4 + 2\,O_2 \rightarrow 2\,H_2O + CO_2$$

Aufgaben

1 Gib an, woraus Erdgas besteht.

2 Nenne zehn Vorgänge, bei denen du im Laufe eines Tages zum Primärenergieverbrauch der Bundesrepublik Deutschland beiträgst.

3 Familie Hansen hat eine Gasheizung im Keller, die auch das Warmwasser bereitet. Erkläre, warum es immerhin ein kleiner Schritt gegen den Klimawandel ist, wenn die Hansens nur noch duschen, statt zu baden.

Erdgas

Material A

Die Energie im Gas messen

In Kartuschenbrennern befindet sich unter dem Brenner verflüssigtes Gas. Finde heraus, wie viel Energie in dem Gas steckt.

Materialliste: Becherglas, Dreifuß, Kartuschenbrenner, Thermometer, Waage

Gehe dazu in folgenden Schritten vor:

- Wiege den Kartuschenbrenner. → 1 Notiere das Ergebnis.
- Fülle 400 ml Wasser ab und miss die Temperatur. Notiere diesen Messwert.
- Erhitze das Wasser mithilfe des Kartuschenbrenners für 90 Sekunden und miss erneut die Temperatur des Wassers. Notiere auch diesen Wert.
- Wiege zum Abschluss den Brenner erneut. Notiere den Wert.

1 Gib an, wie viel Gas verbrannt wurde. Gib außerdem an, um wie viel Grad das Wasser erwärmt wurde.

2 Um 1 ml Wasser um 1 Grad zu erwärmen, braucht man 4,2 Joule Energie.

a Berechne, wie viel Energie dem Wasser zugeführt wurde.

b Berechne, wie viel Energie in 100 g Gas enthalten sind.

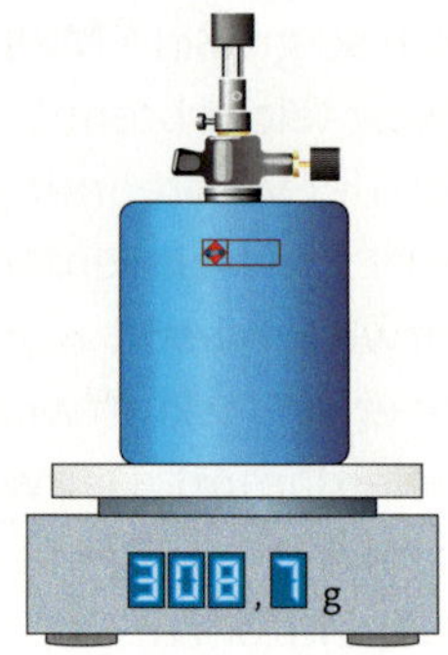

1

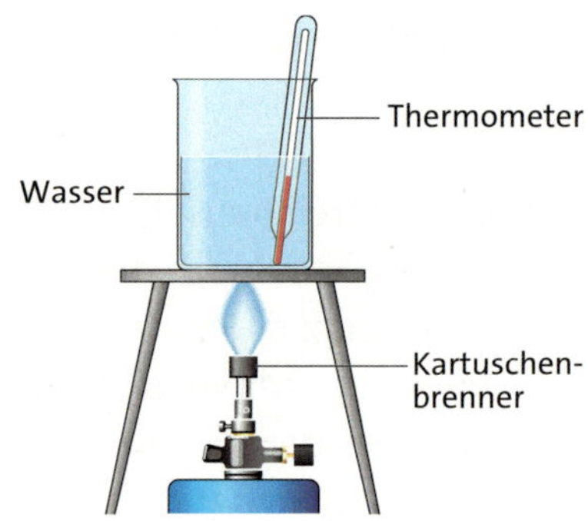

2 Erhitzen des Wassers

Material B

Biogas – wie geht das?

Biogasanlagen sollen ein Baustein der Energiewende sein.

1 Gib an, aus welchen Rohstoffen Biogas gewonnen wird.

2 Erkläre den Nutzen, der aus Biogas gezogen wird.

3 Schreibe einen Text über die Herstellung und Nutzung von Biogas.

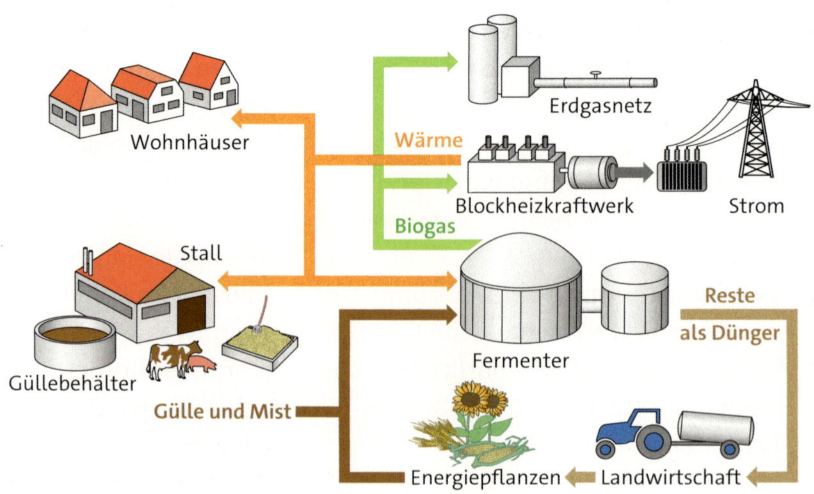

3 Biogasanlage – Aufbau und Funktion

Material C

Technologie für den Klimaschutz?

Familie Hansen hat in eine solarthermische Anlage investiert. Diese dient der Warmwasserbereitung und soll den Klimawandel bremsen.

1 ☒ Schaue dir den schematischen Aufbau der Anlage in Bild 4 an und notiere die Aufgaben folgender Bauteile: Gasheizung, Kollektor, Pumpe, Wärmetauscher.

2 ☒ Beschreibe mit eigenen Worten das Funktionsprinzip dieser Anlage.

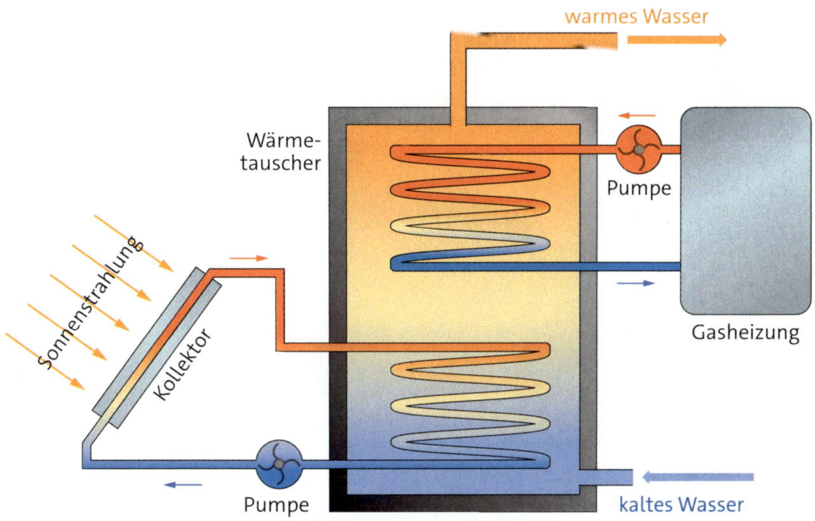

4 Warmwassererzeugung mit Erdgas und Solarthermie

3 ☒ Der Bundestag will Technologien fördern, die den Klimawandel bremsen. Gib den Abgeordneten eine begründete Empfehlung, ob solche Anlagen mit Steuergeldern gefördert werden sollten.

Material D

Biogas – ein Standbein der Energiewende?

Die aus Biogas gewonnene Energie in Deutschland steigt stetig an.

1 ☒ Beschreibe das Diagramm. → 5

2 ☒ Recherchiere im Internet Vor- und Nachteile der Biogasentwicklung.

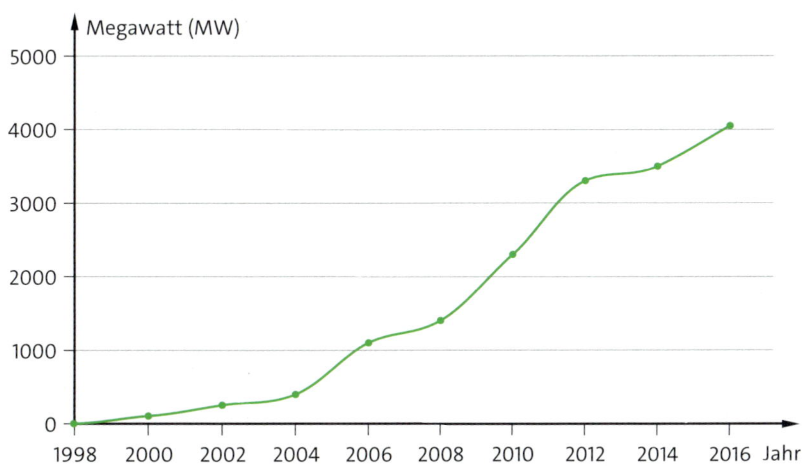

5 Entwicklung der Biogasenergiemenge in Deutschland

Der Treibhauseffekt

1 Quellen von Treibhausgasen (vom Menschen verursacht)

Am Treibhauseffekt ist nicht nur Kohlenstoffdioxid beteiligt. Wie wirken die einzelnen Treibhausgase?

Natürliche und anthropogene Treibhausgase • Von uns Menschen werden immer noch zu viele Treibhausgase produziert. → 1 Diese tragen unterschiedlich stark zur Erderwärmung bei. Das liegt daran, dass jeder Stoff ein charakteristisches Absorptionsverhalten für die Wärmestrahlung der Erde hat. Methan (CH_4), das zum Beispiel beim Reisanbau und bei der Rinderzucht freigesetzt wird, ist ein 25-mal stärkeres Treibhausgas als Kohlenstoffdioxid. Lachgas (N_2O) ist sogar noch ein 300-mal stärkeres Treibhausgas als Kohlenstoffdioxid. Es entsteht beim Einsatz von Stickstoffdüngern und bei der Massentierhaltung. Kohlenstoffdioxid wird jedoch in viel größeren Mengen als Methan und Lachgas freigesetzt. Dadurch ist Kohlenstoffdioxid das Gas mit dem größten Anteil am vom Menschen verursachten Treibhauseffekt. Dieser wird auch als anthropogener Treibhauseffekt bezeichnet. Im Gegensatz dazu bedingen vor allem Wasserdampf und Ozon den natürlichen Treibhauseffekt. Ohne diesen wäre Leben auf der Erde nicht möglich. Es würde eine Durchschnittstemperatur von −55 °C wie auf dem Mond herrschen. Die natürlichen Treibhausgase sorgen für eine Durchschnittstemperatur von ca. 15 °C. Wasserdampf hat zwar eine noch stärkere Treibhauswirkung als Methan. Jedoch wird der Wasserdampfgehalt in der Atmosphäre kaum vom Menschen beeinflusst.

Jeder Stoff hat ein charakteristisches Absorptionsverhalten. Man unterscheidet zwischen natürlichen Treibhausgasen und anthropogenen Treibhausgasen.

Aufgaben

1 ☑ Nenne zwei natürliche und zwei anthropogene Treibhausgase.

2 ☒ Begründe, warum Methan ein stärkeres Treibhausgas als Kohlenstoffdioxid ist.

anthropogen

Material A

Der Klimawandel – eine Erfindung?

Es gibt Klimaskeptiker, die behaupten, den von Menschen verursachten Klimawandel gäbe es nicht.

1 ☒ Ein Argument der Klimaskeptiker ist, dass es immer wieder Winter gibt, die kälter sind als in den Vorjahren. Nimm mithilfe von Bild 2 dazu Stellung.

2 MK ☒ Recherchiere im Internet nach weiteren Einwänden von Klimaskeptikern. Vergleiche ihre Aussagen mit wissenschaftlichen Fakten.

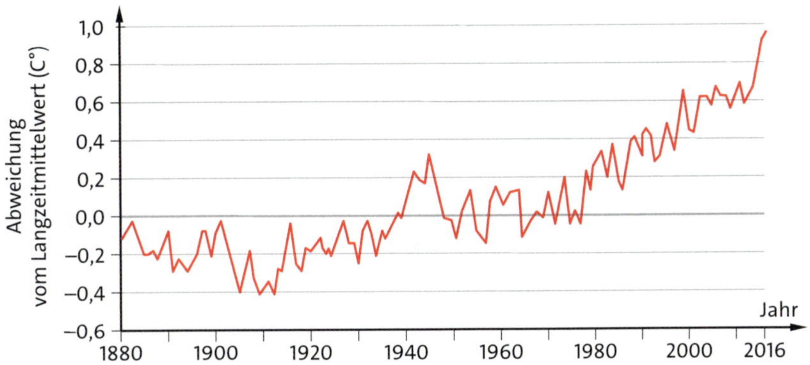

2 Temperaturen der letzten 135 Jahre

Material B

Methan – Bedrohung für das Klima

Methan ist ein viel stärkeres Treibhausgas als Kohlenstoffdioxid. Die größte Quelle für anthropogenes Methan ist die Rinderzucht, da die Rinder bei der Verdauung Methan produzieren. Auch beim Anbau von Reis wird viel Methan freigesetzt. Die größten natürlichen Methanquellen sind Sumpf- und Moorgebiete. Bestimmte Bakterien produzieren bei fehlendem Sauerstoff aus organischem Material Methan. Dies ist auch bei Permafrostböden der Fall, die z. B. in Sibirien und im Norden Kanadas zu finden sind. Sie enthalten viele fossile Tier- und Pflanzenreste und sind daher große Kohlenstoffspeicher. Tauen diese Permafrostböden durch die steigenden Temperaturen auf, entstehen neben Kohlenstoffdioxid vor allem große Mengen Methan.

3

4 Methanquelle: Rinderzucht

5 Permafrostböden

1 ☒ Lies den Text. → 3
Nenne anthropogene und natürliche Methanquellen.

2 ☒ „Der Klimawandel ist ein sich selbst verstärkendes System.“ Erkläre diese Aussage.

Methan und seine „Verwandten“

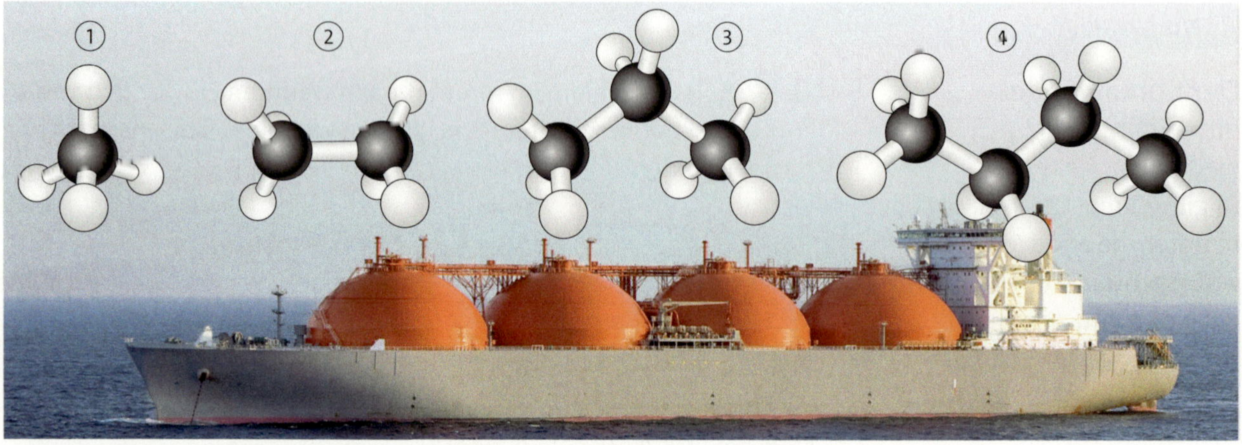

1 Die ersten vier Moleküle der Alkane; Transport von verflüssigtem Methan

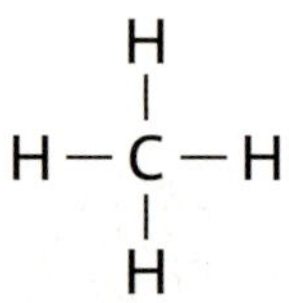

2 Methan

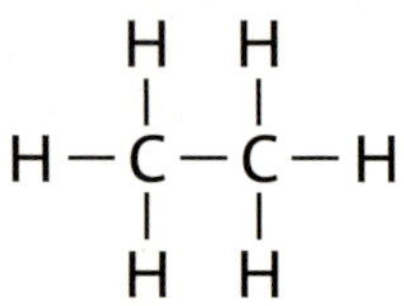

3 Ethan

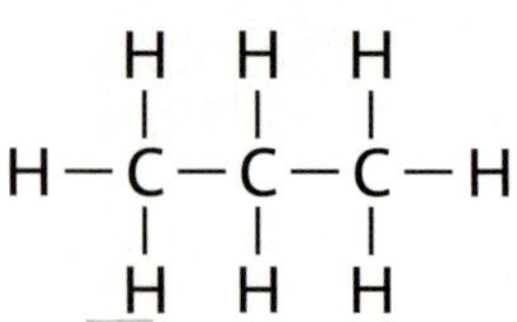

4 Propan

Methan hat die Formel CH_4. Es gehört somit zu den Kohlenwasserstoffen.

Kohlenstoff-Atome bilden Ketten • Kohlenwasserstoffe sind Verbindungen, die aus den Elementen Kohlenstoff und Wasserstoff aufgebaut sind. Ein Methanmolekül besitzt beispielsweise ein Kohlenstoff-Atom und vier Wasserstoff-Atome. → 2 Es gibt auch Moleküle, die aus mehreren Kohlenstoff-Atomen bestehen, z. B. Ethan (C_2H_6). Die beiden Kohlenstoff-Atome sind über eine Einfachbindung miteinander verbunden. → 3 Jedes Kohlenstoff-Atom hat außerdem drei Wasserstoff-Atome als Bindungspartner. Wenn weitere Kohlenstoff-Atome hinzukommen, werden diese über Einfachbindungen verknüpft und bilden eine Kette. → 4

Alkane • Kohlenwasserstoffe, die nur Einfachbindungen enthalten, zählt man zur Stoffgruppe der Alkane. Ihre Namen enden auf -an. Manche ihrer Namen leiten sich aus dem Griechischen je nach Anzahl der Kohlenstoff-Atome ab (z. B. penta = fünf, Pentan hat fünf Kohlenstoff-Atome). Allgemein ist C_nH_{2n+2} die Summenformel der Alkane. Dabei steht n für die Anzahl der Kohlenstoff-Atome.

Homologe Reihe • Ähnlich gebaute Stoffe, z. B. die Alkane, kann man in einer homologen Reihe anordnen. Die Formel der Alkane nimmt dabei immer um eine CH_2-Einheit zu.

Kohlenwasserstoffe, die nur Einfachbindungen enthalten, nennt man Alkane.

Aufgaben

1 ◩ Erkläre den Begriff Kohlenwasserstoffe.

2 ☒ Begründe, ob der Stoff $C_{17}H_{34}$ ein Alkan ist.

der Kohlenwasserstoff
das Alkan
die homologe Reihe

Material A

Eine logische Struktur

Name	Anzahl C-Atome
Methan	1
Ethan	2
Propan	3
Butan	4
Pentan	5
Hexan	6
Heptan	7
Octan	8
Nonan	9
Decan	10

5 Homologe Reihe der Alkane

Kohlenstoff steht in der IV. Hauptgruppe des Periodensystems. Ein Kohlenstoff-Atom bildet daher vier Elektronenpaarbindungen aus, um den Edelgaszustand zu erreichen. Wasserstoff ist als Bindungspartner des Kohlenstoffs gut geeignet. Aber auch Bindungen zu anderen Kohlenstoff-Atomen sind kein Problem.

1 Begründe, warum sich die Alkane immer um eine CH_2-Einheit unterscheiden.

2 Übernimm die Tabelle von Bild 5 in dein Heft und zeichne die Strukturformeln der Alkane. Recherchiere die Siedetemperaturen und die Aggregatzustände der Alkane. Die Siedetemperaturen findest du im Anhang des Buches.

3 Berechne die Formel der Alkane mit 12, 23 und 37 Kohlenstoff-Atomen.

Material B

Modelle bauen

1 Modelle helfen dabei, sich den Aufbau von Molekülen vorzustellen. In Bild 6 siehst du verschiedene Materialien aus dem Alltag, die man zum Modellbau nutzen kann.

a Wähle Materialien aus, die dir zum Nachbau folgender Molekülmodelle geeignet erscheinen: Methan, Butan und Heptan. Achte darauf, für die Atome und für die Bindungen in einem Molekül jeweils immer das gleiche Material zu verwenden.

b Baue Methan noch einmal mit einem anderen Baumaterial. Denke daran, dass die Bindungen nicht unbedingt dargestellt werden müssen. Vergleiche die beiden Methanmodelle.

c Bewerte die Baumaterialien. Welche eignen sich gut, welche weniger gut zum Darstellen von Atomen und Molekülen?

6 Materialien zum Atombau

Verwandt und doch so unterschiedlich

1 Flüssiggas Butan im Feuerzeug

2 Schmieröl ist zähflüssig.

3 Kerzen aus Paraffin

Alkane sind bei Raumtemperatur gasförmig, flüssig oder fest. Das liegt an der Kettenlänge der Moleküle.

Siedetemperatur • Je größer die Kettenlänge der Alkanmoleküle, desto höher ist die Siedetemperatur. → 4 Die kurzkettigen Alkane Methan bis Butan sind bei Raumtemperatur gasförmig. Pentan bis Nonan sind dünnflüssig, während längerkettige Alkane zähflüssig sind.
Ab einer Kettenlänge von ca. 17 Kohlenstoff-Atomen sind die Alkane fest und wachsartig. Gemische aus festen Alkanen werden als Paraffine bezeichnet und als Kerzenwachs verwendet.

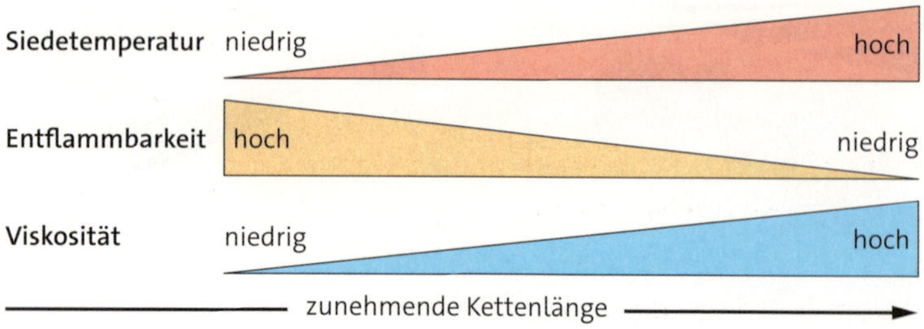

4 Einfluss der Kettenlänge auf die Stoffeigenschaften

Entflammbarkeit • Je länger die Kohlenstoffkette ist, desto schwerer lassen sich die Alkane entzünden. → 4 Längerkettige Alkane rußen beim Brennen stärker. Daher nutzt man sie weniger zur Energiegewinnung.

Viskosität • Die Viskosität beschreibt die Zähflüssigkeit eines Stoffs. Alkane mit längeren Molekülketten (ab ca. elf Kohlenstoff-Atome) sind ölig bis sehr zähflüssig. → 4 Sie werden deshalb oft als Schmierstoffe eingesetzt.

Kräfte zwischen Alkanmolekülen • Die Eigenschaften der Alkane kann man so erklären: Es gibt Anziehungskräfte zwischen den Molekülen, vor allem bei den langkettigen Alkanen. Kann es sich dabei um Dipolkräfte handeln? Dazu muss man sich die Elektronegativitätswerte anschauen:
Die Elektronegativität von Kohlenstoff liegt bei 2,5 und die von Wasserstoff bei 2,1. Der Unterschied beträgt also nur 0,4. Das bedeutet, dass die

die Viskosität
die Van-der-Waals-Kräfte

C-H-Bindung nur ganz schwach polar ist. Dipolkräfte können daher kaum eine Rolle spielen. Es muss noch andere Kräfte zwischen den Molekülen geben.

Van-der-Waals-Kräfte • Man denkt immer, dass die Elektronen in Atomen ganz gleichmäßig verteilt sind. → 5 Das ist aber nicht immer der Fall. Dadurch können für einen kurzen Moment Teilladungen im Atom oder Molekül entstehen. → 6
In diesen Momenten gibt es in den Teilchen Bereiche mit positiven und mit negativen Teilladungen. Dies führt zu Anziehungskräften zwischen den Teilchen, die nicht von Dauer sind. Diese Anziehungskräfte sind insgesamt schwach. Man nennt sie Van-der-Waals-Kräfte nach dem niederländischen Physiker Johannes Diderik van der Waals, der sie entdeckt hat.

Längere Ketten – stärkere Van-der-Waals-Kräfte • Wenn die Kettenlänge größer ist, wirken auch mehr Van-der-Waals-Kräfte zwischen den Molekülen. → 7 Langkettige Moleküle haften daher stärker aneinander.
Wenn diese Alkane verdampfen, müssen die Anziehungskräfte zwischen den Molekülen überwunden werden. Dazu ist mehr Energie nötig als bei kurzkettigen Alkanen. Deshalb sind die Siedetemperaturen deutlich höher. Auch die Viskosität und die Entflammbarkeit eines Stoffs hängen davon ab, wie stark die Van-der-Waals-Kräfte zwischen den Molekülen sind.

5 Zwei „normale“ Helium-Atome

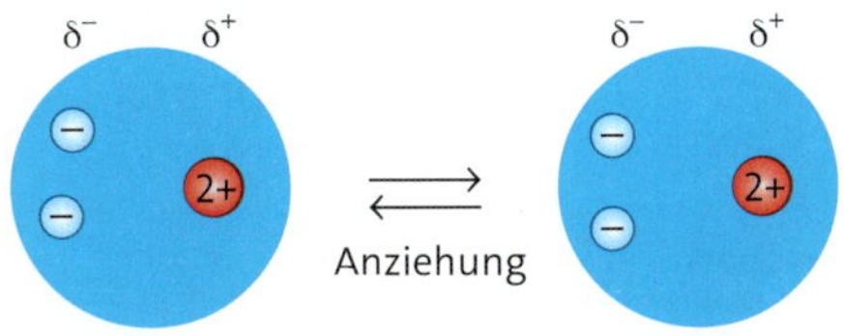

6 Zwei „verformte“ Helium-Atome können sich gegenseitig anziehen.

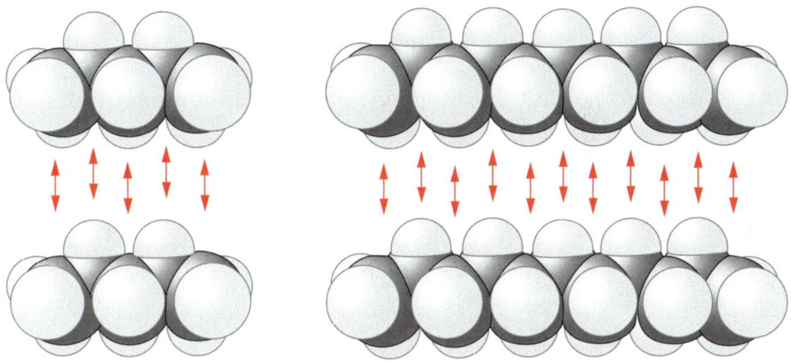

7 Je größer die Moleküle, desto mehr Van-der-Waals-Kräfte

Van-der-Waals-Kräfte sind schwache Anziehungskräfte zwischen Teilchen. Je größer die Moleküle sind, desto mehr Van-der-Waals-Kräfte gibt es.

Aufgabe

1 Eigenschaften der Alkane

a Beschreibe verschiedene Eigenschaften von Alkanen im Zusammenhang mit der Kettenlänge.

b Erkläre, warum die Eigenschaften von der Länge der Kohlenstoffkette abhängen.

Verwandt und doch so unterschiedlich

Material A

Eigenschaften zuordnen

Die Alkane weisen unterschiedliche Eigenschaften in Abhängigkeit zu ihrer Kettenlänge auf.

1 Ordne den Alkanen 1–5 die jeweilige Eigenschaften A–E zu. → 1

2 Begründe anschließend deine Zuordnung.

Alkan		Eigenschaft	
1	Hexan	A	zähflüssig, ölig
2	Decan	B	hat den niedrigsten Siedepunkt.
3	Methan	C	ist von den bei Raumtemperatur flüssigen Alkanen der Tabelle am zweitleichtesten zu entflammen.
4	Docosan ($C_{22}H_{46}$)	D	hat von den bei Raumtemperatur flüssigen Alkanen der Tabelle die geringste Viskosität.
5	Dodecan ($C_{12}H_{26}$)	E	ist bei Raumtemperatur fest.

1 Zuordnung: Alkane im Vergleich

Material B

Diagramme zeichnen

1 Stelle die in Tabelle 2 aufgelisteten Messwerte der ausgewählten Alkane in geeigneten Diagrammen dar.

Name des Alkans	Siedetemperatur	Dichte (als Flüssigkeit)
Methan	−162 °C	$0{,}42\,\frac{g}{ml}$
Butan	−0,5 °C	$0{,}58\,\frac{g}{ml}$
Hexan	69 °C	$0{,}65\,\frac{g}{ml}$
Octan	126 °C	$0{,}70\,\frac{g}{ml}$

2 Eigenschaften einiger Alkane

Material C

Lehrerversuch: Viskosität im Vergleich

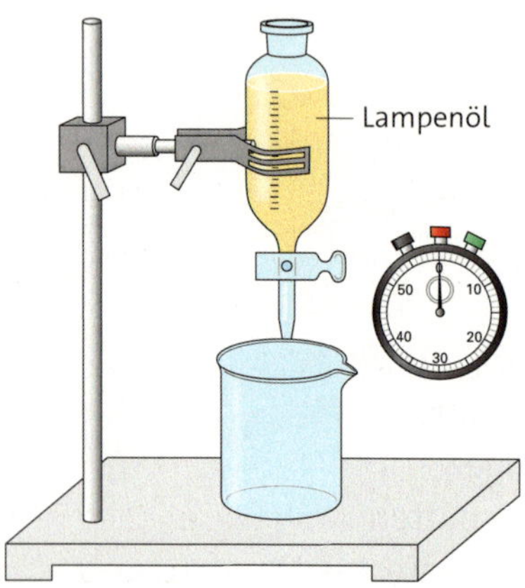

3 Versuchsaufbau

Materialliste: Tropftrichter (100 ml), 3 Bechergläser (250 ml), Stativmaterial, Stoppuhr, Lampenöl, Waschbenzin, Motoröl, Unterlage

1 Der Trichter wird senkrecht in das Stativ eingespannt und ein Becherglas direkt daruntergestellt.

2 Die erste Stoffprobe wird bis zur oberen Markierung im Trichter eingefüllt.

3 Der Hahn wird langsam geöffnet und die Zeit gestoppt, bis die Flüssigkeit durchgelaufen ist.
Danach wird der Trichter gereinigt und der Versuch mit den anderen beiden Stoffproben wiederholt.

4 Fertige ein Protokoll zum Versuch an.

5 Vergleiche die Viskosität von Lampenöl, Waschbenzin und Motoröl.

Material D

Richtig oder falsch?

Die Van-der-Waals-Kräfte haben Einfluss auf die Eigenschaften der Alkane.

1 In Bild 4 sind einige Aussagen über Van-der-Waals-Kräfte aufgeführt.
☒ Entscheide, welche der Aussagen richtig und welche falsch sind. Schreibe die richtigen Aussagen in dein Heft.

Van-der-Waals-Kräfte haben etwas mit elektrostatischer Anziehung zu tun.

Je länger die Kettenlänge der Alkane, desto stärker sind die Van-der-Waals-Kräfte.

Van-der-Waals-Kräfte haben ihre Ursache im Magnetismus.

Die Van-der-Waals-Kräfte sind die Ursache dafür, dass die Siedepunkte der Alkane mit der Kettenlänge steigen.

Van-der-Waals-Kräfte sind stärker als Dipolkräfte.

4

Material E

Entflammbarkeit

Alkane lassen sich unterschiedlich leicht entflammen. Dies kannst du im Experiment erfahren.

Materialliste: festes Paraffin, n-Heptan, n-Nonan, Paraffinöl, Wasser, Becherglas, Gasbrenner, Holzspan, 4 Porzellanschalen, Spatel, Tiegelzange, 3 Tropfpipetten

1 Gib von den flüssigen Alkanen jeweils 2 ml in je eine Porzellanschale. Gib ein linsengroßes Stück vom festen Paraffin in eine weitere Porzellanschale.

2 Versuche, die Proben mithilfe des brennenden Holzspans zu entzünden. Dokumentiere, welche Proben sich entzünden lassen und bei welcher es am leichtesten geht.

3 Mit den Proben, die sich nicht entzünden ließen, machst du Folgendes: Halte die Porzellanschalen mit der Tiegelzange in ein Becherglas mit heißem Wasser. Gib acht, dass kein Wasser in die Porzellanschale gelangt. Versuche anschließend, die Proben erneut mit dem brennenden Holzspan zu entzünden. Gibt es eine Probe, die sich immer noch nicht entzünden lässt?

5 Flammenvergleich von Methan, Paraffin und Wundbenzin

4 Erhitze die Porzellanschale mit der Probe, die sich noch nicht entzünden ließ, in der Brennerflamme. Versuche sie anschließend erneut mit dem Holzspan zu entzünden.

5 ☒ Setze folgenden Satz fort: „Je länger die Kette des Alkans, desto ..."

Verzweigte Ketten

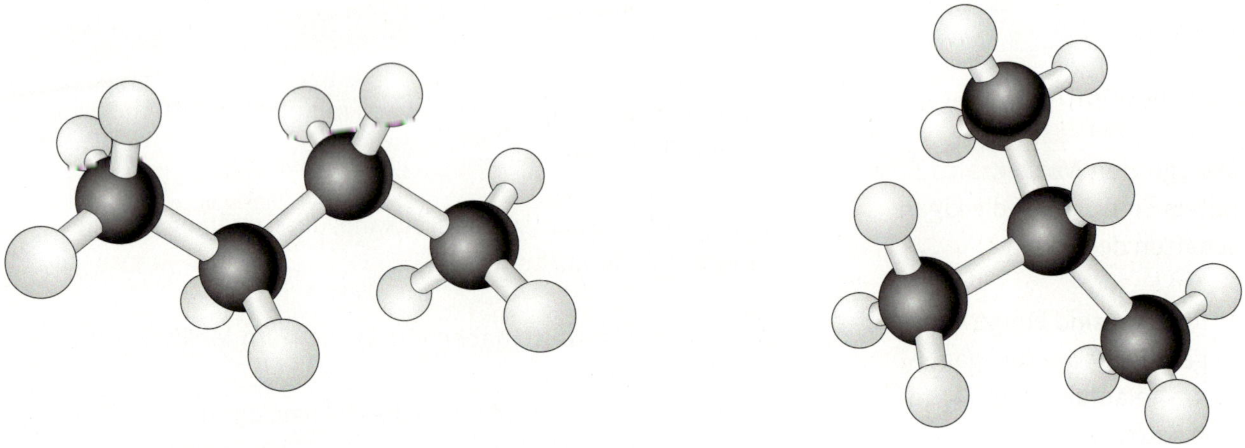

1 Zweimal Butan und doch nicht gleich?

Butan hat die Formel C_4H_{10}. Aber wenn man ein Molekül mit dieser Formel erstellen will, gibt es plötzlich zwei Möglichkeiten.

Isomerie • Für Butan lassen sich zweierlei Strukturen zeichnen. Die Summenformel ist aber für beide Moleküle gleich. → 1

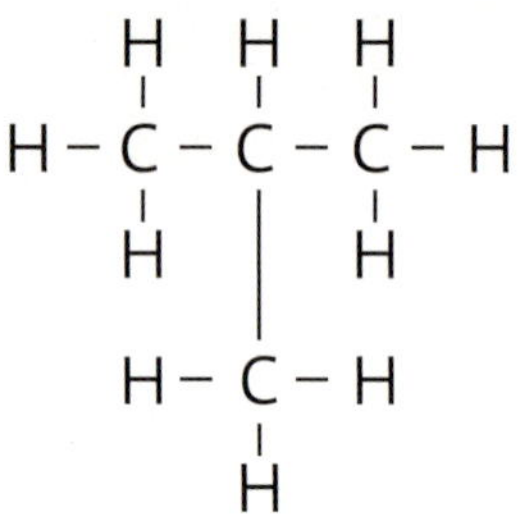

2 Isobutan

Beide Moleküle bestehen aus vier Kohlenstoff- und zehn Wasserstoff-Atomen, aber der Aufbau und die Stoffeigenschaften sind verschieden. Zum Beispiel sind die Schmelz- und Siedetemperaturen nicht genau gleich. Dies nennt man Isomerie. Beide Moleküle sind Isomere des Butans.

Verbindungen, die die gleiche Formel, aber eine unterschiedliche Struktur haben, nennt man Isomere.

Nomenklatur • Um die Moleküle trotzdem unterscheiden zu können, benennt man sie unterschiedlich. Dazu gibt es bestimmte Regeln:

Wenn die Kohlenstoff-Atome des Moleküls eine unverzweigte Kette bilden, spricht man von einem n-Kohlenwasserstoff, zum Beispiel von n-Butan. Das n steht für normal bzw. für unverzweigt: Es gibt nur eine Kohlenstoffkette.

Das verzweigte Butan heißt i-Butan oder Isobutan → 2. Das i bedeutet, dass es sich um einen verzweigten Kohlenwasserstoff handelt, ein Isomer des n-Butans.

Die systematische Benennung der Kohlenwasserstoffe nennt man Nomenklatur.

Als Nomenklatur bezeichnet man die systematische Benennung der Kohlenwasserstoffe.

Aufgaben

1 Erkläre den Begriff Isomerie.

2 Benenne und zeichne zwei Isomere von Pentan.

die Isomerie
die Nomenklatur

Methode

Kohlenwasserstoffe benennen

1. Nur das Kohlenstoffgerüst beachten. Die längste Kohlenstoffkette im Molekül suchen. Achtung: Sie kann auch um die Ecke gehen! Die Anzahl der C-Atome bestimmt den Namen des Stoffs und bildet den Stammnamen.

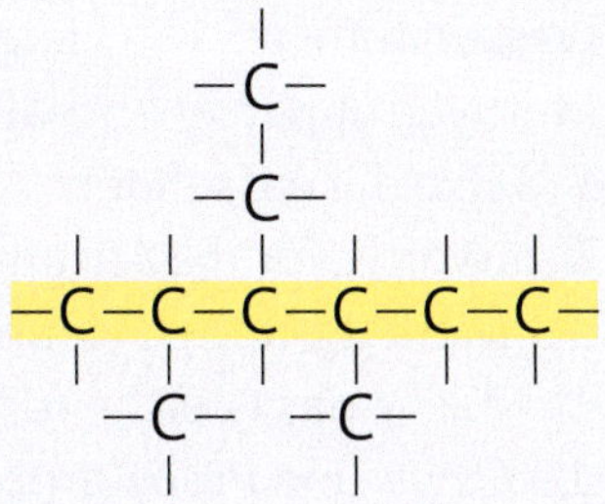

Am Beispiel:
Die längste Kette hat 6 C-Atome:
→ Hexan

2. Die Seitenketten benennen. Die Anzahl der C-Atome bestimmt den Namen der Seitenkette. Seitenketten erhalten die Endung -yl.
Die Seitenketten alphabetisch ordnen.

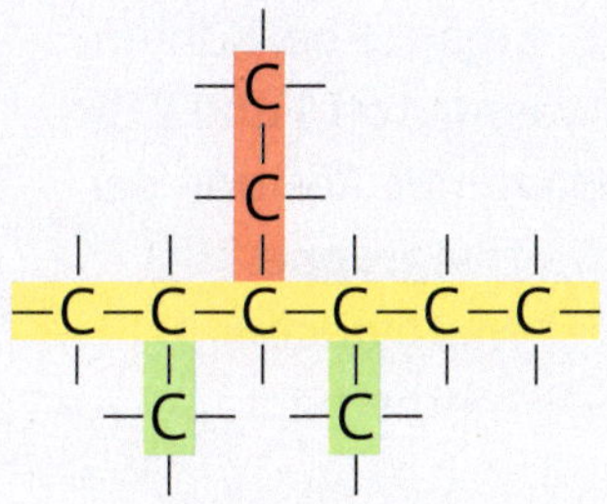

Es gibt zwei Arten von Seitenketten, die an die Hauptkette geknüpft sind:
→ Ethyl-methylhexan
(Ethyl leitet sich von Ethan ab, Methyl von Methan.)

3. Die Anzahl der Seitenketten bestimmen und mit den griechischen Zahlwörtern Di-, Tri-, Tetra- oder Penta- kennzeichnen. Die Bezeichnung der Seitenketten dem Stammnamen voranstellen.

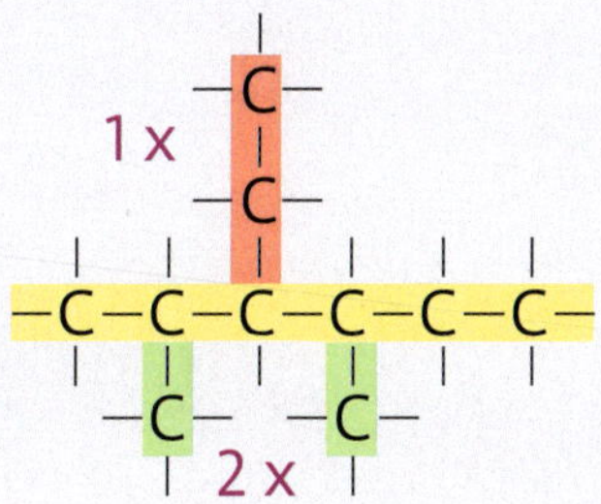

Es gibt eine Ethyl- und zwei Methylgruppen:
→ Ethyl-dimethylhexan

4. Die Hauptkette nummerieren. Die Verknüpfungsstellen der Seitenketten mit der Hauptkette mit Ziffern angeben.
Wenn es mehrere Möglichkeiten der Bezifferung gibt (z. B. indem man von links oder von rechts zählt), nimmt man die kleineren Ziffern.

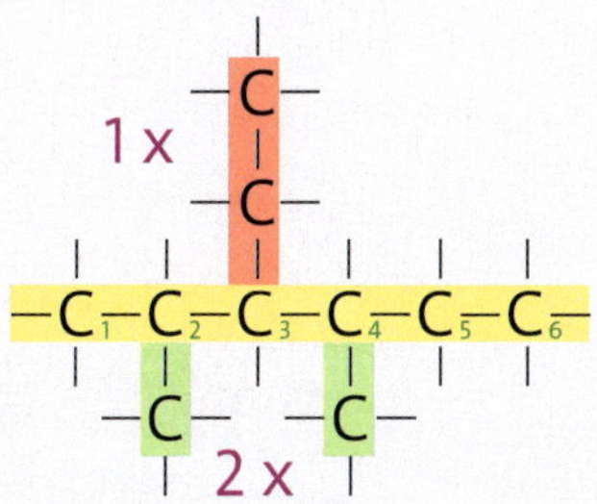

Der komplette Name lautet:
3-Ethyl-2,4-dimethylhexan

Verzweigte Ketten

Material A

Benennen – leicht gemacht

Hier kannst du die Benennung von Kohlenwasserstoffen und die Identifizierung von Isomeren üben.

1 Ordne die passenden Stammnamen den Kohlenwasserstoffen 1–6 zu: → 1

Pentan, Heptan, Octan, Nonan

Schreibe die Zuordnungen in dein Heft.

2 Seitenketten.

a Gib für jeden der Kohlenwasserstoffe an, wie viele Methylgruppen er enthält.

b Setze die passenden Zahlwörter für die Anzahl der Methylgruppen voran.

c Mache das Gleiche für die Ethyl- und Propylgruppen.

3 Ergänze bei Kohlenwasserstoff 1 und 2 die passende Position der Methylgruppe:

- ?-Methyloctan
- ?-Methylheptan

4 Ordne den Kohlenwasserstoffen 3–6 die folgenden Namen zu:

- 2,2,4-Trimethylpentan
- 3,6-Diethyl-2,4,4,6-tetramethyloctan
- 4-Methyl-5-Propylnonan
- 4-Ethyl-2,4,8-Trimethylnonan

5 Isomere:

a Gib an, bei welchen der in Bild 1 dargestellten Kohlenwasserstoffe es sich um Isomere handelt.

b Gib die Summenformel der Isomere an.

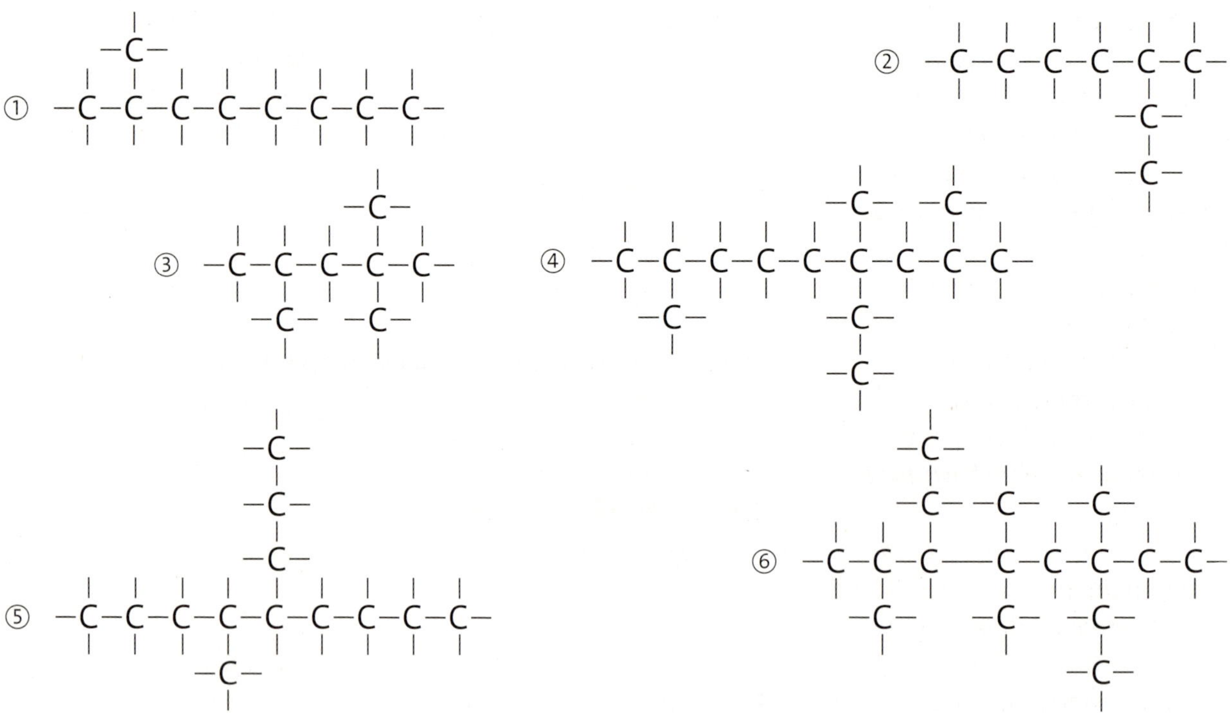

1 Verzweigte Kohlenwasserstoffe

Material B

Isomere oder nicht?

Isomere kann man sehr gut mit dem Molekülbaukasten darstellen.

1 Baue 3-Ethylhexan. Gib an, von welchem n-Alkan es ein Isomer ist.

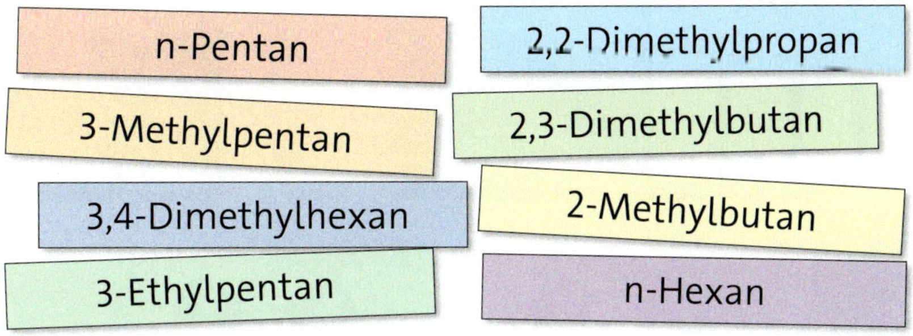

2 Isomere oder „Einzelgänger“?

2 Baue alle möglichen Isomere des Heptans. Wie viele gibt es?

3 In Bild 2 sind acht Alkane genannt. Nenne diejenigen, die isomer zueinander sind.

4 Richtig oder falsch? 3,4-Dimethylheptan ist ein Nonan-Isomer. Begründe.

Material C

Moleküle systematisch zeichnen und benennen

Gehe beim Zeichnen und beim Benennen der Kohlenwasserstoffe gemäß den Regeln auf der vorherigen Seite vor.

1 Zeichne die Strukturen folgender Moleküle:
- 2-Methylpentan
- 2,2,4-Trimethylhexan
- 3-Ethyl-2-Methylpentan
- 3-Ethyl-2,2-Dimethylpentan
- n-Nonan

2 Benenne die in Bild 3 dargestellten Moleküle.

3 Noah und Lisa streiten sich über das Molekül in Bild 4.

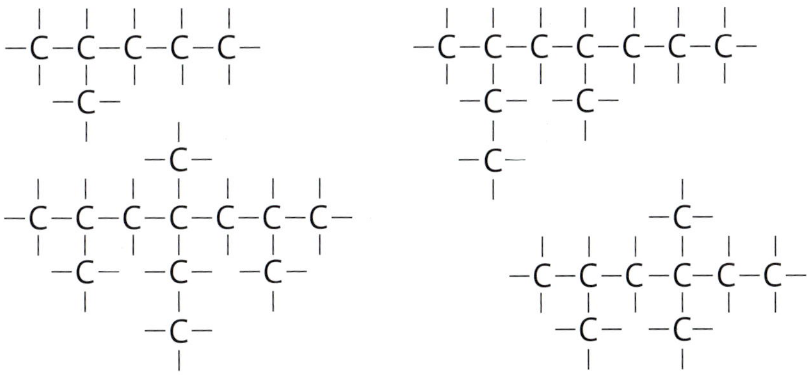

3 Die Struktur ist klar. Wie aber lautet der Name?

Noah ist sich sicher, dass es 3-Ethylbutan heißt. Lisa dagegen meint, der Name sei 3-Methylpentan. Wer hat recht? Begründe.

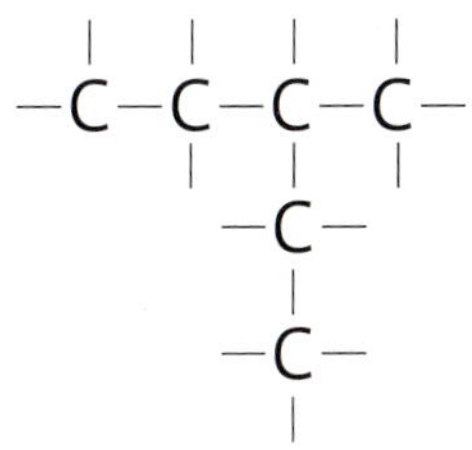

4 Noahs Molekül

4 Zeichne ein verzweigtes Alkan und versuche es eindeutig zu benennen.

Doppelt und dreifach gebunden

1 Ethan, Ethen und Ethin – wichtige Grundstoffe der chemischen Industrie

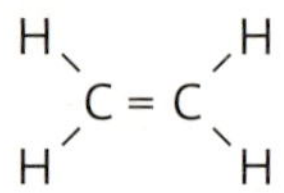

2 Ethen in Lewis-Schreibweise

H—C≡C—H

3 Ethin in Lewis-Schreibweise

4 Grüne Bananen werden mit Ethen reif.

Die Alkane haben nur Einfachbindungen. Es gibt aber auch Kohlenwasserstoffe mit Doppel- und Dreifachbindungen zwischen den Kohlenstoff-Atomen.

Alkene • Kohlenwasserstoffe mit einer doppelten Elektronenpaarbindung nennt man Alkene. Ihre Namen leiten sich von den Alkanen mit der Endsilbe -en ab. In der Lewis-Schreibweise wird die Doppelbindung mit einem doppelten Strich dargestellt. → 2
Wegen der Doppelbindung besitzen Alkene grundsätzlich zwei Wasserstoff-Atome weniger als die entsprechenden Alkane.

Alkine • Ein Kohlenstoff-Atom kann sogar bis zu drei Elektronenpaarbindungen zu einem anderen Kohlenstoff-Atom eingehen. → 3 Wenn eine C≡C-Dreifachbindung vorhanden ist, spricht man von einem Alkin. Die Namen der Alkine leiten sich ebenfalls von den Alkanen ab, allerdings mit der Endsilbe -in. Ihnen fehlen vier Wasserstoff-Atome im Vergleich zum Alkan.

Ungesättigt • Die Alkane bezeichnet man als gesättigt. Die Alkene und Alkine dagegen nennt man ungesättigt, da sich an die Doppel- bzw. Dreifachbindung noch weitere Atome, z. B. Wasserstoff-Atome, anlagern können.

Kohlenwasserstoffe, die eine Doppel- bzw. Dreifachbindung aufweisen, nennt man Alkene bzw. Alkine.

Aufgaben

1 Beschreibe die Unterschiede zwischen Alkanen, Alkenen und Alkinen.

2 Nenne den Namen des Stoffs mit der Formel C_4H_6.

3 Erkläre den Unterschied zwischen gesättigten und ungesättigten Kohlenwasserstoffen.

das Alken
das Alkin
gesättigt
ungesättigt

Material A

Homologe Reihen

Auch die Alkene und Alkine bilden homologe Reihen.

1 Fertige eine Tabelle bis Decen/Decin für die Alkine und Alkene an. Nimm Bild 5 zu Hilfe.

2 Begründe, warum es die Stoffe Methen und Methin nicht gibt.

3 Recherchiere die Siedetemperaturen der ersten vier Alkene bzw. Alkine. Was fällt dir auf? Beschreibe.

Name	Summenformel	Strukturformel
Ethen	C_2H_4	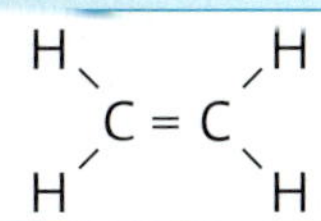
Propen	...	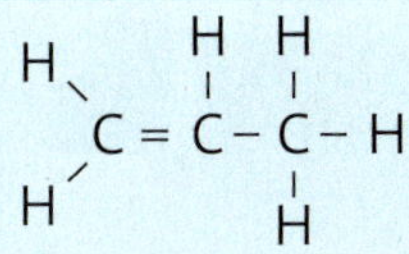
...	...	...

5 Homologe Reihe der Alkene

4 Für die Alkane gilt die allgemeine Formel C_nH_{2n+2}. Finde die allgemeine Formel für die Alkene und für die Alkine. Wähle zwei eigene Beispielstoffe und gib die Formeln an.

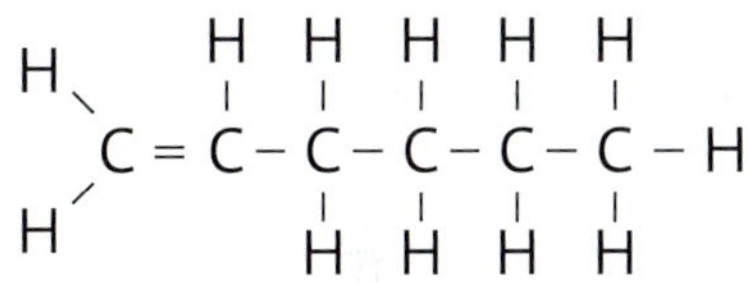

6 Struktur von Hexen

Material B

Moleküle darstellen

So viele Kohlenwasserstoffe – da kommt es darauf an, den Überblick zu bewahren.

1 Zeichne Ethan, Ethen und Ethin in Lewis-Schreibweise und vergleiche die Moleküle miteinander.

2 Zeichne das Alken Buten. Was fällt dir auf?

3 Zeichne Hepten. Wie viele Möglichkeiten gibt es?

4 Baue mithilfe eines Molekülbaukastens nacheinander folgende Kohlenwasserstoffe: Methan, Octen, Butin.

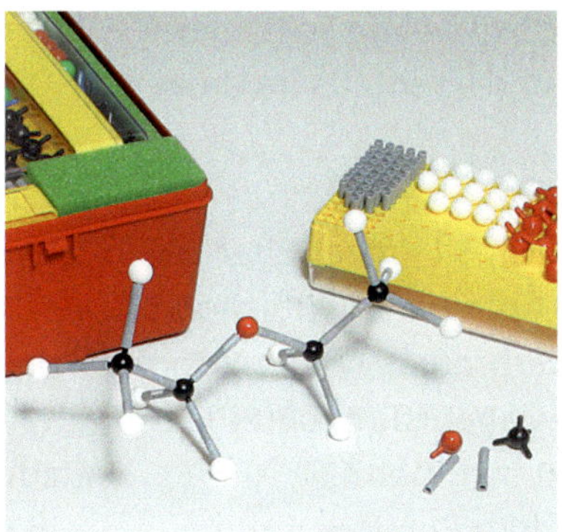

7 Molekülbaukasten

5 Baue das Molekül Octan. Lass das Molekül nun in zwei kurzkettige Moleküle zerfallen. Welche Möglichkeiten findest du?

6 Benenne den abgebildeten Kohlenwasserstoff. → 8

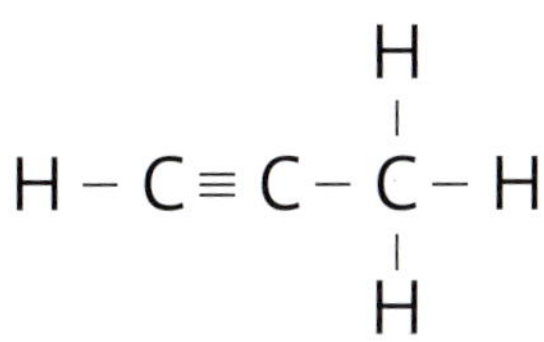

8 Wie lautet der Name dieses Kohlenwasserstoffs?

Erdöl – zu schade zum Verbrennen

1 Benzin – ein Produkt aus Erdöl

An Tankstellen gibt es verschiedene Treibstoffe. Alle werden aus Erdöl hergestellt.

Zusammensetzung • Je nachdem, wo auf der Welt das Erdöl gefördert wird, ist es anders zusammengesetzt. Es ist jedoch immer ein Gemisch verschiedener Kohlenwasserstoffe: Kurzkettige, langkettige und verzweigte Moleküle sowie Cycloverbindungen sind in unterschiedlichen Mengen darin vorhanden. Andere Stoffe wie Schwefelverbindungen sind ebenfalls im Erdöl zu finden.

Energieträger • Mit 34 Prozent hat Erdöl den größten Anteil am deutschen Primärenergieverbrauch. An der Stromerzeugung ist es aber kaum beteiligt. Wie passt das zusammen?
Erdöl ist in anderen Bereichen kaum zu ersetzen. Als Heizöl und vor allem als Treibstoff für Autos, Flugzeuge und Schiffe sind Erdölprodukte vorerst noch ziemlich unverzichtbar. Der größte Teil des Erdöls wird für diese Zwecke verbrannt.

Rohstoff • Erdöl ist aber nicht nur ein Brennstoff. Es dient auch als Rohstoff für viele Alltagsprodukte: Kunststoffe, Lacke, Farben, Klebstoffe und auch viele Kosmetika, Medikamente und Kleidungsstoffe werden aus Erdöl hergestellt. → 2

Gibt es genug Erdöl? • Die Erdölreserven sind begrenzt. Schätzungen, wie lange die Vorräte noch reichen, sind schwierig. Denn der Verbrauch und das Auffinden neuer Reserven sind kaum vorhersagbar. Man geht aber zurzeit davon aus, dass die Reserven in ca. 50 Jahren aufgebraucht sein könnten.

2 Erdölprodukte

das Erdöl
der Katalysator

Verbrennung von Erdölprodukten • Bei der Verbrennung von Erdölprodukten handelt es sich um exotherme Reaktionen. Dabei entstehen immer Wasser und das klimaschädliche Gas Kohlenstoffdioxid. Es entstehen auch noch weitere Produkte, da die Verbrennung der Kraftstoffe nie komplett abläuft. Das giftige Kohlenstoffmonooxid und andere giftige Gase sind die bedeutendsten Schadstoffe. Seit Mitte der 1980er-Jahre werden Kraftfahrzeuge mit Katalysatoren ausgerüstet. → 3 Diese sorgen dafür, dass über den Auspuff des Autos nahezu nur noch Kohlenstoffdioxid und Wasser an die Umgebung abgegeben werden. Das Entstehen des Treibhausgases Kohlenstoffdioxid können die Katalysatoren jedoch nicht verhindern.

Was ist ein Katalysator? • Katalysatoren sind Stoffe, die chemische Reaktionen ablaufen lassen, die ohne die Anwesenheit des Katalysators nicht ablaufen würden. Dies gelingt, indem sie die für die Reaktion notwendige Aktivierungsenergie herabsetzen. Die Katalysatoren liegen nach der Reaktion genauso vor wie vor der Reaktion. Das bedeutet, dass sie nicht ersetzt oder erneuert werden müssen. Bei Autokatalysatoren werden flüssige Edelmetallmischungen, die sogenannten Wash-Coats, auf Trägerkörper aufgebracht. Diese Trägerkörper sind wabenartig aufgebaut, damit die Oberfläche möglichst groß ist. Dadurch kommen die Abgase mit dem Katalysator gut in Kontakt.

3 Katalysatoren zur Abgasreinigung

4 Erdölablagerung am Strand

Schäden durch Erdöl • Gelangt Erdöl durch Unfälle in die Umwelt, so kann dies extreme Schädigungen für das betroffene Ökosystem bedeuten. → 4 Beispielsweise verklebt Erdöl das Gefieder von Vögeln und zerstört die isolierende Wirkung der Federn.

Erdöl ist ein bedeutender Energieträger und Rohstoff für viele Produkte. Bei der Verbrennung entsteht das klimaschädliche Kohlenstoffdioxid.

Aufgaben

1 Nenne Verwendungsmöglichkeiten des Rohstoffs Erdöl.

2 Stelle dir einen Tag ohne Erdölprodukte vor. Berichte, worauf du alles verzichten müsstest.

3 Erkläre, was ein Katalysator ist.

Erdöl – zu schade zum Verbrennen

Material A

Erdöl kann die Umwelt verschmutzen

Wenn es beim Transport von Erdöl einen Unfall gibt, kann der wertvolle Rohstoff in die Umwelt gelangen und schwere Schäden verursachen.

Materialliste: 2 Blumentöpfe mit Erde, großes Becherglas, Kressesamen, Vogelfeder, pflanzliches Kettensäge-Öl, Tropfpipette

1 Wie stark verschmutzt Öl das Wasser? Befülle dazu ein großes Becherglas mit 1 Liter Wasser. Gib nun mit der Tropfpipette tropfenweise Öl hinzu. Rühre nach jedem Tropfen um und rieche an dem Becherglas.

a ◩ Nach wie vielen Tropfen kannst du das Öl riechen?

b ⊠ 1 Tropfen Öl entspricht einem Volumen von ungefähr 1 ml. Es gibt Supertanker, die bis zu 650 Millionen Liter Rohöl aufnehmen können. Rechne hoch, wie viel Liter Wasser ein solcher Tanker im Fall eines Unglücks verseuchen würde.

2 Wie wirkt sich Öl auf Seevögel aus? Befülle dazu ein Becherglas mit Wasser. Gieße nun etwas Öl darauf, sodass sich eine dünne Schicht des Öls auf dem Wasser bildet. Tauche dann eine Vogelfeder zur Hälfte in das Becherglas.

a ◩ Vergleiche und beschreibe die beiden Hälften der Vogelfeder.

b ⊠ Verwende deine Beobachtungen, um die Auswirkungen eines Tankerunglücks auf die Seevögel zu beschreiben.

3 Wie wirkt sich Öl auf den Boden aus? Befülle dazu zwei kleine Blumentöpfe mit Erde. Gib in den ersten 20 ml Wasser und einige Kressesamen. In den zweiten gibst du ebenfalls Kressesamen, aber anstelle des Wassers 20 ml Öl. Vergiss nicht, die Töpfe zu beschriften. Befeuchte die beiden Töpfe in den kommenden sieben Tagen regelmäßig mit Wasser.

a ◩ Erstelle ein Beobachtungstagebuch, bei dem du an jedem Tag deine Beobachtungen notierst.

b ⊠ Stelle dir vor, es gibt einen Riss in einer Pipeline und große Mengen Öl treten aus. Beschreibe die Auswirkungen auf das betroffene Gebiet.

1 Rayong Beach, Thailand, am 31. Juli 2013

2 Nach einem Ölunfall in den Niederlanden

Material B

Katalysatoren

Stoffe, die die Aktivierungsenergie herabsetzen, nennt man Katalysatoren. Sie werden durch die Reaktion nicht verändert. In der chemischen Industrie werden über 80 Prozent aller Erzeugnisse mithilfe von Katalysatoren hergestellt. In Automobilen wird seit 1986 auch Platin als Katalysator eingesetzt. Der Katalysator sitzt zwischen Motor und Auspuff und lässt Abgase zu etwas weniger schädlichen Stoffen reagieren.

1 ◩ Bild 3 zeigt ein Energiediagramm mit und ohne Katalysator. Erkläre die Wirkung eines Katalysators mithilfe des Energiediagramms. → 3

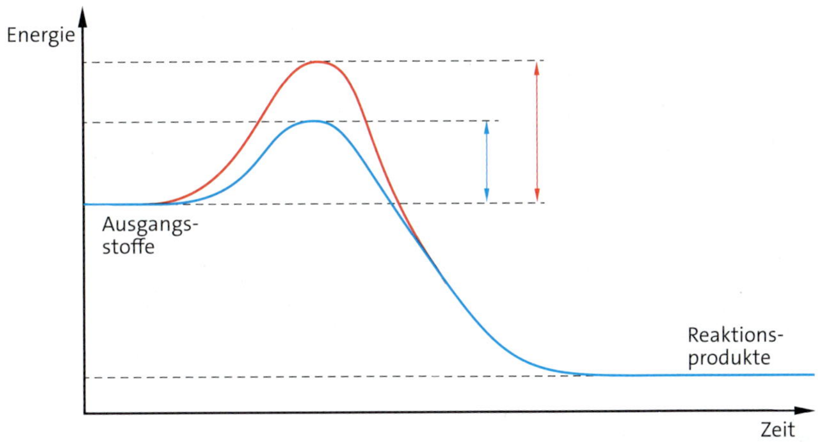

3 Energiediagramm mit und ohne Katalysator

Material C

Wo stehen wir?

Bild 4 zeigt die Entwicklung des Primärenergieverbrauchs in Deutschland.

1 ⊠ Nenne 10 Fakten, die du aus dem Diagramm entnehmen kannst.

2 ⊠ Zeichne das Diagramm für die Zeit bis 2030, wie du es dir wünschst. Nenne Maßnahmen zur Realisierung.

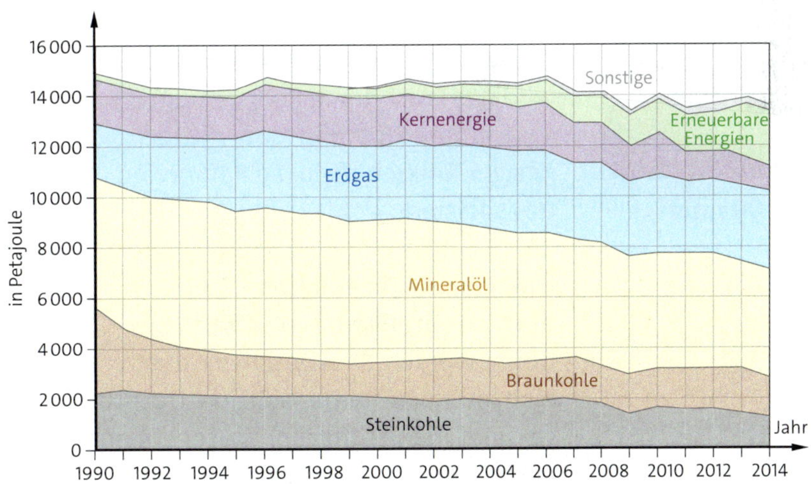

4 Primärenergieverbrauch Deutschlands 1993–2013

Aufbereitung von Erdöl

1 Raffinerien sind riesige Anlagen zur Erdölaufbereitung.

2 Öltanker

Erdöl ist ein Stoffgemisch aus verschiedenen Kohlenwasserstoffverbindungen. Um es zu verwenden, muss es in Fabriken, sogenannten Raffinerien, aufgearbeitet werden. Wie gelangt das Erdöl in diese Raffinerien und was wird dort gemacht?

Transport • Von den Förderstätten wird das Erdöl durch Rohrleitungen, sogenannte Pipelines, oder mittels riesiger Tankschiffe in die Raffinerien transportiert. → 2 3

Fraktionierte Destillation • Zunächst muss das Stoffgemisch Erdöl aufgetrennt werden. Dies geschieht durch eine fraktionierte Destillation. Dabei gewinnt man Stoffgruppen, sogenannte Fraktionen, die als Gemeinsamkeit einen ähnlichen Siedepunkt aufweisen. Dadurch erhält man zum Beispiel Kerosin, Benzin oder Schmieröle.

Cracken • Bei der fraktionierten Destillation erhält man je nach Herkunft des Erdöls unterschiedliche Mengen der verschiedenen Fraktionen. Dabei hat man zu viele langkettige Schmieröle und zu wenige kurzkettige Kohlenwasserstoffe der Benzinfraktion. Doch gerade diese werden von der Wirtschaft stark nachgefragt. Beim Cracken werden langkettige Kohlenwasserstoffe in kürzere Ketten gespalten. Dazu werden die Stoffe unter Anwesenheit von Katalysatoren erhitzt. Dadurch erhält man zum Beispiel mehr vom gewünschten Benzin.

In Raffinerien wird das Erdöl aufgearbeitet. Fraktionierte Destillation und Cracken sind dabei Verarbeitungsschritte.

3 Pipeline

Aufgaben

1 Nenne zwei Transportmöglichkeiten für Erdöl.

2 Gib an, wozu die fraktionierte Destillation dient. Erkläre, was man dabei unter Fraktionen versteht.

3 Hat die kurzkettige Benzinfraktion oder die langkettige Schmierölfraktion einen höheren Siedepunkt? Begründe.

die Raffinerie
die Pipeline
die fraktionierte Destillation
das Cracken

Material A

Fraktionierte Destillation

1 Betrachte Bild 5. Nenne einige Verwendungsmöglichkeiten für verschiedene Stoffgruppen, die bei der fraktionierten Destillation gewonnen werden.

2 Schreibe den Text zur fraktionierten Destillation in dein Heft. → 4 Setze in die Lücken (A)–(J) die richtigen Begriffe bzw. Temperaturwerte ein.

3 Ist Benzin ein Reinstoff? Begründe deine Antwort.

Fraktionierte Destillation

Bei diesem Verfahren wird das **(A)** zunächst auf ca. 400 °C erhitzt. Dies geschieht in einem **(B)**. Daraufhin siedet ein großer Teil des Erdöls. Die Kohlenwasserstoffdämpfe steigen im Destillationsturm auf und **(C)** dabei ab. Je nach **(D)** kondensieren sie an den verschiedenen Glockenböden. Hierbei erhält man unter anderem Benzine im Siedebereich von **(E)** oder Gasöl im Siedebereich von **(F)**.

Der Rückstand, der nicht siedet, wird in einen weiteren Röhrenofen geleitet und nochmals **(G)**. Diese Erdölanteile kommen zur Vakuumdestillation. Unter stark vermindertem Druck sieden diese nun. Hier gewinnt man nach dem Kondensieren zum Beispiel **(H)** oder **(I)**. Als fester Rückstand bleibt **(J)**. Dieser Anteil findet im Straßenbau Verwendung.

4

Bitumen, Erdöl, erhitzt, kühlen, Röhrenofen, Siedepunkt, leichtes Schmieröl, schweres Schmieröl, 30–180 °C, 250–350 °C

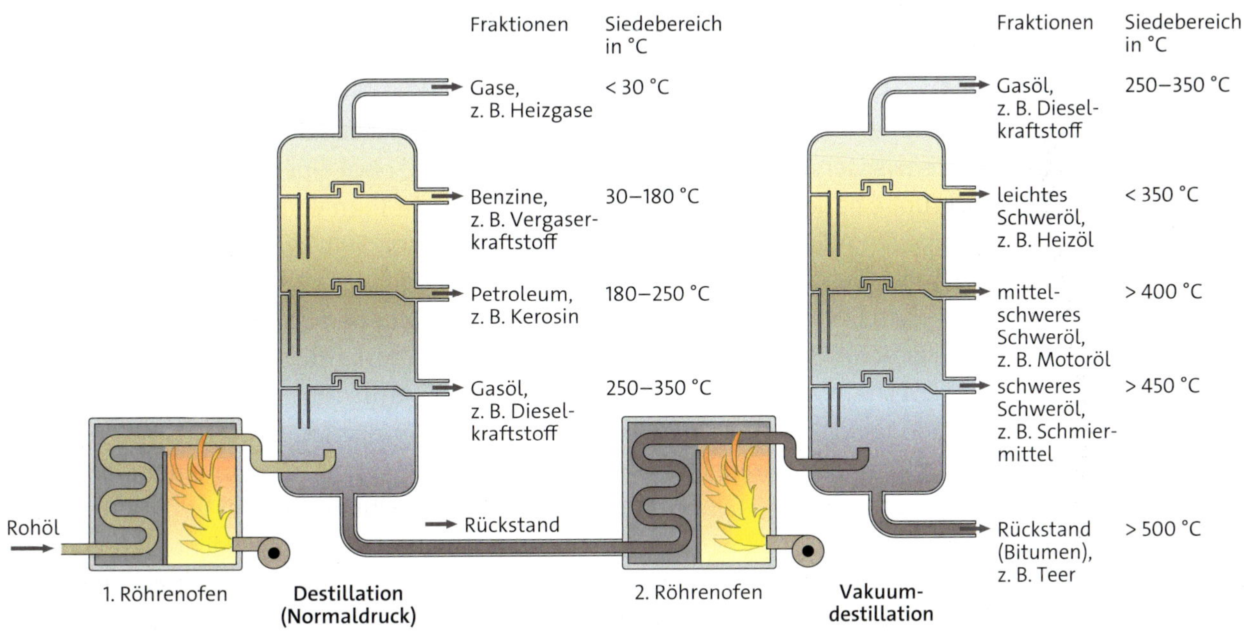

5 Anlage zur fraktionierten Destillation (Schema)

Was ist Alkohol?

1 Alkohol im Alltag – Alkohol im Labor

Im Alltag ist mit „Alkohol" meist der Trinkalkohol gemeint, der in Bier oder Wein enthalten ist. In der Chemie ist mit „Alkoholen" eine besondere Gruppe von Kohlenwasserstoffen gemeint.

Funktionelle Gruppen • In Kohlenwasserstoffen kann ein Wasserstoff-Atom durch andere Atome oder Atomgruppen ersetzt sein, z. B. durch eine Hydroxylgruppe. → 2
Kohlenwasserstoffe, die eine Hydroxylgruppe haben, gehören zur Stoffgruppe der Alkohole, oft auch Alkanole genannt. Die Hydroxylgruppe kann man auch OH-Gruppe nennen. Sie bestimmt die Eigenschaften des Alkohols. Deshalb wird sie als funktionelle Gruppe bezeichnet. Ein Alkoholmolekül kann auch mehrere Hydroxylgruppen besitzen.

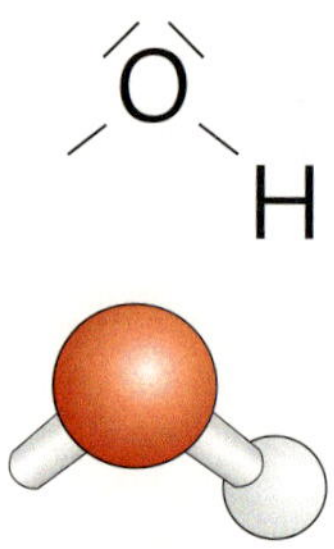

2 Hydroxylgruppe

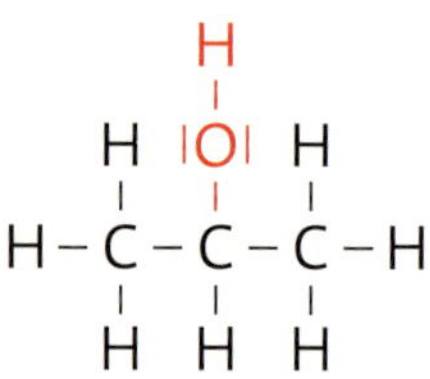

3 Ein sekundärer Alkohol

Stoffe, die als funktionelle Gruppe eine oder mehrere Hydroxylgruppen haben, nennt man Alkohole.

Alkanole • Die Namen der Alkanole leiten sich von den entsprechenden Alkanen mit der Endsilbe -ol ab. Butanol ist also ein Alkohol mit vier Kohlenstoff-Atomen.
Der Trinkalkohol ist Ethanol. Seine Formel lautet C_2H_5OH. Die Hydroxylgruppe steht am Ende der Formel, damit sie gut erkennbar ist. Alkohole bilden ebenfalls eine homologe Reihe.

Wertigkeit und Klassifizierung • Wenn ein Alkohol eine OH-Gruppe hat, spricht man von einem einwertigen Alkohol. Sind zwei OH-Gruppen vorhanden, ist er zweiwertig, bei drei OH-Gruppen dreiwertig usw.
Außerdem muss man sich das Kohlenstoff-Atom anschauen, an das die OH-Gruppe gebunden ist. Wenn dieses Kohlenstoff-Atom nur einen Kohlenstoffnachbarn hat, ist es ein primärer Alkohol. Wenn es zwei Kohlenstoffnachbarn besitzt, spricht man von einem sekundären, bei drei Nachbarn von einem tertiären Alkohol. → 3

die funktionelle Gruppe
die Hydroxylgruppe
das Alkanol
hydrophil
lipophil

Löslichkeit von Ethanol • Alkohole sind vielseitige Lösungsmittel. Während Alkane sich nicht in Wasser, aber hervorragend in Öl lösen, stellt man bei Ethanol fest, dass es sich in beidem gut löst.

Das liegt am Molekülbau: Die Hydroxylgruppe ist hydrophil („wasserliebend") und der Alkanrest C 2H 5– ist lipophil („fettliebend"). → 4

Um zu entscheiden, ob ein Stoff hydrophil oder lipophil ist, müssen die Bindungen betrachtet werden. Stark polare Bindungen sind hydrophil, da sie den Bindungen im Wassermolekül ähnlich sind. Unpolare Bindungen sind dagegen lipophil.

Allgemein gilt also: Wenn sich die Bindungen in Flüssigkeiten ähnlich sind (beide polar bzw. beide unpolar), lösen sich die beiden Flüssigkeiten. Wenn sie unterschiedlich polar sind, lösen sie sich nicht.

Ähnliche Flüssigkeiten lösen sich ineinander: „Gleiches löst sich in Gleichem gern."

Siedetemperatur • Ethanol siedet bei 78 °C. Das entsprechende Alkan, nämlich Ethan, siedet schon viel früher, bei −89 °C.

Dieser Unterschied kann nur an der funktionellen Gruppe liegen: Hydroxylgruppen sind durch Teilladungen am Sauerstoff-Atom und am Wasserstoff-Atom stark polar. Dadurch bilden sich – wie bei Wassermolekülen – zwischen den Ethanolmolekülen Wasserstoffbrücken aus. → 5

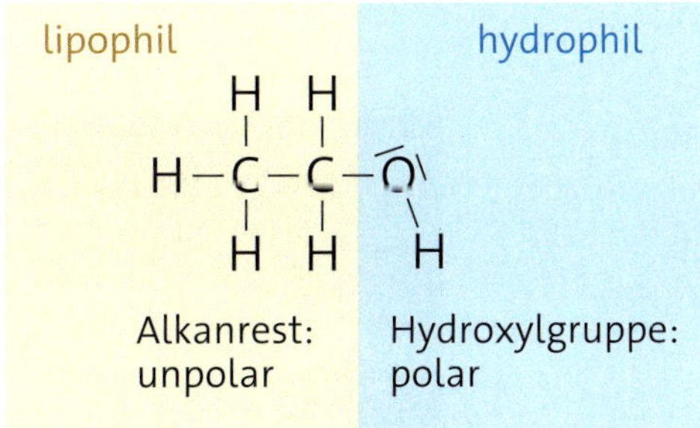

4 Löslichkeit von Ethanol

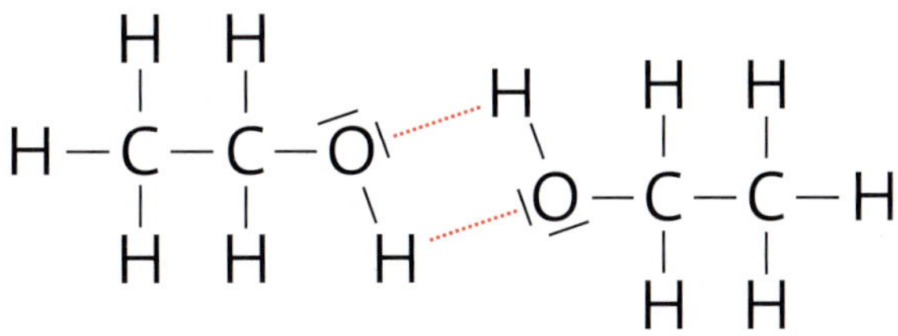

5 Wasserstoffbrücken im Ethanol

Diese halten die Moleküle zusammen. Daher siedet Ethanol nicht so einfach wie Ethan, in dem es nur die schwächeren Van-der-Waals-Kräfte gibt.

Funktionelle Gruppen bestimmen die Stoffeigenschaften, z. B. die Löslichkeit und die Siedetemperatur.

Aufgaben

1 Nenne mehrere Eigenschaften der Stoffgruppe Alkohole.

2 Erkläre, was eine funktionelle Gruppe ist.

3 Zeichne einen zweiwertigen und einen sekundären Alkohol. Worin liegen die Unterschiede?

Was ist Alkohol?

Material A

Ist Ethanol brennbar?

Um herauszufinden, ob Ethanol brennbar ist, führt man folgenden Versuch durch:

Materialliste: Ethanol (Gefahrensymbole: entzündbar, Ausrufezeichen), Porzellanschale, Streichhölzer, Tropfpipette, feuerfeste Unterlage, Holzspan

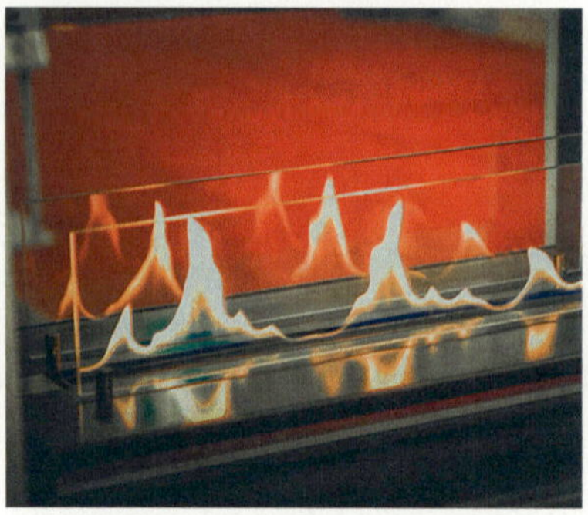

1 Ethanolkamin

2 Flambieren von Feigen

1 Stelle die Porzellanschale auf die Unterlage und gib mithilfe der Pipette ca. 5 Tropfen Ethanol in die Schale. Entzünde das Ethanol mit dem Holzspan und beobachte.

2 Kamine gibt es auch ohne Holz – nämlich die sogenannten Ethanolkamine. → 1
Erkläre die Funktionsweise dieser Kamine.

3 Brennenden Alkohol gibt es auch beim Flambieren von Speisen. → 2
Ist nach dem Flambieren noch Alkohol in der Speise? Erkläre.

Material B

Bestimmung der Siedetemperatur von Ethanol

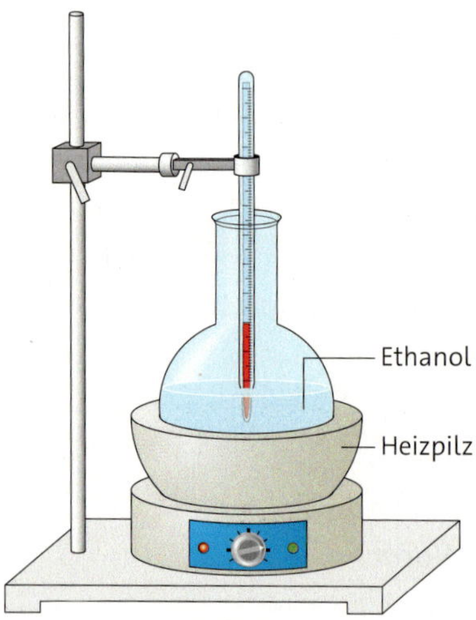

3 Versuchsaufbau

Materialliste: Ethanol (Gefahrensymbole: entzündbar, Ausrufezeichen), Rundkolben, Thermometer, Heizpilz, Stativ

Fülle ca. 100 ml Ethanol in den Rundkolben und befestige den Rundkolben am Stativ. Setze einen Heizpilz, den du ebenfalls am Stativ befestigst, darunter. Erhitze langsam, bis der Alkohol zu sieden beginnt. Miss die Temperatur mit dem Thermometer und notiere sie dir.

1 Erstelle ein Versuchsprotokoll.

2 Recherchiere mithilfe des Buchs den offiziellen Wert der Siedetemperatur von Ethanol und vergleiche ihn mit deinem Ergebnis.

3 Mit dem gleichen Versuchsaufbau kann man auch die Siedetemperatur von Wasser messen. Als Ergebnis erhält man allerdings einen Messwert von ca. 100 °C.
Versuche zu erklären, warum Wasser bei einer höheren Temperatur siedet als Ethanol.

Material C

Löslichkeit

Wenn man zwei Flüssigkeiten vermengt, mischen sie sich oder es bilden sich zwei getrennte Phasen. → 4

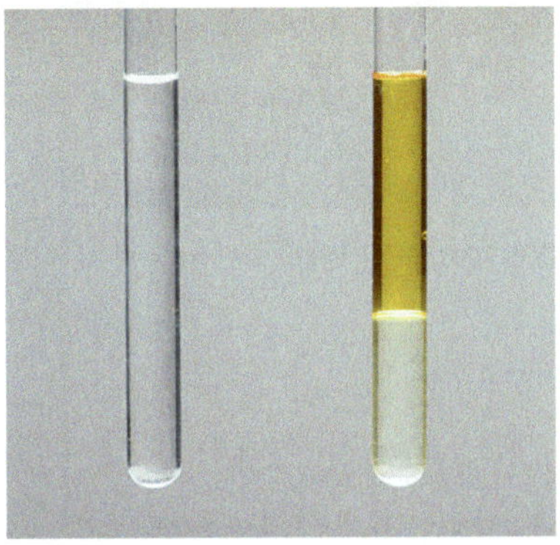

4 Mischung und Phasenbildung

Materialliste: Ethanol, Speiseöl, Wasser, 3 Reagenzgläser, 3 Stopfen, Reagenzglashalter, Pipette, Becherglas

1 Fülle (ohne Pipette!) in das erste Reagenzglas ca. 1 cm hoch Speiseöl ein. Gib genauso viel Wasser hinzu. Schüttle das Reagenzglas, indem du den Daumen auf den Stopfen hältst. Beobachte die Mischung. Gib in das zweite Reagenzglas 1 cm hoch Speiseöl und in das dritte 1 cm hoch Wasser. Füge jeweils mithilfe der Pipette die gleiche Menge Ethanol hinzu. Verschließe und schüttle.

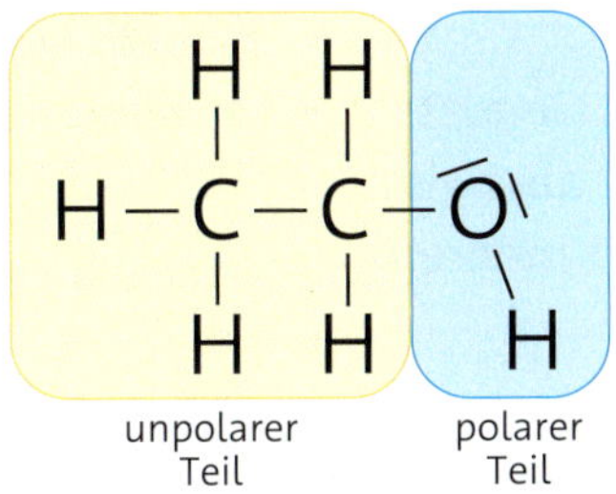

5 Ethanolmolekül

2 Notiere deine Versuchsbeobachtungen in einer Tabelle.

3 Erkläre das Lösungsverhalten von Ethanol in Wasser und in Öl.

Material D

Vorsicht vor Methanol

6 Methanol im Labor

1 Lies den Text. → 7

a Beschreibe, welche Gefahr von Methanol ausgeht.

b Erkläre, wie ein zu hoher Anteil von Methanol in Branntwein vermieden werden kann.

Das Ziel der alkoholischen Gärung ist die Entstehung von Ethanol. Dabei werden die Einfachzucker der Früchte zu Ethanol und Kohlenstoffdioxid abgebaut. In den Schalen der Früchte befinden sich auch sogenannte Pektine. Diese Pektine werden durch Enzyme abgebaut, wobei unter anderem Methanol entsteht. Methanol ist extrem giftig. Eine Menge von 5 bis 10 Millilitern führt bereits zur Erblindung und Gehirnschädigung. 20 Milliliter Methanol können schon tödlich sein. In gegorenen alkoholischen Getränken ist die Konzentration von Methanol so gering, dass eine gesundheitliche Gefährdung nicht besteht. Anders kann dies bei Branntweinen sein. Der Siedepunkt von Methanol (65 °C) ist ebenso wie der von Ethanol (78 °C) deutlich niedriger als der Siedepunkt von Wasser (100 °C). Bei nicht sorgfältiger Destillation kann es daher zu einem hohen Methanol-Anteil im Branntwein kommen, wodurch die Gefahr schwerer Vergiftungen besteht.

7

Was ist Alkohol?

Erweitern und Vertiefen

Alkohol ganz alltäglich?

Chemikalie und Genussmittel • Alkohol findet man in vielen Produkten, z. B. in Arzneimitteln, Parfüms und Putzmitteln. Am häufigsten begegnet er uns jedoch in alkoholischen Getränken. Wegen seiner berauschenden und teilweise auch entspannenden Wirkung wird er seit Jahrtausenden oft konsumiert. Die Auswirkungen auf den Körper werden dabei häufig übersehen.
In geringen Mengen gilt Alkohol als Genussmittel. In größeren Mengen wirkt er aber als Zellgift. Der Abbau im Körper dauert mehrere Stunden.

Auswirkungen • Kurzfristige Wirkungen von Alkohol, z. B. eine verringerte Sehfähigkeit, sind in Tabelle 2 dargestellt. Wie stark sich ein Schluck Alkohol auf den Promillegehalt im Blut auswirkt, ist bei jedem Menschen unterschiedlich. Dies hängt z. B. vom Körpergewicht und vom Geschlecht ab.
Wenn man oft Alkohol trinkt, kommt es zu langfristigen Wirkungen. Durch den Giftstoff werden Organe geschädigt, Gehirnzellen abgetötet und der Blutdruck erhöht, was zu einem Herzinfarkt führen kann.
Abhängigkeit ist eine weitere Gefahr. Da die Alkoholsucht ein schleichender Prozess ist, wird sie oft unterschätzt und nicht rechtzeitig bemerkt.
Alkoholabhängige sind meist zuerst psychisch abhängig. Probleme werden scheinbar durch den Alkohol gelöst. Dies führt zur körperlichen Abhängigkeit, in der ein Leben ohne Alkohol für den Abhängigen unmöglich erscheint.

1 Ohne Alkohol keine Stimmung?

Promille im Blut	Auswirkungen
0,2–0,5	Puls und Atmung beschleunigt, Blutgefäße erweitert, Wärmegefühl, verringerte Schmerzempfindung, Geschmackssinn und Sehfähigkeit etwas verringert
0,5–1,5	Selbstüberschätzung, schlechtere Muskelkoordination, eingeschränktes Reaktions- und Erinnerungsvermögen
1,5–3,0	Hemmungslosigkeit, geweitete Pupillen, rotes Gesicht, Übelkeit, Erbrechen
3,0–4,0	alle Sinne betäubt, völlige Orientierungslosigkeit
über 4,0	Gefahr von Koma, Atemstopp und Herzstillstand

2 Auswirkungen von Alkohol

Aufgaben

1 Nenne mögliche Ursachen für den hohen Alkoholkonsum in unserer Gesellschaft.

2 „Alkohol ist eine Droge." Nimm begründet Stellung zu dieser Aussage.

Erweitern und Vertiefen

Gewinnung von Alkohol

Gärung • Trinkalkohol (Ethanol) wird durch alkoholische Gärung hergestellt. Dabei reagieren zuckerhaltige Lösungen mithilfe von Hefe zu Ethanol und Kohlenstoffdioxid.

$$C_6H_{12}O_6 \rightarrow 2\,C_2H_5OH + 2\,CO_2$$

Traubenzucker → Ethanol + Kohlenstoffdioxid

Dies geschieht unter Sauerstoffabschluss. Wenn Sauerstoff vorhanden wäre, würde der Zucker – wie in unserem Körper – in Wasser und Kohlenstoffdioxid umgewandelt.

Alkohol gewinnt man durch alkoholische Gärung.

Destillation • Bei der alkoholischen Gärung entstehen maximal 18%ige Ethanol-Lösungen. Bei einem höheren Anteil würden nämlich die Hefezellen absterben.
Um hochprozentigen Alkohol (Schnaps) zu erhalten, destilliert man Ethanol-Lösungen. → 3
Dadurch wird das Ethanol vom Wasser getrennt und der Anteil des Alkohols im Destillat erhöht sich auf bis zu 96 %.

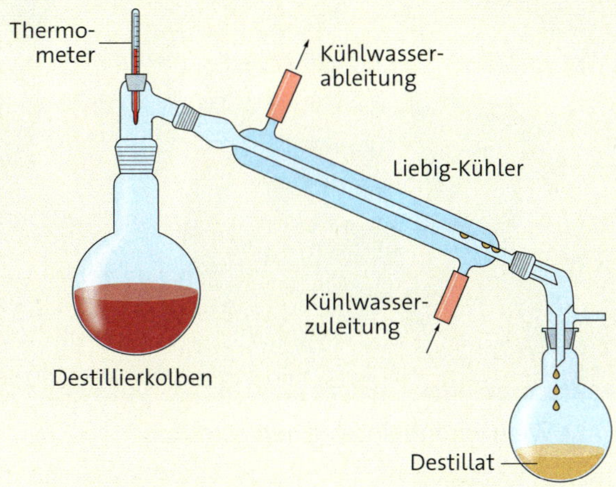

3 Die Destillation von Wein liefert Branntwein.

Aufgaben

1 Beschreibe den Vorgang der alkoholischen Gärung.

2 Wie könnte man zeigen, dass nach der Destillation wirklich fast reiner Alkohol entstanden ist? Notiere einen Vorschlag.

3 Erkläre, wie das Trennverfahren Destillation funktioniert. → 3

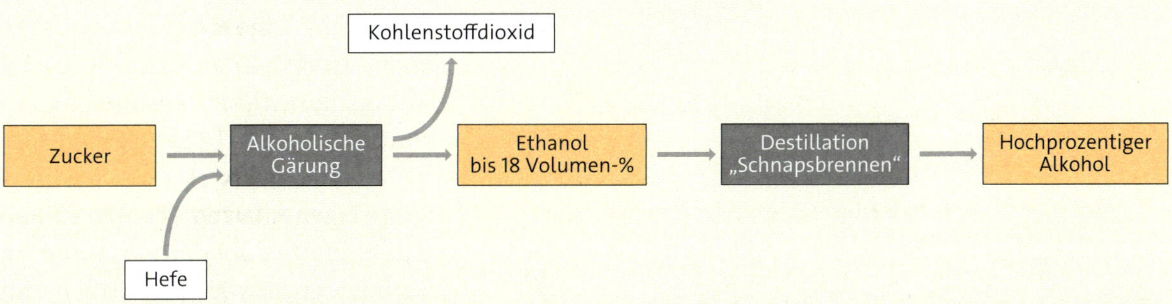

4 Vom Traubensaft zum hochprozentigen Alkohol

Carbonsäuren

1 Aus Wein wird Weinessig hergestellt.

2 Carboxylgruppe

Essig wird schon seit 3000 Jahren zum Konservieren von Lebensmitteln benutzt. Wie lässt sich Essig herstellen?

Essigherstellung • Lässt man Wein längere Zeit offen stehen, schmeckt er irgendwann sauer. Dies kommt daher, dass Essigsäurebakterien in den Wein gelangen und in Gegenwart von Sauerstoff den Alkohol Ethanol in Essigsäure umwandeln. Dieser Vorgang wird als Essigsäuregärung bezeichnet.

Ethanol + Sauerstoff → Wasser + Ethansäure (Essigsäure)

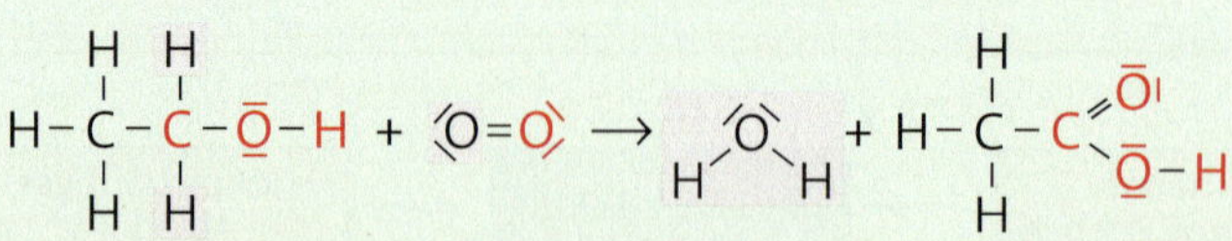

3

Essigsäure + Wasser → Acetat-Ion + Oxonium-Ion

$CH_3COOH + H_2O \rightarrow CH_3COO^- + H_3O^+$

4

Bei der Essigsäuregärung reagiert also Ethanol mit Luftsauerstoff zu Essigsäure und Wasser. → 3

Carbonsäuren • Die Essigsäure gehört zu den Carbonsäuren. Carbonsäuren bestehen aus Molekülen, die als funktionelle Gruppe mindestens eine Carboxylgruppe (–COOH) enthalten. → 2 Die Namen der Säuren leiten sich von den entsprechenden Alkanen ab. Es wird einfach die Endung -säure angehängt. Da die Essigsäure zwei Kohlenstoff-Atome besitzt, lautet ihr Name daher Ethansäure. Oft verwendet man auch Alltagsnamen. Essigsäure ist der Alltagsname für Ethansäure, da sie in verdünnter Form in Essig enthalten ist.

Saure Eigenschaften • Für die sauren Eigenschaften der Carbonsäuren ist die Carboxylgruppe verantwortlich. Aus der Carboxylgruppe kann leicht ein H^+-Ion abgespalten und auf ein Wassermole-

die Carbonsäure
die Carboxylgruppe

kül übertragen werden. Es entstehen Säurerest-Ionen und Oxonium-Ionen. Wird beispielsweise reine Essigsäure in Wasser gelöst, so reagiert sie zu Acetat-Ionen und Oxonium-Ionen. → 4

Weitere Carbonsäuren • Die einfachste Carbonsäure ist die Methansäure (HCOOH). Sie ist auch unter dem Namen Ameisensäure bekannt, da sie früher aus toten Ameisen gewonnen wurde, die diese zur Abwehr nutzen. → 6 Eine weitere bekannte Carbonsäure ist die Butansäure mit dem Alltagsnamen Buttersäure. Sie ist bekannt für ihren unangenehmen Geruch nach ranziger Butter. Viele langkettige Carbonsäuren, z. B. Palmitinsäure und Stearinsäure, sind am Aufbau von Fetten beteiligt und werden deshalb auch Fettsäuren genannt.

Löslichkeit • Die Carboxylgruppe in den Carbonsäuremolekülen ist polar, der Kohlenwasserstoffrest dagegen ist unpolar. Bei den kurzkettigen Carbonsäuremolekülen ist der unpolare Molekülteil im Vergleich zur polaren Carboxylgruppe relativ klein. Deshalb lösen sich diese Säuren gut in Wasser. → 5 Umgekehrt überwiegt bei langkettigen Carbonsäure-Molekülen der unpolare Rest. Diese Säuren lösen sich gut in Hexan und Ölen, jedoch nicht in Wasser.

Carbonsäuren entstehen aus Alkoholen durch die Reaktion mit Sauerstoff. Die funktionelle Gruppe der Carbonsäuren ist die Carboxylgruppe.

Name	Formel	Löslichkeit in Wasser Hexan
Methansäure (Ameisensäure)	HCOOH	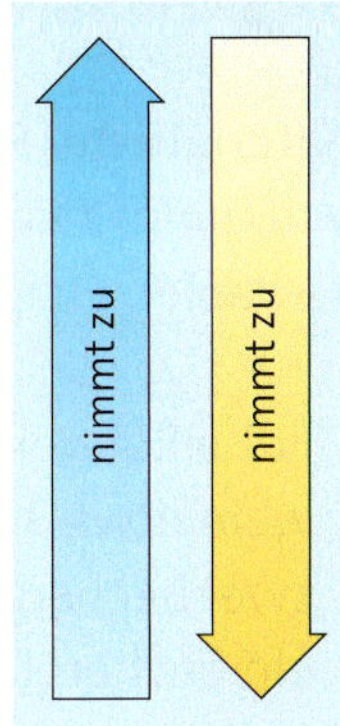
Ethansäure (Essigsäure)	CH_3COOH	
Butansäure (Buttersäure)	C_3H_7COOH	
Hexadecansäure (Palmitinsäure)	$C_{15}H_{31}COOH$	
Octadecansäure (Stearinsäure)	$C_{17}H_{35}COOH$	

5 Eigenschaften einiger Carbonsäuren

6 Waldameisen spritzen Methansäure.

Aufgaben

1 Beschreibe, wie man aus einem Alkohol eine Carbonsäure gewinnen kann.

2 Gib die Wort- und Symbolgleichung für die Herstellung von Buttersäure aus Butanol an.

3 Ordne folgende Stoffe nach ihrer Löslichkeit in Wasser und begründe: Butan, Ethansäure, Methansäure, Butansäure.

Carbonsäuren

Material A

Essigsäuregärung

Materialliste: Rotwein oder Weißwein, 2 Bechergläser, pH-Papier, Essigmutter

1 Fülle Rotwein bzw. Weißwein etwa 3 cm hoch in zwei Bechergläser. Gib in ein Becherglas zum Wein Essigmutter. Diese kann die Essigsäuregärung beschleunigen.

2 Prüfe den pH-Wert und den Geruch der Proben.

3 Überprüfe nach einigen Tagen erneut die Proben auf den pH-Wert und den Geruch.

4 Fertige ein Versuchsprotokoll an.

1 Essig mit Essigmutter

5 Gib die Wort- und Symbolgleichung für die stattgefundene Reaktion, ausgehend vom Ethanol, an.

Für die Entstehung von Essig ist eine Essigmutter nötig. Dies ist eine gallertartige, Fäden ziehende Masse aus Essigsäurebakterien. Sie kann sich bilden, wenn Wein oder andere leicht alkoholhaltige Flüssigkeiten längere Zeit offen stehen gelassen werden.

Material B

Konservierung mit Essig

Es gibt viele Möglichkeiten, Lebensmittel haltbar zu machen, z. B. Räuchern bei Fischen, Zuckern bei Marmelade oder Einlegen von Gemüse in Essig. → 2 Im folgenden Versuch kannst du die konservierende Wirkung von Essig testen:

Materialliste: 4 Petrischalen, Pipette, Messer, Salatgurke, Brotscheibe, Essig, Wasser

1 Gib in zwei Petrischalen jeweils ein Stück Gurke. Gib in die beiden anderen Petrischalen jeweils ein Stück frisches Brot. Tropfe auf eines der Gurkenstücke und Brotstücke einige Tropfen Essig, auf das andere einige Tropfen Wasser. Stelle die Petrischalen an einen warmen Ort.

2 Wiederhole eine Woche täglich die Befeuchtung der Proben mit Wasser bzw. Essig. Protokolliere deine Beobachtungen.

3 Begründe, warum das Experiment nicht nur mit Essig, sondern auch mit Wasser durchgeführt wird.

2 Eingelegtes Gemüse

4 Nenne mögliche Gründe, warum Essig als Konservierungsmittel wirkt.

5 Recherchiere, welche Produkte Essig zur Konservierung enthalten.

Material C

Säureeigenschaften der Carbonsäuren

Materialliste: 7 Reagenzgläser, Rotkohlsaft, Universalindikator, Kalkstein, Magnesiumband, Zinkblech, Kupferblech, Alufolie, Essigsäure (5%ig)

1 Fülle in sieben Reagenzgläser je 1 cm hoch Essigsäure ein.

2 Gib in das erste Reagenzglas einige Tropfen Rotkohlsaft und in das zweite Reagenzglas Universalindikator.

3 In das dritte Reagenzglas gibst du ein Stück Kalkstein und in die weiteren je ein Stück Magnesiumband, Zinkblech, Kupferblech und Alufolie.

4 Beobachte die Veränderungen und erstelle ein Versuchsprotokoll.

5 Erkläre die Beobachtungen. Gib an, welche funktionelle Gruppe im Essigsäuremolekül für die saure Reaktion verantwortlich ist.

6 Erkläre, weshalb Essigreiniger für die Entfernung von Kalkflecken auf Marmor ungeeignet sein könnte.

3 Bei Marmorflächen ist das Reinigungsmittel entscheidend.

Material D

Carbonsäuren lösen

Materialliste: 8 Reagenzgläser mit Stopfen, Reagenzglashalter, Pipetten, Spatel, Palmitinsäure, Ameisensäure, Stearinsäure, Propionsäure, Heptan, Wasser

1 Fülle in 4 Reagenzgläser 2 ml Wasser und in 4 weitere Reagenzgläser 2 ml Heptan.

2 Gib bei der Versuchsreihe mit Wasser in das erste Reagenzglas 1 ml Ameisensäure und in das zweite 1 ml Propionsäure. In das dritte Reagenzglas gibst du eine Spatelspitze Palmitinsäure und in das vierte eine Spatelspitze Stearinsäure. Notiere deine Beobachtungen.

3 Genauso gehst du bei der Versuchsreihe mit Heptan vor.

4 Übertrage die Tabelle in dein Heft und fülle sie aus. → 4

5 Erkläre die unterschiedliche Löslichkeit der verschiedenen Carbonsäuren mithilfe der Molekülstrukturen.

Carbonsäure	Löslichkeit in Wasser	Löslichkeit in Heptan	Strukturformel
Ameisensäure	?	?	?
Propionsäure	?	?	?
Palmitinsäure	?	?	?
Stearinsäure	?	?	?

4

Welt der Kunststoffe

1 Kunststoffe im Einsatz

Kunststoffe haben die Welt in den letzten 100 Jahren stark verändert. Sie sind heute in allen Lebensbereichen zu finden.

Was sind Kunststoffe? • Kunststoffe sind Stoffe, die aus sogenannten Makromolekülen bestehen. Makromoleküle sind sehr große Verbindungen, die mehrere Tausend Atome enthalten. Kunststoffe werden meist industriell aus Erdöl hergestellt und umgangssprachlich auch als Plastik bezeichnet.

Arten von Kunststoffen • Kunststoffe lassen sich in drei Gruppen einteilen: Thermoplaste, Duroplaste und Elastomere. Diese drei Gruppen unterscheiden sich in ihren Eigenschaften und ihrer Verwendung. → 2

Wozu nutzt man Kunststoffe • Kunststoffe können fast überall eingesetzt werden. Ein großer Anteil wird für die Herstellung von Verpackungen verwendet, zum Beispiel für Kosmetika und Lebensmittel. Im Bauwesen braucht man Kunststoffe beispielsweise für die Herstellung von Fenstern, Böden und Dämmmaterial. Moderne Hochleistungskunststoffe werden bei elektrischen Geräten, im Fahrzeugbau, in der Medizintechnik und für die Herstellung von Sportartikeln genutzt.

Kunststoff	Im Modell	Eigenschaften	Beispiel
Thermoplaste	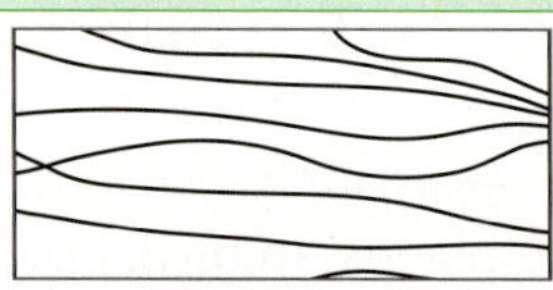	• werden beim Erwärmen weich • lange Kettenmoleküle	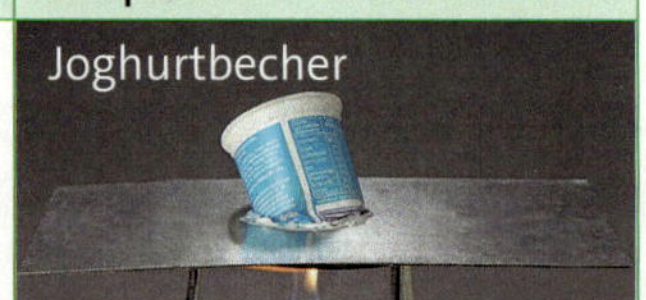
Duroplaste	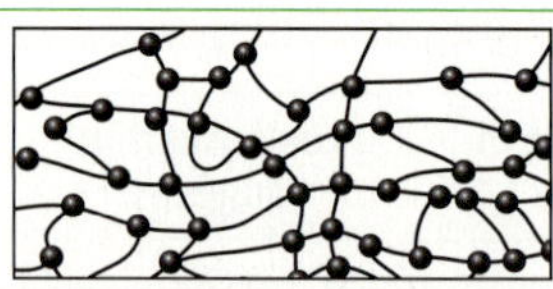	• bleiben beim Erwärmen formstabil • engmaschig verknüpftes Molekül	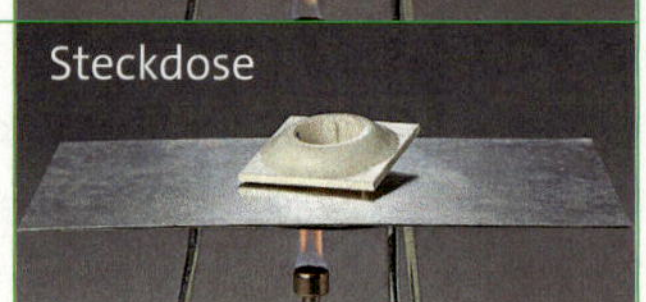
Elastomere	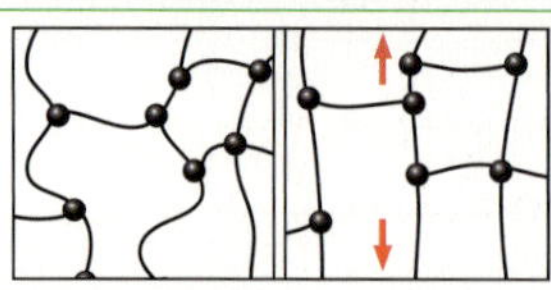	• verformen sich unter Krafteinwirkung und gehen danach in Form zurück • weitmaschiges Netzmolekül	

2 Kunststoffe im Überblick

das Makromolekül
das Monomer
das Polymer
die Polymerisation

Wie stellt man Kunststoffe her? • Wenn man sich den Aufbau von Polyvinylchlorid (PVC) anschaut, erkennt man, dass immer gleiche Atomgruppen aufeinanderfolgen. → 3 Ausgangsstoff für die Herstellung eines solchen Kunststoffs sind einzelne Moleküle, die sogenannten Monomere. Beim PVC ist dies Vinylchlorid. → 4 Bei der Herstellung des Kunststoffs wird durch den Einsatz eines Hilfsstoffs die Doppelbindung gespalten und die Vinylchloridmoleküle lagern sich aneinander. → 5 Einen solchen Vorgang nennt man Polymerisation, die Produkte Polymere. Polymerisationen sind typisch für die Herstellung vieler Kunststoffe.

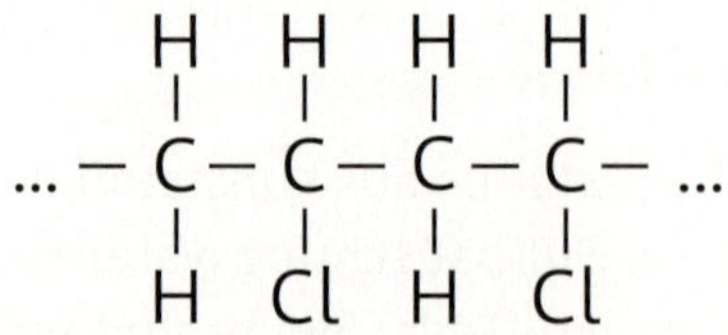

3 Polyvinylchlorid (PVC)

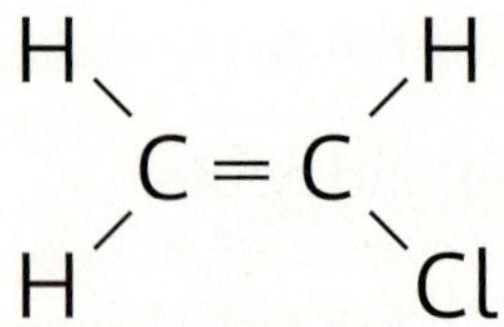

4 Vinylchlorid

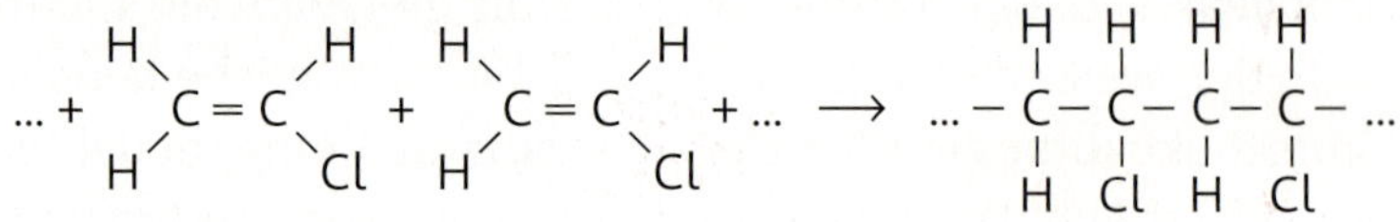

5 Reaktion von Vinylchlorid zu Polyvinylchlorid (PVC)

Wie entsorgt man Kunststoffe? • In Deutschland werden Abfälle aus Kunststoffverpackungen gesondert gesammelt und wiederverwertet. Ungefähr die Hälfte dieser Kunststoffabfälle wird in Kraftwerken oder Müllverbrennungsanlagen zur Gewinnung von Strom und Wärme verbrannt. Die andere Hälfte der Kunststoffabfälle wird zur Herstellung neuer Kunststoffprodukte benutzt. Dazu werden die Kunststoffabfälle sortiert, gereinigt und eingeschmolzen. Ein solches Verfahren nennt man werkstoffliches Recycling. Aus PET-Flaschen können dadurch wieder synthetische Fasern für Sportbekleidung gewonnen werden. → 6

6 Von der Flasche zum Pulli

Kunststoffe bestehen aus Makromolekülen. Sie werden aus einzelnen Molekülen durch Polymerisation hergestellt.

Aufgaben

1 Sieh dich im Fachraum um und gib an, welche Gegenstände aus Kunststoff bestehen.

2 Nenne drei Gruppen von Kunststoffen und beschreibe ihre Eigenschaften.

3 Erkläre die Begriffe Monomer, Polymer und Makromolekül.

4 Beschreibe die Herstellung von PVC.

Welt der Kunststoffe

Material A

Früher und heute

Der erste mit technischen Mitteln hergestellte Kunststoff wurde 1851 von Charles Nelson Goodyear erfunden. Goodyear hatte den weißen Milchsaft des Kautschukbaumes mit Schwefel versetzt und dadurch einen elastischen Gummi erhalten. Dadurch konnte er mit seiner Firma die ersten Kutschen und Fahrräder mit Gummireifen ausstatten.
Heutzutage können wir uns Kunststoffe nicht mehr aus unserem Alltag wegdenken. Aufgrund ihrer herausragenden Eigenschaften wurden viele Alltagsgegenstände durch Gegenstände aus Kunststoff ersetzt. Fußballschuhe waren früher aus Leder, heute sind sie aus Hightechkunststoff. Während es Kochlöffel nach wie vor aus Holz gibt, wird die spülmaschinentaugliche Kunststoffvariante immer beliebter. Auch das umstrittene Amalgam in Zahnfüllungen musste den Kunststofffüllungen weichen.

1 Nenne weitere Gegenstände, die früher nicht aus Kunststoff waren, aber es heute sind.

2 Gib verschiedene Vor- und Nachteile für den Einsatz von Kunststoff an.

1 Fußballschuhe früher

2 Fußballschuhe heute

3 Antikes Fahrrad mit Holzrädern

4 Fahrrad heute mit Gummireifen

Material B

Herstellung eines Kunststoffs

5 Verfärbung der Schmelze

Materialliste: Becherglas, Gasbrenner, Tiegelzange, Teelichthülle, Citronensäure

In ein Becherglas wird etwa 2 cm hoch Citronensäure gegeben. Die Säure wird mit einem Gasbrenner so lange erhitzt, bis die Gasentwicklung geringer wird und die Schmelze sich dunkelgelb färbt. → 5

1 Führe den Versuch wie beschrieben durch. Gieße die Schmelze mithilfe einer Tiegelzange in eine Teelichthülle. Beschreibe den entstandenen Kunststoff.

2 Tauche ein Streichholz in die Schmelze und versuche Fäden zu ziehen. Wiederhole den Versuch nach 15 Minuten.

Material C

Kunststoffe klassifizieren

Nimm Proben von:
- Polyethylenterephthalat (PET), z. B. Getränkeflasche
- Polyethen (PE), z. B. Plastiktüte
- Polypropen (PP), z. B. Joghurtbecher
- Polyamid (PA), z. B. Dübel
- Aminoplast (UF), z. B. alte Steckdose oder Lichtschalter

1 Untersuche, ob es sich um Thermoplaste oder Duroplaste handelt. Erwärme dazu (im Abzug!) die verschiedenen Proben vorsichtig mit einem Heißluftföhn.

2 Bestimme die Dichte der Kunststoffproben. Zur Verfügung hast du eine Waage, einen Messzylinder, Wasser und ein Überlaufgefäß.

3 Stelle die Ergebnisse der Untersuchungen übersichtlich in einer Tabelle dar.

Material D

Plastik – nicht immer ein Segen

Die Millionen Tonnen an Plastik, die jährlich produziert werden, müssen auch wieder ordnungsgemäß entsorgt werden. Plastik wird aber zum Problem, wenn es in der Natur entsorgt wird. Über Wind und Wasser wird Plastikmüll aufgrund seines geringen Gewichts schnell verbreitet.
Im Meer sammeln sich daher Unmengen an Müll. Das Umweltbundesamt schätzt dies auf 80 Millionen Tonnen. Davon lagern rund 70 % auf dem Meeresgrund, 15 % schwimmen auf dem Meer und 15 % werden an die Strände gespült. Das teils zersetzte Plastik wird von Vögeln, Fischen und anderen Tieren aufgenommen, was für sie tödlich enden kann.

Häufig gelangt Plastik auch in Form von kleinsten Plastikkügelchen über unser Abwasser in den Wasserkreislauf. Dieses Mikroplastik kann zum Beispiel in Zahnpasta oder wetterfester Kleidung enthalten sein.

1 Beschreibe, wie Plastik ins Meer gelangt. → 6

2 Gib an, wie Mikroplastik über die Nahrungskette weitergegeben wird.

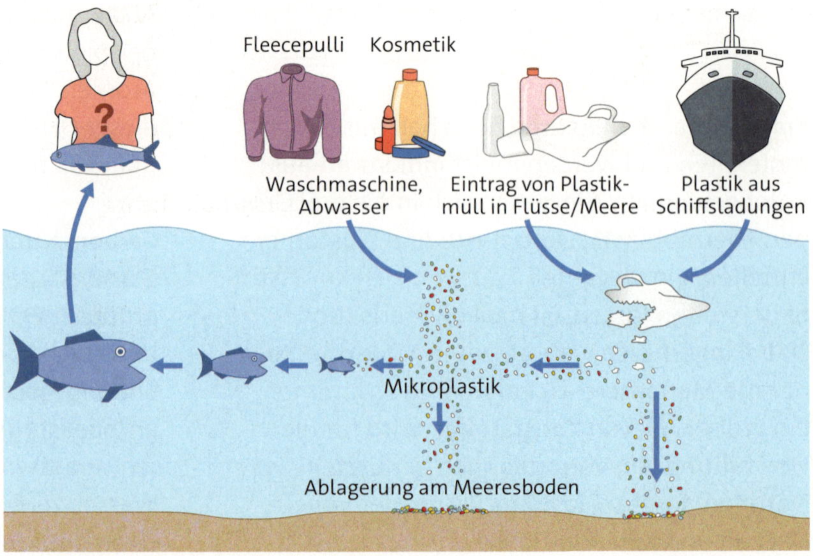

6 Plastik im Wasserkreislauf

Kohlenstoff – der Molekülbauer

Zusammenfassung

Kohlenwasserstoffe • Sehr viele Stoffe in unserer Welt enthalten Kohlenstoff und Wasserstoff. Dies liegt an der Vierbindigkeit des Kohlenstoffs. Es können sich Ketten mit Einfach-, Zweifach- und Dreifachbindungen bilden und es gibt auch verzweigte Ketten und Ringstrukturen. Die Benennung dieser vielfältigen Stoffe erfolgt nach festen Regeln. Dabei wird immer wieder auf die Namen der unverzweigten Kohlenwasserstoffe – die Alkane – zurückgegriffen.

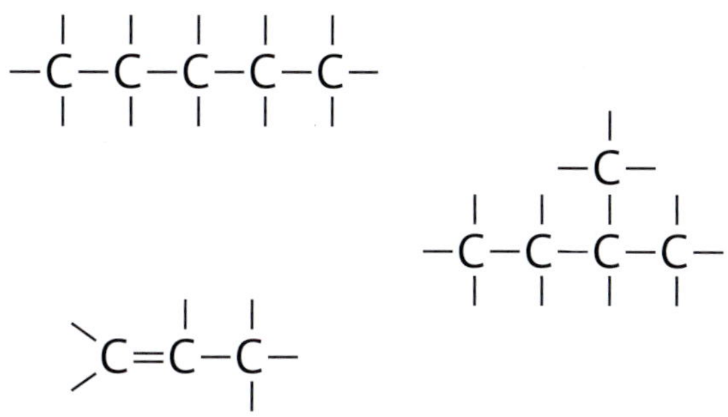

1 Einige Vertreter der vielen Kohlenwasserstoffe

Erdöl und Erdgas • Erdöl und Erdgas bestehen aus Kohlenwasserstoffen. Diese Stoffe sind wichtige Energieträger. Die Energie, die beim Verbrennen frei wird, nutzen wir zum Heizen, zur Stromgewinnung oder als Treibstoffe für Fahrzeuge.
Bei der Verbrennung entstehen als Abgase hauptsächlich Wasser und Kohlenstoffdioxid. Diese Stoffe sind zwar ungiftig, Kohlenstoffdioxid ist aber der Hauptverursacher des vom Menschen ausgelösten Treibhauseffekts.

Kunststoffe • Kunststoffe bestehen aus Makromolekülen und werden meist industriell aus Erdöl gewonnen. Sie lassen sich in die drei Gruppen Thermoplaste, Duroplaste und Elastomere einteilen. Ein Verfahren, mit dem sich Kunststoffe herstellen lassen, ist die Polymerisation. Dabei lagern sich viele einzelne Moleküle, sogenannte Monomere, zu Polymeren zusammen. Ein großer Teil von Kunststoffen wird für die Herstellung von Verpackungen genutzt. In der Natur entsorgter Plastikmüll schadet Vögeln, Fischen und anderen Tieren.

Funktionelle Gruppen • Kohlenwasserstoffe können auch sogenannte funktionelle Gruppen enthalten. Diese verleihen dem jeweiligen Stoff typische Eigenschaften.

Alkohole • Die funktionelle Gruppe der Alkohole ist die OH-Gruppe, auch Hydroxylgruppe genannt. Sie besteht aus einem Sauerstoff und einem Wasserstoff-Atom. Die Namen der Alkohole leiten sich aus dem entsprechenden Alkan mit der Endsilbe -ol ab. Pentanol ist beispielsweise ein Alkohol mit fünf Kohlenstoff-Atomen. Ein Alkoholmolekül kann auch mehrere dieser OH-Gruppen enthalten. Hierbei spricht man von mehrwertigen Alkoholen.

Carbonsäuren • Die funktionelle Gruppe der Carbonsäuren ist die sogenannte Carboxylgruppe (–COOH). Der Name der Carbonsäure leitet sich vom ursprünglichen Alkan mit der Endung -säure ab, z. B. Butansäure. Die Carboxylgruppe ist für die saure Reaktion der Carbonsäuren verantwortlich. Leitet man z. B. Essigsäure in Wasser, zerfällt sie in Säurerest-Ionen und Oxonium-Ionen (H_3O^+).

Teste dich! (Lösungen im Anhang)

Kohlenwasserstoffe

1 Ergänze in deinem Heft folgende Summenformeln von Alkanen:
C_9H $C_{32}H$ $C\ H_{24}$ $C\ H_{60}$

2 Für die Benennung von Kohlenwasserstoffen gibt es genaue Regeln.
a Zeichne die Strukturformel von 4-Ethyl-2,2,3,3-Tetramethyloctan.
b Benenne den Kohlenwasserstoff aus Bild 3.

3 In Bild 2 sind zwei Isomere von Hexan abgebildet.
a Erkläre an diesem Beispiel den Begriff Isomer.
b Zeichne die Strukturformeln drei weiterer Isomere von Hexan.

4 Folgende Summenformeln gehören zu Alkenen: $C_{17}H_{34}$ $C_{29}H_{58}$ $C_{56}H_{112}$
a Gib die allgemeine Summenformel der Alkene an.
b Hier siehst du Summenformeln einiger Alkine: C_9H_{16} $C_{24}H_{46}$ $C_{55}H_{108}$
Gib die allgemeine Summenformel der Alkine an.

5 Ein Kilogramm Methan hat eine 25-mal größere Treibhauswirkung als ein Kilogramm Kohlenstoffdioxid. Trotzdem trägt Methan viel weniger zum Treibhauseffekt bei als Kohlenstoffdioxid. Erkläre diesen Widerspruch.

Alkohole

6 Zeichne die Lewis-Formeln von 1-Propanol, 2,3-Pentandiol und 3-Heptanol.

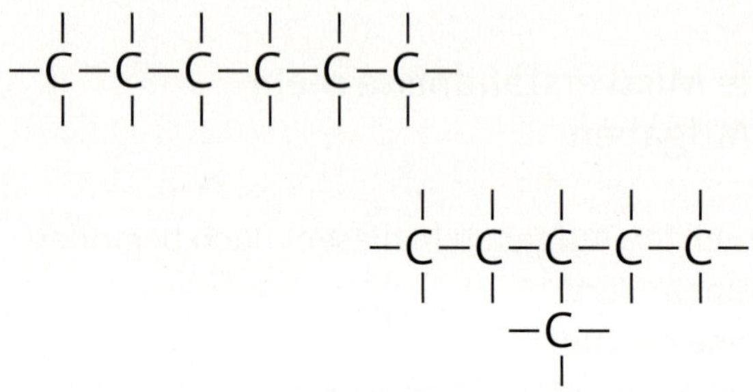

2 Zwei Isomere von Hexan

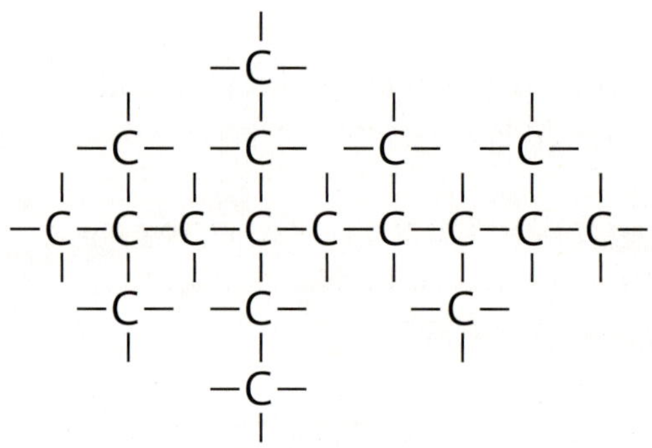

3 Kohlenwasserstoffe können verzweigte Ketten bilden.

Carbonsäuren

7 Essigsäuregärung
a Beschreibe, wie aus Ethanol Essigsäure entsteht.
b Gib die Wort- und Formelgleichung für die Reaktion an.

Kunststoffe

8 Kunststoffe werden auch Polymere genannt. Begründe.

9 Erkläre das unterschiedliche Verhalten von Duroplasten und Thermoplasten beim Erwärmen.

Zum Nachschlagen

Operatoren

Keine Missverständnisse mehr bei Aufgaben

Die meisten Aufgaben in diesem Buch beginnen mit einem Verb:
- **Nenne** die fünf ...
- **Beschreibe** die Funktionsweise ...
- **Begründe**, weshalb die ...
- **Erläutere** an einem Beispiel ...
- ...

Diese Verben geben an, was du tun sollst.

Ordne

Teile in Gruppen ein. Lege z. B. Listen an.

Aufgabe: Ordne zu, ob es sich bei den Beispielen um Reinstoffe oder Stoffgemische handelt: Milch, Mineralwasser, Apfelsaft, Müll, Waschpulver, Eisenpulver.

Lösung:
Stoffgemische: Milch, Mineralwasser, Apfelsaft, Müll, Waschpulver
Reinstoff: Eisenpulver

Beschreibe

Formuliere so genau (mit Fachwörtern), dass man sich alles vorstellen kann.

Aufgabe: Beschreibe, mit welchem Versuch du überprüfen kannst, dass es sich bei einem Gas um Kohlenstoffdioxid handelt.

Lösung: Mit der Kalkwasserprobe kann man überprüfen, ob es sich bei einem Gas um Kohlenstoffdioxid handelt.
Dafür wird ein unbekanntes Gas in klares Kalkwasser geleitet. Trübt sich die Flüssigkeit, handelt es sich bei dem Gas um Kohlenstoffdioxid.

Erläutere

Erkläre ausführlich und liefere Beispiele.

Aufgabe: Ohne Wasser – kein Leben. Erläutere die Rolle, die Wasser in unserem Leben spielt. Gehe dabei auf die Verwendung, unseren Wasserbedarf und die Funktionen im Organismus ein.

Lösung: Ohne Wasser gäbe es auf unserem Planeten kein Leben. Wasser spielt in vielen Lebensbereichen eine wichtige Rolle: Es ist Durstlöscher, wird für die tägliche Hygiene, zum Kochen und Wäschewaschen benötigt. Außerdem wird es in der Industrie und der Landwirtschaft für die Herstellung von Produkten gebraucht.
Wasser ist ein wichtiger Bestandteil in jeder lebenden Zelle und erfüllt verschiedene Funktionen in unserem Körper: Es dient als Baustoff, Lösungsmittel, Transportmittel und Wärmeregulator.

Nenne – Gib an

Notiere Namen oder Begriffe.

Aufgabe: Nenne die Eigenschaften von Wasserstoff.

Lösung: farb-, geruch- und geschmackloses Gas, brennbar, unterhält die Verbrennung aber nicht

Erkläre – Begründe

Notiere eine oder mehrere Ursachen.

Aufgabe: Erkläre, weshalb die Herstellung von neuem Aluminium die Umwelt stark belastet.

Lösung: Der Abbau des Aluminiumerzes Bauxit im Tagebau ist ein Eingriff in die Natur. Bei der Umwandlung in Aluminium wird viel klimaschädliches Kohlenstoffdioxid freigesetzt sowie sehr viel Energie und Wasser verbraucht. Außerdem entstehen giftige Abfallprodukte, die der Umwelt schaden können.

Berechne

Löse die Aufgabe durch eine Rechnung. Gib das Ergebnis immer mit der richtigen Einheit an.

Aufgabe: Berechne, wie viel Zucker man in einer Kanne mit 500 ml Tee bei 60 °C lösen kann.

Lösung: Bei 60 °C lösen sich in 100 ml Wasser 250 g Zucker. In 500 ml lösen sich demnach bei 60 °C: 5 · 250 g Zucker = 1250 g Zucker.

Vergleiche

Stelle Gemeinsamkeiten und Unterschiede dar.

Aufgabe: Vergleiche die Atommodelle von Dalton, Rutherford und Bohr.

Lösung: Dalton stellte sich Atome als kleine, massive Kugeln vor.
Rutherford stellte die Theorie des Kern-Hülle-Modells auf. Atome bestehen demnach aus einem sehr kleinen positiven Kern und einer großen Hülle, in der sich die negativ geladenen Elektronen befinden.
Bohr erweiterte Rutherfords Modell. Demnach befinden sich die Elektronen in der Hülle auf verschiedenen Energieniveaus, den sogenannten „Elektronenschalen".

Zeichne

Fertige ein genaues, vollständiges Bild an. Verwende zum Beispiel ein Lineal.

Aufgabe: Zeichne ein Energiediagramm für eine endotherme Reaktion.

Lösung:

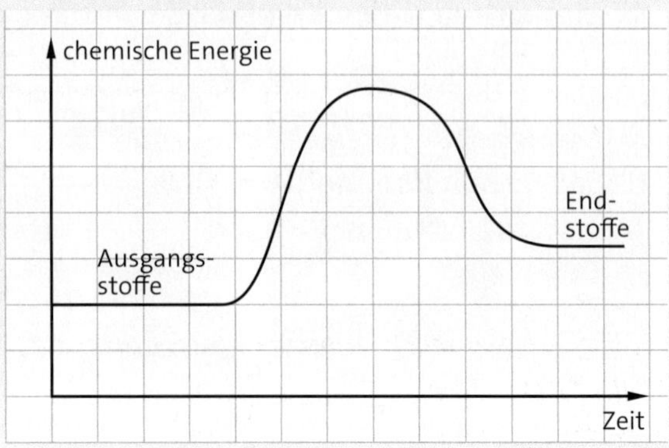

Chemikant/-in

Ausbildungsdauer: 3,5 Jahre

Erwarteter Schulabschluss: überwiegend mittlerer Schulabschluss, teilweise auch Hauptschulabschluss

Wichtige Schulfächer: Chemie, Physik, Mathematik

Ausbildungsvergütung: 850–1140 €

Art der Ausbildung: duale Ausbildung

Tätigkeiten: Chemikanten stellen aus Rohstoffen in großindustriellen Anlagen chemische Erzeugnisse wie Farben, Waschmittel oder Kosmetika her. Dazu messen sie die Rohstoffe ab, befüllen die Apparaturen, steuern und überwachen die Anlagen.
Es werden Proben entnommen und auf Qualität überprüft. Der gesamte Fertigungsablauf wird jeweils durch die Chemikanten protokolliert.
Die Durchführung kleinerer Reparaturen an den Anlagen sind ebenfalls Aufgaben der Chemikanten.

Weiterbildungsmöglichkeiten: Industriemeister oder Techniker

1 Steuerung und Überwachung von Anlagen

Chemielaborant/-in

Ausbildungsdauer: 3,5 Jahre

Erwarteter Schulabschluss: Hochschulreife oder guter mittlerer Bildungsabschluss

Wichtige Schulfächer: Chemie, Physik, Biologie, Mathematik und Englisch

Ausbildungsvergütung: 850–1140 €

Art der Ausbildung: duale Ausbildung

Tätigkeiten: Chemielaboranten untersuchen Stoffe und Produkte auf ihre Qualität. Weiterhin stellen sie Stoffgemische her, entwickeln und optimieren Syntheseverfahren. Es werden Messungen durchgeführt, Versuchsabläufe protokolliert und am Computer ausgewertet.
Für Chemielaboranten ist Arbeitssicherheit ein wichtiges Thema, da häufig mit gefährlichen Stoffen hantiert wird.
Exaktes Arbeiten ist eine absolute Grundvoraussetzung in diesem Beruf.

Weiterbildungsmöglichkeiten: Industriemeister oder Techniker. Unter bestimmten Voraussetzungen ist auch ohne Hochschulreife eine Studienzulassung möglich.

2 Überprüfung der Warenqualität

Chemisch-techn. Assistent/-in (CTA)

Ausbildungsdauer: 2 Jahre

Erwarteter Schulabschluss: in der Regel mittlerer Schulabschluss

Wichtige Schulfächer: Chemie, Physik, Mathematik, Informatik

Ausbildungsvergütung: –

Art der Ausbildung: Berufsfachschule

Tätigkeiten: CTAs haben sehr ähnliche Aufgaben wie Chemielaboranten. Sie untersuchen Proben von Rohstoffen oder Produkten auf ihre Qualität, setzen Versuchsreihen an und führen diese durch. Dabei werden die Ergebnisse protokolliert und teilweise mit dem Computer ausgewertet.
Chemisch-technische Assistenten stellen Stoffgemische her und entwickeln oder optimieren Syntheseverfahren. Exaktes Arbeiten und die Beachtung der Arbeitssicherheit sind unabdingbar für CTAs.

Weiterbildungsmöglichkeiten: Industriemeister oder Techniker. Unter bestimmten Voraussetzungen ist auch ohne Hochschulreife eine Studienzulassung möglich.

3 Arbeit im Labor

Pharmazeutisch-techn. Assistent/-in (PTA)

Ausbildungsdauer: 2,5 Jahre

Erwarteter Schulabschluss: in der Regel mittlerer Schulabschluss

Wichtige Schulfächer: Chemie, Biologie, Mathematik, Deutsch

Ausbildungsvergütung: schulische Ausbildung ohne Vergütung. Praktikanten erhalten 670 €.

Art der Ausbildung: Berufsfachschule und Praktikum

Tätigkeiten: PTAs stellen unter Aufsicht der Apotheker Salben und Medikamente her. Ebenfalls unter Aufsicht verkaufen sie verschreibungspflichtige Medikamente.
Der Verkauf nicht verschreibungspflichtiger Medikamente und die Beratung der Kunden zur Anwendung der Produkte gehören ebenfalls zum Tätigkeitsfeld der Pharmazeutisch-technischen Assistenten.
Einfache physikalische und chemische Arzneimittelanalysen werden von PTAs durchgeführt.

Weiterbildungsmöglichkeiten: Industriemeister Fachrichtung Chemie oder Pharmazie

4 Beschäftigung in Apotheken

Beim Betreten

- Betritt den Fachraum nur mit der Lehrkraft.
- Befolge die Anweisungen der Lehrkraft.
- Nicht herumrennen oder schubsen!
- Lege nie Taschen und Jacken in Fluchtwegen ab.
- Nicht essen und trinken!

Sicherheitseinrichtungen

Fluchtweg

Feuerlöscher, Löschdecke, Löschsand

Notfalltelefon

Augendusche

Erste-Hilfe-Kasten

Not-Aus-Schalter

Im Notfall

- Drücke den Not-Aus-Schalter.
- Hole Hilfe.
- Hilf anderen Personen.
- Verlasse schnell den Raum über die Fluchtwege.

Beim Experimentieren

- Lies dir vor dem Versuch die Arbeitsanweisungen genau durch.
- Halte Ordnung und entferne unnötige Dinge vom Arbeitsplatz.
- Binde lange Haare zurück.
- Lege Schals und lose Kleidung ab.
- Trage eine Schutzbrille, wenn es gefordert wird.

- Fächle dir Gerüche vorsichtig zu.
- Richte die Öffnungen von Reagenzgläsern niemals auf dich oder andere Personen.

Arbeiten mit dem Gasbrenner

- Trage immer eine Schutzbrille.
- Lass offene Flammen nie unbeaufsichtigt.
- Schließe die Gas- und Luftzufuhr, wenn die Flamme des Brenners erlischt.
- Schließe bei Gasgeruch sofort den Gashahn. Informiere die Lehrkraft und öffne die Fenster.

Gasbrenner einschalten:

- Vorbereiten: Die Gaszufuhr und die Luftzufuhr müssen geschlossen sein. Überprüfe es! Verbinde den Brenner mit dem Gashahn am Tisch. Achte auf den sicheren Stand des Brenners.
- Entzünden: Öffne den Gashahn, indem du gleichzeitig drückst und drehst. Drehe dann die Gaszufuhr etwas auf. Entzünde sofort das ausströmende Gas: Die leuchtende Flamme entsteht.
- Einstellen: Öffne die Luftzufuhr. Die blaue Flamme nennt man „rauschende Flamme“. Für eine größere Flamme drehst du die Gaszufuhr weiter auf.

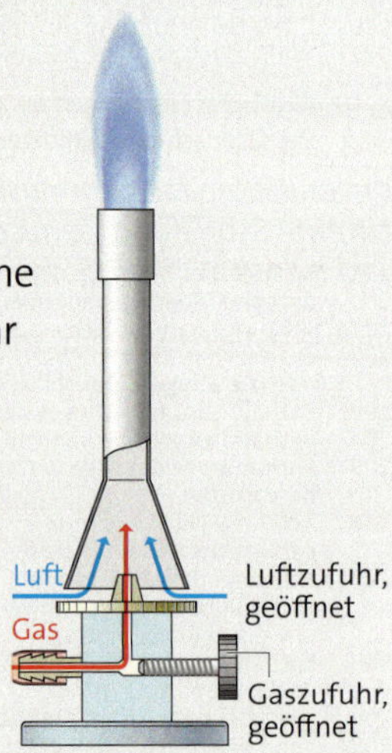

Gasbrenner abschalten:

- Luftzufuhr schließen
- Gaszufuhr schließen
- Gashahn schließen
- Schlauch entfernen

Gefahrstoffkennzeichnung

Gefahr/Achtung: Stoffe und Gemische
- können sich selbst zersetzen.
- können explodieren.

Gefahr/Achtung: Stoffe und Gemische
- sind entzündbar.
- können sich selbst erhitzen.
- entwickeln bei Berührung mit Wasser entzündbare Gase.

Gefahr/Achtung: Stoffe und Gemische haben brandfördernde Wirkung.

Achtung: Stoffe und Gemische stehen unter Druck (gilt für Gase).

Gefahr/Achtung: Stoffe und Gemische
- verursachen schwere Verätzungen der Haut.
- verursachen schwere Augenschäden.
- greifen Metalle an.

Gefahr: Stoffe und Gemische sind giftig und bereits in geringen Mengen lebensgefährlich.

Achtung: Stoffe und Gemische
- sind gesundheitschädlich.
- verursachen Haut- und/oder Augenreizungen.
- verursachen allergische Hautreaktionen.
- verursachen Reizungen der Atemwege.
- verursachen Schläfrigkeit und Benommenheit.

Gefahr/Achtung: Stoffe und Gemische
- können bei Verschlucken und Eindringen in die Atemwege tödlich sein.
- können Organe schädigen.
- können Krebs erzeugen.
- können die Fruchtbarkeit beeinträchtigen.
- können das Kind im Mutterleib schädigen.
- können das Erbgut schädigen.
- können beim Einatmen Allergien, asthmaartige Symptome oder Atembeschwerden verursachen.

Achtung: Stoffe und Gemische sind giftig für Wasserorganismen.

Gefahrenhinweise, ergänzende Gefahrenmerkmale und ergänzende Kennzeichnungselemente

Gefahrenhinweise (H-Sätze)

Gefahrenhinweise für physikalische Gefahren

H200	Instabil, explosiv
H201	Explosiv, Gefahr der Massenexplosion.
H202	Explosiv; große Gefahr durch Splitter, Spreng- und Wurfstücke.
H203	Explosiv; Gefahr durch Feuer, Luftdruck oder Splitter, Spreng- und Wurfstücke.
H204	Gefahr durch Feuer oder Splitter, Spreng- und Wurfstücke.
H205	Gefahr der Massenexplosion bei Feuer.
H220	Extrem entzündbares Gas.
H221	Entzündbares Gas.
H222	Extrem entzündbares Aerosol.
H223	Entzündbares Aerosol.
H224	Flüssigkeit und Dampf extrem entzündbar.
H225	Flüssigkeit und Dampf leicht entzündbar.
H226	Flüssigkeit und Dampf entzündbar.
H228	Entzündbarer Feststoff.
H229	Behälter steht unter Druck: kann bei Erwärmung bersten.
H240	Erwärmung kann Explosion verursachen.
H241	Erwärmung kann Brand oder Explosion verursachen.
H242	Erwärmung kann Brand verursachen.
H250	Entzündet sich in Berührung mit Luft von selbst.
H251	Selbsterhitzungsfähig; kann in Brand geraten.
H260	In Berührung mit Wasser entstehen entzündbare Gase, die sich spontan entzünden können.
H261	In Berührung mit Wasser entstehen entzündbare Gase.
H270	Kann Brand verursachen oder verstärken; Oxidationsmittel.
H271	Kann Brand oder Explosion verursachen; starkes Oxidationsmittel.
H272	Kann Brand verstärken; Oxidationsmittel.
H280	Enthält Gas unter Druck; kann bei Erwärmung explodieren.
H281	Enthält tiefkaltes Gas; kann Kälteverbrennungen oder -verletzungen verursachen.
H290	Kann gegenüber Metallen korrosiv sein.

Gefahrenhinweise für Gesundheitsgefahren

H300	Lebensgefahr bei Verschlucken.
H301	Giftig bei Verschlucken.
H302	Gesundheitsschädlich bei Verschlucken.
H304	Kann bei Verschlucken und Eindringen in die Atemwege tödlich sein.
H310	Lebensgefahr bei Hautkontakt.
H311	Giftig bei Hautkontakt.
H312	Gesundheitsschädlich bei Hautkontakt.
H314	Verursacht schwere Verätzungen der Haut und schwere Augenschäden.
H315	Verursacht Hautreizungen.
H317	Kann allergische Hautreaktionen verursachen.
H318	Verursacht schwere Augenschäden.
H319	Verursacht schwere Augenreizung.
H330	Lebensgefahr bei Einatmen.
H331	Giftig bei Einatmen.
H332	Gesundheitsschädlich bei Einatmen.
H334	Kann bei Einatmen Allergie, asthmaartige Symptome oder Atembeschwerden verursachen.
H335	Kann die Atemwege reizen.
H336	Kann Schläfrigkeit und Benommenheit verursachen.
H340	Kann genetische Defekte verursachen <*Expositionsweg angeben, sofern schlüssig belegt ist, dass diese Gefahr bei keinem anderen Expositionsweg besteht*>.
H341	Kann vermutlich genetische Defekte verursachen <*Expositionsweg angeben, sofern schlüssig belegt ist, dass diese Gefahr bei keinem anderen Expositionsweg besteht*>.
H350	Kann Krebs erzeugen <*Expositionsweg angeben, sofern schlüssig belegt ist, dass diese Gefahr bei keinem anderen Expositionsweg besteht*>.
H350i	Kann beim Einatmen Krebs erzeugen.
H351	Kann vermutlich Krebs erzeugen <*Expositionsweg angeben, sofern schlüssig belegt ist, dass diese Gefahr bei keinem anderen Expositionsweg besteht*>.
H360	Kann die Fruchtbarkeit beeinträchtigen oder das Kind im Mutterleib schädigen <*konkrete Wirkung angeben, sofern bekannt*> <*Expositionsweg angeben, sofern schlüssig belegt ist, dass die Gefahr bei keinem anderen Expositionsweg besteht*>.
H360F	Kann die Fruchtbarkeit beeinträchtigen.
H360D	Kann das Kind im Mutterleib schädigen.
H360FD	Kann die Fruchtbarkeit beeinträchtigen. Kann das Kind im Mutterleib schädigen.
H360Fd	Kann die Fruchtbarkeit beeinträchtigen. Kann vermutlich das Kind im Mutterleib schädigen.
H360Df	Kann das Kind im Mutterleib schädigen. Kann vermutlich die Fruchtbarkeit beeinträchtigen.
H361	Kann vermutlich die Fruchtbarkeit beeinträchtigen oder das Kind im Mutterleib schädigen <*konkrete Wirkung angeben, sofern bekannt*> <*Expositionsweg angeben, sofern schlüssig belegt ist, dass die Gefahr bei keinem anderen Expositionsweg besteht*>.
H361f	Kann vermutlich die Fruchtbarkeit beeinträchtigen.
H361d	Kann vermutlich das Kind im Mutterleib schädigen.
H361fd	Kann vermutlich die Fruchtbarkeit beeinträchtigen. Kann vermutlich das Kind im Mutterleib schädigen.
H362	Kann Säuglinge über die Muttermilch schädigen.
H370	Schädigt die Organe <*oder alle betroffenen Organe nennen, sofern bekannt*> <*Expositionsweg angeben, sofern schlüssig belegt ist, dass diese Gefahr bei keinem anderen Expositionsweg besteht*>.
H371	Kann die Organe schädigen <*oder alle betroffenen Organe nennen, sofern bekannt*> <*Expositionsweg angeben, sofern schlüssig belegt ist, dass diese Gefahr bei keinem anderen Expositionsweg besteht*>.
H372	Schädigt die Organe <*alle betroffenen Organe nennen*> bei längerer oder wiederholter Exposition <*Expositionsweg angeben, wenn schlüssig belegt ist, dass diese Gefahr bei keinem anderen Expositionsweg besteht*>.
H373	Kann die Organe schädigen <*alle betroffenen Organe nennen, sofern bekannt*> bei längerer oder wiederholter Exposition <*Expositionsweg angeben, wenn schlüssig belegt ist, dass diese Gefahr bei keinem anderen Expositionsweg besteht*>.

Gefahrenhinweise für Umweltgefahren

H400	Sehr giftig für Wasserorganismen.
H410	Sehr giftig für Wasserorganismen mit langfristiger Wirkung.
H411	Giftig für Wasserorganismen, mit langfristiger Wirkung.
H412	Schädlich für Wasserorganismen, mit langfristiger Wirkung.
H413	Kann für Wasserorganismen schädlich sein, mit langfristiger Wirkung.

Ergänzende Gefahrenmerkmale

Physikalische Eigenschaften

EUH001	In trockenem Zustand explosionsgefährlich.
EUH006	Mit und ohne Luft explosionsfähig.
EUH014	Reagiert heftig mit Wasser.
EUH018	Kann bei Verwendung explosionsfähige/entzündbare Dampf/Luft-Gemische bilden.
EUH019	Kann explosionsfähige Peroxide bilden.
EUH044	Explosionsgefahr bei Erhitzen unter Einschluss.

Gesundheitsgefährliche Eigenschaften

EUH029	Entwickelt bei Berührung mit Wasser giftige Gase.
EUH031	Entwickelt bei Berührung mit Säure giftige Gase.
EUH032	Entwickelt bei Berührung mit Säure sehr giftige Gase.
EUH066	Wiederholter Kontakt kann zu spröder oder rissiger Haut führen.
EUH070	Giftig bei Berührung mit den Augen.
EUH071	Wirkt ätzend auf die Atemwege.

Umweltgefährliche Eigenschaften

EUH059	Die Ozonschicht schädigend.

Ergänzende Kennzeichnungselemente/Informationen über bestimmte Stoffe und Gemische

EUH201	Enthält Blei. Nicht für den Anstrich von Gegenständen verwenden, die von Kindern gekaut oder gelutscht werden könnten.
EUH201A	Achtung! Enthält Blei.
EUH202	Cyanacrylat. Gefahr. Klebt innerhalb von Sekunden Haut und Augenlider zusammen. Darf nicht in die Hände von Kindern gelangen.
EUH203	Enthält Chrom (VI). Kann allergische Reaktionen hervorrufen.
EUH204	Enthält Isocyanate. Kann allergische Reaktionen hervorrufen.
EUH205	Enthält epoxidhaltige Verbindungen. Kann allergische Reaktionen hervorrufen.
EUH206	Achtung! Nicht zusammen mit anderen Produkten verwenden, da gefährliche Gase (Chlor) freigesetzt werden können.
EUH207	Achtung! Enthält Cadmium. Bei der Verwendung entstehen gefährliche Dämpfe. Hinweise des Herstellers beachten. Sicherheitsanweisungen einhalten.
EUH208	Enthält <*Name des sensibilisierenden Stoffes*>. Kann allergische Reaktionen hervorrufen.
EUH209	Kann bei Verwendung leicht entzündbar werden.
EUH209A	Kann bei Verwendung entzündbar werden.
EUH210	Sicherheitsdatenblatt auf Anfrage erhältlich.
EUH401	Zur Vermeidung von Risiken für Mensch und Umwelt die Gebrauchsanleitung einhalten.

Sicherheitshinweise (P-Sätze)

Sicherheitshinweise – Allgemeines

P101 Ist ärztlicher Rat erforderlich, Verpackung oder Kennzeichnungsetikett bereithalten.
P102 Darf nicht in die Hände von Kindern gelangen.
P103 Vor Gebrauch Kennzeichnungsetikett lesen.

Sicherheitshinweise – Prävention

P201 Vor Gebrauch besondere Anweisungen einholen.
P202 Vor Gebrauch alle Sicherheitshinweise lesen und verstehen.
P210 Von Hitze/Funken/offener Flamme/heißen Oberflächen fernhalten. Nicht rauchen.
P211 Nicht gegen offene Flamme oder andere Zündquelle sprühen.
P220 Von Kleidung/.../brennbaren Materialien fernhalten/entfernt aufbewahren.
P221 Mischen mit brennbaren Stoffen/... unbedingt verhindern.
P222 Kontakt mit Luft nicht zulassen.
P223 Kontakt mit Wasser wegen heftiger Reaktion und möglichem Aufflammen unbedingt verhindern.
P230 Feucht halten mit ...
P231 Unter inertem Gas handhaben.
P232 Vor Feuchtigkeit schützen.
P233 Behälter dicht verschlossen halten.
P234 Nur im Originalbehälter aufbewahren.
P235 Kühl halten.
P240 Behälter und zu befüllende Anlage erden.
P241 Explosionsgeschützte elektrische Betriebsmittel/Lüftungsanlagen/Beleuchtung/... verwenden.
P242 Nur funkenfreies Werkzeug verwenden.
P243 Maßnahmen gegen elektrostatische Aufladungen treffen.
P244 Druckminderer frei von Fett und Öl halten.
P250 Nicht schleifen/stoßen/.../reiben.
P251 Behälter steht unter Druck: Nicht durchstechen oder verbrennen, auch nicht nach der Verwendung.
P260 Staub/Rauch/Gas/Nebel/Dampf/Aerosol nicht einatmen.
P261 Einatmen von Staub/Rauch/Gas/Nebel/Dampf/Aerosol vermeiden.
P262 Nicht in die Augen, auf die Haut oder auf die Kleidung gelangen lassen.
P263 Kontakt während der Schwangerschaft und der Stillzeit vermeiden.
P264 Nach Gebrauch ... gründlich waschen.
P270 Bei Gebrauch nicht essen, trinken oder rauchen.
P271 Nur im Freien oder in gut belüfteten Räumen verwenden.
P272 Kontaminierte Arbeitskleidung nicht außerhalb des Arbeitsplatzes tragen.
P273 Freisetzung in die Umwelt vermeiden.
P280 Schutzhandschuhe/Schutzkleidung/Augenschutz/Gesichtsschutz tragen.
P281 Vorgeschriebene persönliche Schutzausrüstung verwenden.
P282 Schutzhandschuhe/Gesichtsschild/Augenschutz mit Kälteisolierung tragen.
P283 Schwer entflammbare/flammhemmende Kleidung tragen.
P284 Atemschutz tragen.
P285 Bei unzureichender Belüftung Atemschutz tragen.
P231 + P232 Unter inertem Gas handhaben. Vor Feuchtigkeit schützen.
P235 + P410 Kühl halten. Vor Sonnenbestrahlung schützen.

Sicherheitshinweise – Reaktion

P301 BEI VERSCHLUCKEN:
P302 BEI BERÜHRUNG MIT DER HAUT:
P303 BEI BERÜHRUNG MIT DER HAUT (oder dem Haar):
P304 BEIM EINATMEN:
P305 BEI KONTAKT MIT DEN AUGEN:
P306 BEI KONTAMINIERTER KLEIDUNG:
P307 BEI Exposition:
P308 BEI Exposition oder falls betroffen:
P309 BEI Exposition oder Unwohlsein:
P310 Sofort GIFTINFORMATIONSZENTRUM oder Arzt anrufen.
P311 GIFTINFORMATIONSZENTRUM oder Arzt anrufen.
P312 Bei Unwohlsein GIFTINFORMATIONSZENTRUM oder Arzt anrufen.
P313 Ärztlichen Rat einholen/ärztliche Hilfe hinzuziehen.
P314 Bei Unwohlsein ärztlichen Rat einholen/ärztliche Hilfe hinzuziehen.
P315 Sofort ärztlichen Rat einholen/ärztliche Hilfe hinzuziehen.
P320 Besondere Behandlung dringend erforderlich (siehe ... auf diesem Kennzeichnungsetikett).
P321 Besondere Behandlung (siehe ... auf diesem Kennzeichnungsetikett).
P322 Gezielte Maßnahmen (siehe ... auf diesem Kennzeichnungsetikett).
P330 Mund ausspülen.
P331 KEIN Erbrechen herbeiführen.
P332 Bei Hautreizung:
P333 Bei Hautreizung oder -ausschlag:
P334 In kaltes Wasser tauchen/nassen Verband anlegen.
P335 Lose Partikel von der Haut abbürsten.
P336 Vereiste Bereiche mit lauwarmem Wasser auftauen. Betroffenen Bereich nicht reiben.
P337 Bei anhaltender Augenreizung:
P338 Eventuell vorhandene Kontaktlinsen nach Möglichkeit entfernen. Weiter ausspülen.
P340 Die betroffene Person an die frische Luft bringen und in einer Position ruhigstellen, die das Atmen erleichtert.
P341 Bei Atembeschwerden an die frische Luft bringen und in einer Position ruhigstellen, die das Atmen erleichtert.
P342 Bei Symptomen der Atemwege:
P350 Behutsam mit viel Wasser und Seife waschen.
P351 Einige Minuten lang behutsam mit Wasser ausspülen.
P352 Mit viel Wasser und Seife waschen.
P353 Haut mit Wasser abwaschen/duschen.
P360 Kontaminierte Kleidung und Haut sofort mit viel Wasser abwaschen und danach Kleidung ausziehen.
P361 Alle kontaminierten Kleidungsstücke sofort ausziehen.
P362 Kontaminierte Kleidung ausziehen und vor erneutem Tragen waschen.
P363 Kontaminierte Kleidung vor erneutem Tragen waschen.
P370 Bei Brand:
P371 Bei Großbrand und großen Mengen:
P372 Explosionsgefahr bei Brand.
P373 KEINE Brandbekämpfung, wenn das Feuer explosive Stoffe/Gemische/Erzeugnisse erreicht.
P374 Brandbekämpfung mit üblichen Vorsichtsmaßnahmen aus angemessener Entfernung.
P375 Wegen Explosionsgefahr Brand aus der Entfernung bekämpfen.
P376 Undichtigkeit beseitigen, wenn gefahrlos möglich.
P377 Brand von ausströmendem Gas: Nicht löschen, bis Undichtigkeit gefahrlos beseitigt werden kann.
P378 ... zum Löschen verwenden.
P380 Umgebung räumen.
P381 Alle Zündquellen entfernen, wenn gefahrlos möglich.
P390 Verschüttete Mengen aufnehmen, um Materialschäden zu vermeiden.
P391 Verschüttete Mengen aufnehmen.
P301 + P310 BEI VERSCHLUCKEN: Sofort GIFTINFORMATIONSZENTRUM oder Arzt anrufen.
P301 + P312 BEI VERSCHLUCKEN: Bei Unwohlsein GIFTINFORMATIONSZENTRUM oder Arzt anrufen.
P301 + P330 + P331 BEI VERSCHLUCKEN: Mund ausspülen. KEIN Erbrechen herbeiführen.
P302 + P334 BEI KONTAKT MIT DER HAUT: In kaltes Wasser tauchen/nassen Verband anlegen.
P302 + P350 BEI KONTAKT MIT DER HAUT: Behutsam mit viel Wasser und Seife waschen.
P302 + P352 BEI KONTAKT MIT DER HAUT: Mit viel Wasser und Seife waschen.
P303 + P361 + P353 BEI KONTAKT MIT DER HAUT (oder dem Haar): Alle kontaminierten Kleidungsstücke sofort ausziehen. Haut mit Wasser abwaschen/duschen.
P304 + P340 BEIM EINATMEN: An die frische Luft bringen und in einer Position ruhigstellen, die das Atmen erleichtert.
P304 + P341 BEIM EINATMEN: Bei Atembeschwerden an die frische Luft bringen und in einer Position ruhigstellen, die das Atmen erleichtert.
P305 + P351 + P338 BEI KONTAKT MIT DEN AUGEN: Einige Minuten lang behutsam mit Wasser spülen. Vorhandene Kontaktlinsen nach Möglichkeit entfernen. Weiter spülen.
P306 + P360 BEI KONTAKT MIT DER KLEIDUNG: Kontaminierte Kleidung und Haut sofort mit viel Wasser abwaschen und danach Kleidung ausziehen.
P307 + P311 BEI Exposition: GIFTINFORMATIONSZENTRUM oder Arzt anrufen.
P308 + P313 BEI Exposition oder falls betroffen: Ärztlichen Rat einholen/ärztliche Hilfe hinzuziehen.
P309 + P311 BEI Exposition oder Unwohlsein: GIFTINFORMATIONSZENTRUM oder Arzt anrufen.
P332 + P313 Bei Hautreizung: Ärztlichen Rat einholen/ärztliche Hilfe hinzuziehen.
P333 + P313 Bei Hautreizung oder -ausschlag: Ärztlichen Rat einholen/ärztliche Hilfe hinzuziehen.
P335 + P334 Lose Partikel von der Haut abbürsten. In kaltes Wasser tauchen/nassen Verband anlegen.
P337 + P313 Bei anhaltender Augenreizung: Ärztlichen Rat einholen/ärztliche Hilfe hinzuziehen.
P342 + P311 Bei Symptomen der Atemwege: GIFTINFORMATIONSZENTRUM oder Arzt anrufen.
P370 + P376 Bei Brand: Undichtigkeit beseitigen, wenn gefahrlos möglich.
P370 + P378 Bei Brand: ... zum Löschen verwenden.
P370 + P380 Bei Brand: Umgebung räumen.
P370 + P380 + P375 Bei Brand: Umgebung räumen. Wegen Explosionsgefahr Brand aus der Entfernung bekämpfen.
P371 + P380 + P375 Bei Großbrand und großen Mengen: Umgebung räumen. Wegen Explosionsgefahr Brand aus der Entfernung bekämpfen.

Sicherheitshinweise – Aufbewahrung

P401 ... aufbewahren.
P402 An einem trockenen Ort aufbewahren.
P403 An einem gut belüfteten Ort aufbewahren.
P404 In einem geschlossenen Behälter aufbewahren.
P405 Unter Verschluss aufbewahren.
P406 In korrosionsbeständigem/... Behälter mit korrosionsbeständiger Auskleidung aufbewahren.
P407 Luftspalt zwischen Stapeln/Paletten lassen.
P410 Vor Sonnenbestrahlung schützen.
P411 Bei Temperaturen von nicht mehr als ... °C aufbewahren.
P412 Nicht Temperaturen von mehr als 50 °C aussetzen.
P413 Schüttgut in Mengen von mehr als ... kg bei Temperaturen von nicht mehr als ... °C aufbewahren.
P420 Von anderen Materialien entfernt aufbewahren.
P422 Inhalt in/unter ... aufbewahren.
P402 + P404 In einem geschlossenen Behälter an einem trockenen Ort aufbewahren.
P403 + P233 Behälter dicht verschlossen an einem gut belüfteten Ort aufbewahren.
P403 + P235 Kühl an einem gut belüfteten Ort aufbewahren.
P410 + P403 Vor Sonnenbestrahlung geschützt an einem gut belüfteten Ort aufbewahren.
P410 + P412 Vor Sonnenbestrahlung schützen und nicht Temperaturen von mehr als 50 °C aussetzen.
P411 + P235 Kühl und bei Temperaturen von nicht mehr als ... °C aufbewahren.

Sicherheitshinweise – Entsorgung

P501 Inhalt/Behälter ... zuführen.

Entsorgungsratschläge (E-Sätze)

E 1 Verdünnen, in den Ausguss geben (WGK 0 bzw. 1)
E 2 Neutralisieren, in den Ausguss geben
E 3 In den Hausmüll geben, gegebenenfalls im Polyethylenbeutel (Stäube)
E 4 Als Sulfid fällen
E 5 Mit Calcium-Ionen fällen, dann E 1 oder E 3
E 6 Nicht in den Hausmüll geben
E 7 Im Abzug entsorgen
E 8 Der Sondermüllbeseitigung zuführen (Adresse zu erfragen bei der Kreis- oder Stadtverwaltung), Abfallschlüssel beachten
E 9 Unter größter Vorsicht in kleinsten Portionen reagieren lassen (z. B. offen im Freien verbrennen)
E 10 In gekennzeichneten Behältern sammeln:
1. „Organische Abfälle – halogenhaltig"
2. „Organische Abfälle – halogenfrei"
dann E 8
E 11 Als Hydroxid fällen (pH = 8), den Niederschlag zu E 8
E 12 Nicht in die Kanalisation gelangen lassen
E 13 Aus der Lösung mit unedlem Metall (z. B. Eisen) als Metall abscheiden (E 14, E 3)
E 14 Recycling geeignet (Redestillation oder einem Recyclingunternehmen zuführen)
E 15 Mit Wasser vorsichtig umsetzen, frei werdende Gase absorbieren oder ins Freie ableiten
E 16 Entsprechend den speziellen Ratschlägen für die Beseitigungsgruppen beseitigen

Entsorgung von Chemikalienabfällen

Nach dem Experimentieren werden die Reste in die dafür vorgesehenen Sammelbehälter gegeben:

nicht gefährliche und wasserlösliche Chemikalien	nicht gefährliche und feste Chemikalien	Säuren und Laugen	giftige anorganische Chemikalien	halogenfreie organische Chemikalien	halogenhaltige organische Chemikalien
z. B. Natriumchlorid, Natriumcarbonat, Wasserstoffperoxidlösung	z. B. Eisen, Indikatorpapier	z. B. Salzsäure, Natronlauge	z. B. Kupfersulfat	z. B. Petroleumbenzin, Methanol	z. B. Trichlormethan

Die weitere Behandlung und Entsorgung bzw. Übergabe der Abfälle zur Sondermüllentsorgung erfolgt durch die Lehrerin bzw. den Lehrer.

Die Ordnung der Elemente – S. 27

1 Dalton stellte sich Atome als kleine, massive Kugeln vor. Rutherford stellte die Theorie des Kern-Hülle-Modells auf. Atome bestehen aus einem sehr kleinen, positiv geladenen Kern und einer großen Hülle, in der sich die negativ geladenen Elektronen befinden.
Das Schalenmodell besagt, dass sich die Elektronen in der Hülle auf verschiedenen Energieniveaus, sogenannten „Elektronenschalen", befinden.

2

Element	Protonen	Neutronen	Elektronen
N	7	7	7
Pb	82	125	82
U	92	146	92

3 a 14 u
b 414 g
c 3 mol

4 a Isotope
b Die beiden Lithium-Atome in Bild 5 unterscheiden sich in ihrer Massenzahl. Dies liegt daran, dass sie eine unterschiedliche Neutronenzahl besitzen. Die beiden Atome haben jedoch die gleiche Ordnungszahl, d. h. die gleiche Anzahl an Elektronen und Protonen.

5 a Es handelt sich um ein Schwefel-Atom.
b Kohlenstoff: 2 Elektronen in der ersten und 4 Elektronen in der zweiten Schale
Magnesium: 2 Elektronen in der ersten, 8 Elektronen in der zweiten und 2 Elektronen in der dritten Schale
Chlor: 2 Elektronen in der ersten, 8 Elektronen in der zweiten und 7 Elektronen in der dritten Schale
c

Element	Protonen	Neutronen	Elektronen
Na	11	12	11
Br	35	45	35
Ar	18	22	18

d Calcium: 4. Periode, II. Hauptgruppe, 20 Protonen, 20 Neutronen, 20 Elektronen
Selen: 4. Periode, VI. Hauptgruppe, 34 Protonen, 45 Neutronen, 34 Elektronen
Argon: 3. Periode, VIII. Hauptgruppe, 18 Protonen, 22 Neutronen, 18 Elektronen

6

7 Die Elemente der I. Hauptgruppe, die Alkalimetalle, besitzen ein Elektron auf der äußersten Schale. Sie sind sehr reaktionsfreudige Elemente. Sie zeigen typische Verfärbungen in der Brennerflamme. Aufgrund ihrer geringen Dichte zählen sie zu den Leichtmetallen.

Bindungsarten – S. 61

1 Beiden Atomen fehlt ein Elektron für eine volle äußerste Schale. Sie nähern sich so weit an, dass ein Teil ihrer Schalen überlappt. Von beiden Atomen befindet sich je ein Elektron in dem gemeinsamen Bereich beider Atomhüllen. Durch dieses gemeinsame Elektronenpaar hat nun jedes Wasserstoff-Atom 2 Elektronen auf der äußersten Schale.

2 Je nach Aufbau der Atomhülle brauchen die Atome unterschiedlich viele Elektronenpaarbindungen, um den Edelgaszustand zu erreichen. Das Sauerstoff-Atom hat 6 Elektronen auf der äußersten Schale. Ihm fehlen 2 Elektronen bis zum Edelgaszustand. Durch das Eingehen von zwei Elektronenpaarbindungen erhält das Sauerstoff-Atom eine voll besetzte äußerste Schale.
Stickstoff hat 5 Elektronen auf der äußersten Schale. Ihm fehlen 3 Elektronen bis zum Edelgaszustand. Durch das Eingehen von drei Elektronenpaarbindungen hat das Stickstoff-Atom 8 Elektronen auf der äußersten Schale.

3

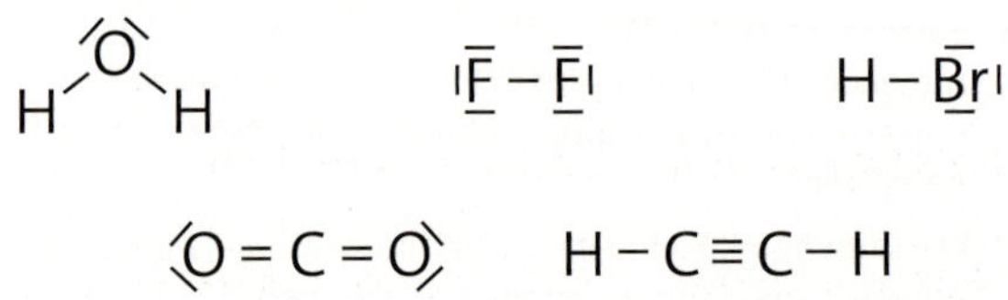

4 F_2: EN (F) = 4,0; ΔEN = 4,0 – 4,0 = 0
Im Fluormolekül ist die Elektronenpaarbindung unpolar, da $\Delta EN < 0{,}5$.
HF: EN (H) = 2,1; EN (F) = 4,0; ΔEN = 4,0 – 2,1 = 1,9
Im Fluorwasserstoffmolekül ist die Elektronenpaarbindung polar, da $\Delta EN > 0{,}5$.
NO: EN (N) = 3,0; EN (O) = 3,5; ΔEN = 3,5 – 3,0 = 0,5
Die Bindung ist ebenfalls unpolar.

5 Es müssen polare Bindungen im Molekül vorhanden sein, die zu einer positiven und einer negativen Teilladung im Molekül führen. Außerdem dürfen die Mittelpunkte der positiven und der negativen Teilladungen nicht an der gleichen Stelle zusammenfallen.

6 Die eine Atomsorte gibt ein oder mehrere Elektronen ab und erreicht damit den Edelgaszustand. Beispielsweise gibt Natrium ein Elektron ab. Seine äußere Schale existiert nicht mehr. Die weiter innen liegende volle Schale wird zur neuen Außenschale.
Die andere Atomsorte nimmt ein oder mehrere Elektronen auf und erreicht damit den Edelgaszustand. Chlor besitzt z. B. mit 7 Elektronen eine fast volle Außenschale. Durch die Aufnahme eines Elektrons erreicht es die voll besetzte Schale mit 8 Elektronen.

7 Die Elemente der V. bis VII. Hauptgruppe nehmen bei der Ionenbildung Elektronen auf, um den Edelgaszustand zu erreichen.
Sie haben daher mehr Elektronen als Protonen, wodurch die negative Ladung überwiegt.

8

Summenformel	Beteiligte Ionen	Name der Ionenverbindung
$MgCl_2$	Mg^{2+} und Cl^-	Magnesiumchlorid
NaBr	Na^+ und Br^-	Natriumbromid
K_2O	K^+ und O^{2-}	Kaliumoxid
KCl	K^+ und Cl^-	Kaliumchlorid
$CaBr_2$	Ca^{2+} und Br^-	Calciumbromid
MgO	Mg^{2+} und O^{2-}	Magnesiumoxid
$AlCl_3$	Al^{3+} und Cl^-	Aluminiumchlorid

9 Eine Ionenbindung liegt bei $\Delta EN > 1{,}7$ vor.

10 Salze bilden Kristalle. Geschmolzen oder in Wasser gelöst leiten sie den elektrischen Strom. Um Salze zu schmelzen, muss die Gitterenergie überwunden werden. Diese hängt von der Ladung und der Ionengröße ab.

11 Salze lösen sich in Wasser, indem die zwei Pole des Wassermoleküls die Ionen aus dem Ionengitter herausziehen. Die entstehende Hydrathülle verhindert eine Rückkehr ins Ionengitter.

12 Die Außenelektronen der Aluminium-Atome werden nur schwach vom Kern angezogen. Sie können leicht ihren Aufenthaltsbereich verlassen. Die Elektronen können sich frei durch das Metall bewegen. Man bezeichnet sie als sogenanntes Elektronengas.

13 Metalle halten durch die Anziehung zwischen den positiv geladenen Atomrümpfen und dem negativ geladenen Elektronengas zusammen.

14 Die äußeren Elektronen der Metall-Atome sind keinem Atom mehr fest zugeordnet. Sie bewegen sich frei durch das Metall. Man bezeichnet sie daher auch als Elektronengas.

15 Metalle haben freie Elektronen im Elektronengas. Diese sorgen für die gute elektrische Leitfähigkeit.

Elektrische Energie und chemische Prozesse – S. 89

1 Bei der Oxidation handelt es sich um eine Elektronenabgabe und bei der Reduktion um eine Elektronenaufnahme.

2 Lithium, Calcium, Magnesium und Aluminium sind unedler als Zink. Sie können von Zink-Ionen oxidiert werden.
Eisen, Blei, Kupfer, Silber, Platin und Gold sind edler als Zink. Sie können daher Zink-Atome oxidieren.

3 Galvanoplastik (Kunst), Gewinnung von Wasserstoff aus Wasser, Gewinnung von Aluminium aus Aluminiumoxid

4 Die Produkte bei der Elektrolyse enthalten mehr chemische Energie als die Ausgangsstoffe (Edukte). Ohne die Zuführung von elektrischer Energie würde keine Reaktion der Ausgangsstoffe stattfinden. Die Ausgangsstoffe besitzen also weniger chemische Energie.
Die zugeführte elektrische Energie wird in chemische Energie bei der Elektrolyse umgewandelt.
Die chemische Energie ist dann in den Produkten gespeichert.

5 a Alessandro Volta nutzte die Metalle Kupfer und Zink.
b Vergleiche deine Lösung mit Bild 5 auf Seite 284.
c Es könnten auch die Metalle Silber und Zinn verwendet werden, da sie ein unterschiedliches Bestreben haben, Elektronen abzugeben.

6 Zwei Metallstreifen (z. B. Zink und Kupfer), Salzlösung oder Säure

7 Im Gegensatz zum Akkumulator kann eine Batterie nicht wieder aufgeladen werden. In einer Batterie kann nur chemische in elektrische Energie umgewandelt werden (Entladen). Beim Akkumulator kann elektrische Energie wieder in chemische Energie umgewandelt werden (Laden).

8 In der Batterie sind mehrere Metalle enthalten, auch Schwermetalle, die als Umweltgifte gelten.
Sie dürfen nicht in den Hausmüll gegeben werden. Die Metalle werden oft aus seltenen Rohstoffen hergestellt und sollen wiedergewonnen werden.

9 Vergleiche deine Zeichnung mit Bild 2 auf Seite 294.

10 In einer Brennstoffzelle sind die Wasserstoff-Atome Elektronendonatoren. Sie geben Elektronen ab. Die Sauerstoff-Atome sind Elektronenakzeptoren. Sie nehmen die Elektronen auf.
Oxidation: $2\,H_2 \rightarrow 4\,H^+ + 4\,e^-$
Reduktion: $O_2 + 2\,H_2O + 4\,e^- \rightarrow 4\,OH^-$

11 Reduktion und Oxidation müssen räumlich getrennt in der Brennstoffzelle stattfinden, damit die Elektronen durch ein Kabel geleitet und so zur Energiegewinnung genutzt werden können.

Saure, alkalische und neutrale Lösungen – S. 215

1 Saure Lösungen ...
- reagieren mit unedlen Metallen und Kalk.
- leiten den elektrischen Strom (enthalten also Ionen).
- schmecken sauer (kein Geschmackstest!).
- färben Universalindikator rot bis gelb.

2 Alkalische Lösungen ...
- wirken ätzend.
- leiten den elektrischen Strom (enthalten Ionen).
- fühlen sich seifig an.
- färben Universalindikator blaugrün bis blau.

3 Für die gemeinsamen Eigenschaften der sauren Lösungen sind die H_3O^+-Ionen verantwortlich, für die gemeinsamen Eigenschaften der alkalischen Lösungen die OH^--Ionen.

4 Der pH-Wert ist ein Maß für die Konzentration von Oxonium-Ionen in einer Lösung.

5 A = sauer, B = neutral, C = alkalisch

6 Die Magensäure ist stärker konzentriert als die Essigsäure.

7 Den pH-Wert einer Lösung kann man mit Indikatoren bestimmen.

8

Name der Säure	Ionen in Lösung	Name der Salze
Salzsäure	H_3O^+ und Cl^-	Chloride
Schwefelsäure	H_3O^+ und SO_4^{2-}	Sulfate
Kohlensäure	H_3O^+ und HCO_3^-	Hydrogen-carbonate
Essigsäure	H_3O^+ und CH_3COO^-	Acetate
Schwefelsäure	H_3O^+ und HSO_4^-	Hydrogen-sulfate

9 Bei einer Neutralisation reagieren H_3O^+-Ionen der Säure und OH^--Ionen der Lauge zu neutralem Wasser.

10 Bei der Neutralisation entsteht eine neutrale Salzlösung. Dampft man diese ein, lagern sich die Ionen zu Ionengittern (= Salzkristallen) zusammen.

11 Dabei haben Natronlauge (Natriumlauge) und Schwefelsäure reagiert.

12 Konzentrierte Schwefelsäure greift die Haut an und zerstört sie. Dabei verdünnt sie sich mit dem entstehenden Wasser.

13 Abflussreiniger, Backofenspray, Abbeizmittel sind Anwendungen von Alkalien.

14 a $0{,}5\,\frac{\text{mol}}{\text{l}}$ bedeutet: In einem Liter sind 0,5 mol eines Stoffs gelöst.
b 46 g

15 a Lebensmittel und Getränke enthalten saure Lösungen. Reiningunsmittel enthalten saure oder alkanische Lösungen. Ebenso sind saure und alkalische Lösungen in Medikamenten und in Kosmetikartikeln enthalten. Für die Industrie sind sie als Ausgangsstoffe von Bedeutung.

b Saure und alkalische Lösungen sind je nach Art, Konzentration und pH-Wert gesundheitsschädlich und ätzend.

Kohlenstoff – der Molekülbauer – S. 171

1 C_9H_{20} $C_{32}H_{66}$ $C_{11}H_{24}$ $C_{29}H_{60}$

2 a

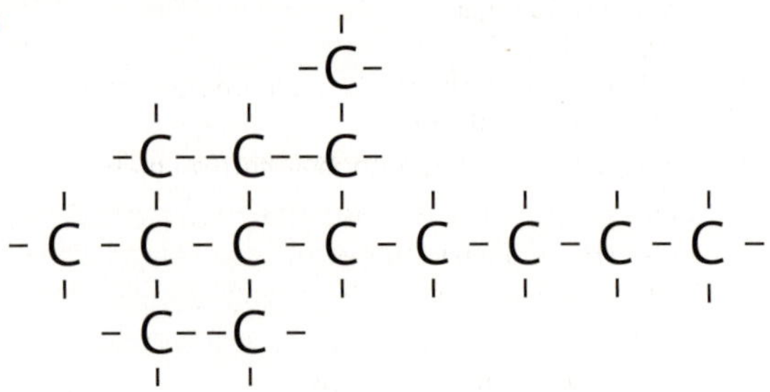

b 4,4-Diethyl-2,2,6,7,8-Pentamethylnonan

3 a Isomere sind Stoffe mit der gleichen Summenformel, aber unterschiedlicher Strukturformel. Im Beispiel haben beide Isomere die Summenformel C_6H_{14}.
b

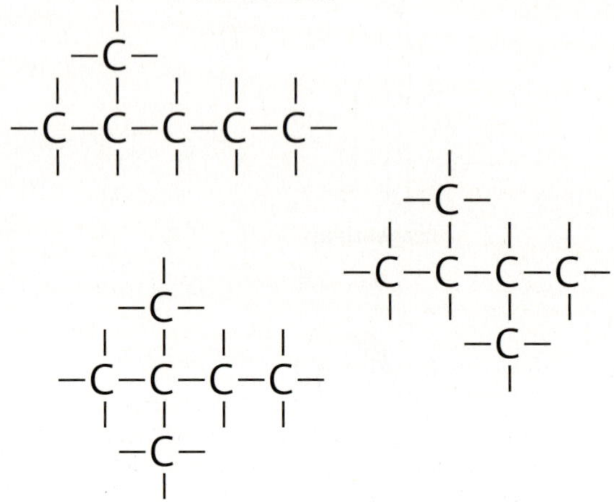

4 a C_nH_{2n}
b C_nH_{2n-2}

5 Kohlenstoffdioxid wird vom Menschen in viel größeren Mengen produziert als Methan. Es entsteht bei vielen Verbrennungsvorgängen im Verkehr, in der Industrie und in privaten Haushalten.

6

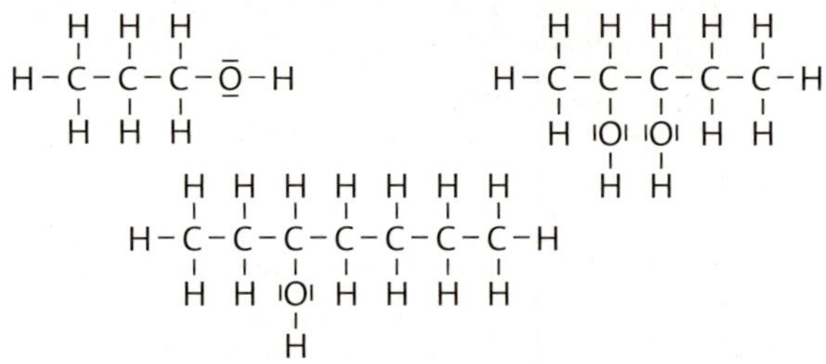

7 a Essigsäurebakterien wandeln in Gegenwart von Sauerstoff Ethanol in Ethansäure (Essigsäure) um.
b Siehe Bild 3 auf Seite 356.

8 Kunststoffe sind aus vielen („poly") einzelnen Molekülen (Monomeren) aufgebaut.

9 Thermoplaste bestehen aus langen Molekülketten, die nebeneinander liegen und nicht miteinander verbunden sind. Beim Erwärmen gleiten die Molekülketten aneinander vorbei. Der Kunststoff wird weich.

Duroplaste bestehen aus langen Ketten, die miteinander netzartig verbunden sind. Beim Erwärmen bleiben diese Netze erhalten. Der Kunststoff behält seine Form.

Experimentiergeräte

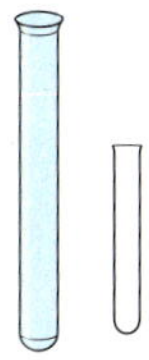

Reagenzglas

Verbrennungslöffel

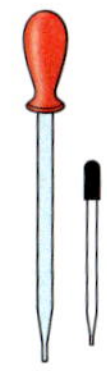

Tropfpipette

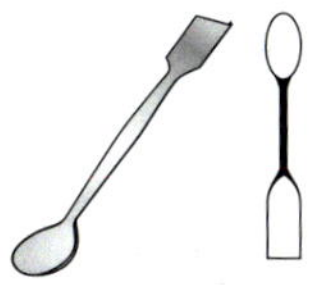

Spatellöffel

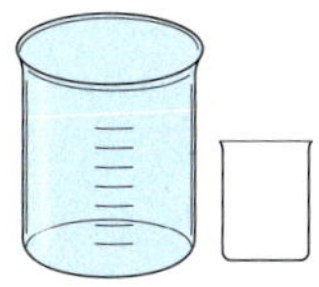

Becherglas

Erlenmeyerkolben

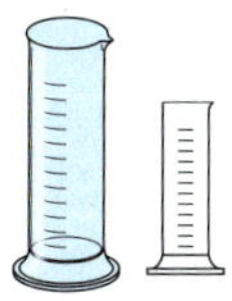

Messzylinder

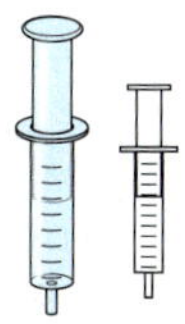

Kolbenprober

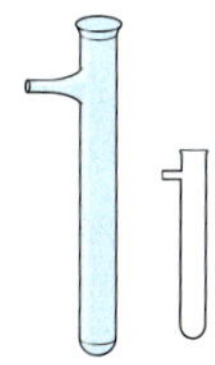

Reagenzglas mit seitlichem Ansatz

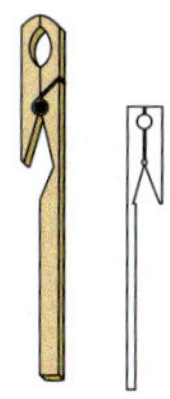

Reagenzglasklammer

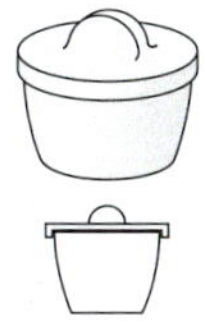

Porzellantiegel

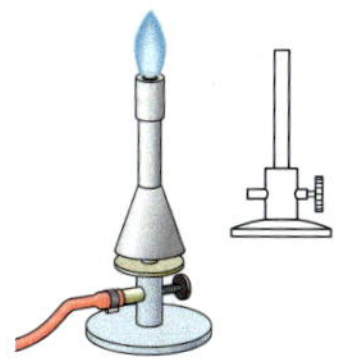

Gasbrenner

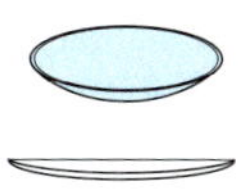

Uhrglasschale

Abdampfschale

Reibschale mit Pistill

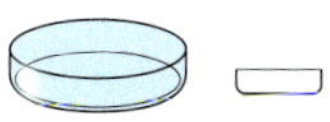

Petrischale

Dreifuß mit Keramikdrahtnetz

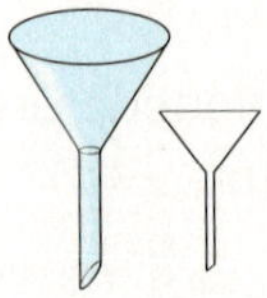
Trichter

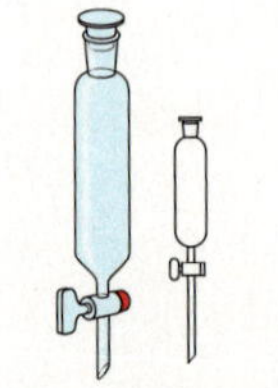
Tropftrichter

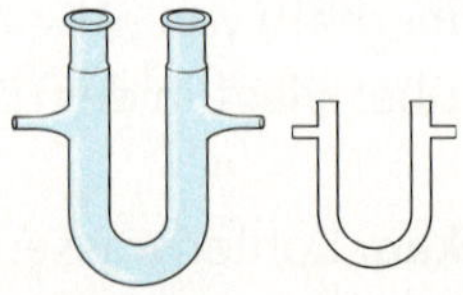
U-Rohr mit seitlichem Ansatz

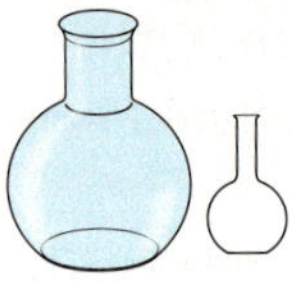
Standkolben

Rundkolben

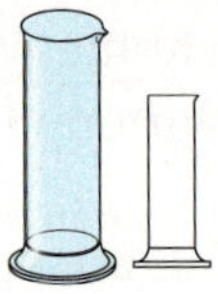
Standzylinder

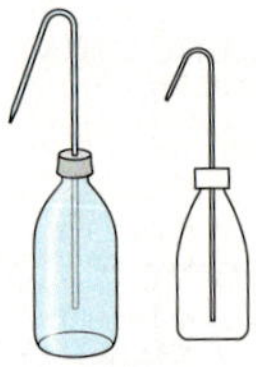
Spritzflasche

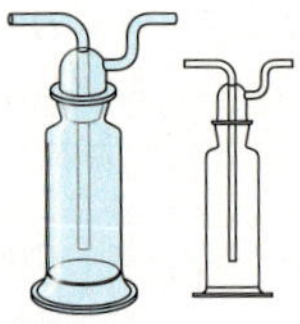
Gaswaschflasche

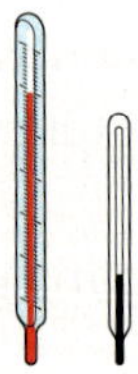
Thermometer

Reagenzglasbürste

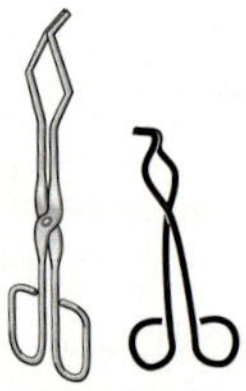
Tiegelzange

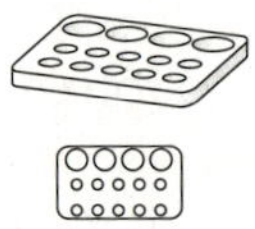
Tüpfelplatte

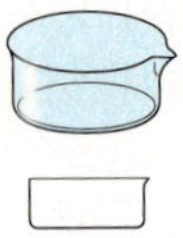
Kristallisierschale

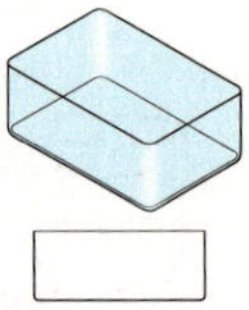
pneumatische Wanne

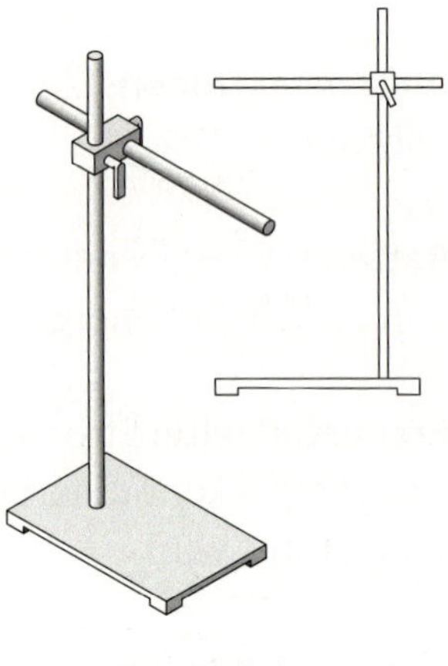
Stativ mit Klemme

der **Akku(mulator):** wiederaufladbare Batterie

die **alkalische Lösung:** Lösung mit einem pH-Wert oberhalb von pH = 7. Die Anzahl der OH^--Ionen überwiegt in der Lösung.

das **Alkan:** Kohlenwasserstoffverbindung mit ausschließlich einfachen Elektronenpaarbindungen

das **Alkanol:** Kohlenwasserstoffverbindung, die eine Hydroxylgruppe aufweist

das **Alken:** Kohlenwasserstoffverbindung mit einer oder mehreren Doppelbindungen

das **Alkin:** Kohlenwasserstoffverbindung mit einer oder mehreren Dreifachbindungen

das **Anion:** negativ geladenes Ion

anthropogen: durch den Menschen verursacht

das **Atom:** kleinster (chemisch nicht teilbarer) Baustein von Stoffen

der **Atomrumpf:** Bei Metallen bilden die inneren Elektronen mit dem Atomkern den Atomrumpf. Dieser ist positiv geladen.

die **Außenelektronen:** Elektronen auf der äußersten Schale

die **Batterie:** Energiespeicher, der chemische Energie in elektrische Energie umwandelt

die **Brennstoffzelle:** Stromquelle, in der die chemische Energie kontinuierlich durch einen Treibstoff zugeführt wird

das **Carbonat-Ion:** (CO_3^{2-}), Säurerest-Ion bei der Reaktion von Kohlensäure in Wasser

die **Carbonsäure:** Kohlenwasserstoffverbindung mit der Carboxylgruppe (–COOH) als funktioneller Gruppe

die **Carboxylgruppe:** funktionelle Gruppe (–COOH) der Carbonsäuren

der **Chlorwasserstoff:** (HCl), Gas, das in Wasser gelöst Salzsäure bildet

das **Cracken:** Aufspalten langkettiger Kohlenwasserstoffe in kurzkettige Kohlenwasserstoffe

die **Doppelbindung:** zweifache Elektronenpaarbindung

die **Dreifachbindung:** dreifache Elektronenpaarbindung

die **Edelgasregel:** Haben Atome 8 Elektronen in der äußersten Schale (bzw. 2 Elektronen bei nur einer Schale), so sind sie besonders stabil und damit reaktionsträge.

der **Edelgaszustand:** von Atomen angestrebter Zustand, der dann erreicht ist, wenn die äußerste Schale voll mit Elektronen besetzt ist

die **Elektrolyse:** Prozess, bei dem Redoxreaktionen durch die Zufuhr von elektrischer Energie herbeigeführt werden. Dadurch kann z. B. Wasser in seine Elemente gespalten werden.

das **Elektron:** negativ geladenes Teilchen in der Hülle der Atome

die **Elektronegativität (EN):** Maß für die Fähigkeit eines Atoms, Bindungselektronen an sich zu ziehen

der **Dipol:** Molekül mit zwei Polen, bei dem die Ladungsschwerpunkte auseinander liegen

der **Elektronenakzeptor:** Teilchen, das im Laufe einer Redoxreaktion ein oder mehrere Elektronen aufnehmen kann

der **Elektronendonator:** Teilchen, das im Laufe einer Redoxreaktion ein oder mehrere Elektronen abgeben kann.

das **Elektronengas:** frei verteilte äußere Elektronen bei der Metallbindung. Die äußeren Elektronen sind keinem Atom fest zugeordnet und können sich frei durch das Metall bewegen.

das **Elektronenpaarabstoßungsmodell (EPA):** Bindende und freie Elektronen werden betrachtet. Diese bestimmen die räumliche Struktur eines Moleküls.

die **Elektronenpaarbindung:** Wenn sich zwei Atome ein gemeinsames Elektronenpaar teilen, um den Edelgaszustand zu erreichen, spricht man von einer Elektronenpaarbindung.

die **Elektronenschale:** Aufenthaltsbereiche für Elektronen, die konzentrisch um den Kern angeordnet sind.

die **Energiestufe:** Elektronen können in der Atomhülle nur bestimmte Energiestufen einnehmen. Der Aufbau der Atomhülle lässt sich mit dem Schalenmodell erklären.

das **Erdgas:** Gas, das zum größten Teil aus Methan besteht und zu den fossilen Energieträgern gehört

das **Erdöl:** Gemisch verschiedener Kohlenwasserstoffe

die **Fotosynthese:** Pflanzen nehmen Kohlenstoffdioxid auf und produzieren mithilfe von Sonnenlicht und Wasser energiereiche Stoffe, z. B. Traubenzucker. Dabei wachsen die Pflanzen. Zusätzlich entsteht als Nebenprodukt Sauerstoff. Der Kohlenstoff wird in sogenannte Biomasse umgewandelt.

die **fraktionierte Destillation:** Trennverfahren, bei dem Stoffgruppen (Fraktionen) aufgrund ihrer unterschiedlichen Siedepunkte voneinander getrennt werden

die **funktionelle Gruppe:** Atomgruppe, die ein Wasserstoffatom innerhalb eines Kohlenwasserstoffs ersetzt. Dadurch erhält der Kohlenwasserstoff typische Eigenschaften.

die **Galvanoplastik:** ein durch Elektrolyse mit einer Metallschicht überzogenes Vorlagenstück aus Kunststoff

gesättigt: Kohlenwasserstoffe mit nur einfachen Elektronenpaarbindungen

die **Gitterenergie:** Energie, die benötigt wird, um ein Ion aus seinem Ionengitter herauszulösen

die **Hauptgruppe:** Senkrechte Spalte im Periodensystem. Es gibt acht Hauptgruppen, in denen alle Elemente der Gruppe die gleiche Anzahl an Außenelektronen und damit auch ähnliche Eigenschaften haben.

die **homologe Reihe:** logische Abfolge der Kohlenwasserstoffketten, bei denen die Kettenlänge immer um 1 zunimmt

die **Hydratation:** Umlagerung eines Ions mit Wassermolekülen nach dem Herauslösen aus dem Gitter

die **Hydratationsenergie:** Energie, die frei wird, wenn gelöste Ionen mit einer Wasserhülle umgeben werden

die **Hydrathülle:** Wassermoleküle, die sich wegen ihrer Pole um ein Ion gelagert haben

das **Hydrogencarbonat-Ion:** (HCO_3^-), Säurerest-Ion bei der Reaktion von Kohlensäure in Wasser

das **Hydrogensulfat-Ion:** ($H_2SO_4^-$), Säurerest-Ion, das entsteht, wenn sich von einem Schwefelsäuremolekül ein Proton abspaltet

hydrophil: wasserliebend

das **Hydroxid:** salzähnliche Stoffverbindung, die Hydroxid-Ionen (OH^--Ionen) enthält

das **Hydroxid-Ion:** (OH^-), negativ geladenes Ion, das typisch für alkalische Lösungen ist

die **Hydroxylgruppe:** Atomgruppe bestehend aus –OH

der **Indikator:** (Anzeiger), Farbstoff, der mit sauren, alkalischen und neutralen Lösungen unter Farbumschlag reagiert

das **Ion:** im Gegensatz zu Atomen elektrisch positiv oder negativ geladene Teilchen. Sie entstehen bei chemischen Reaktionen durch den Übergang der Außenelektronen von einem Atom zu seinem Reaktionspartner.

die **Ionenbindung:** Bindungsart, die entsteht, wenn sich positiv geladene und negativ geladene Teilchen miteinander verbinden

das **Ionengitter:** Gitter, das aus abwechselnd positiv und negativ geladenen Teilchen bestehent und sehr stabil ist

die **Ionisierungsenergie:** Energie, die notwendig ist, um Elektronen abzuspalten

die **Isomerie:** Phänomen, dass es Stoffe mit gleicher Summen-, aber verschiedener Strukturformel gibt

das **Isotop:** Isotope sind Atome eines Elements mit unterschiedlicher Neutronenzahl.

der **Katalysator:** Stoff, der die Aktivierungsenergie bei chemischen Reaktionen herabsetzt

das **Kation:** positiv geladenes Ion

das **Kern-Hülle-Modell:** Atomvorstellung nach Rutherford, wonach Atome einen winzigen Kern mit den positiv geladenen Protonen haben und eine Hülle, in der sich die Elektronen befinden

die **Kohlensäure:** entsteht bei der Reaktion von Wasser mit Kohlenstoffdioxid

der **Kohlenstoffkreislauf:** Im Kohlenstoffkreislauf wird Kohlenstoff in verschiedene Verbindungen umgewandelt. Kohlenstoffdioxid ist der wichtigste Stoff im Kohlenstoffkreislauf.

der **Kohlenwasserstoff:** Molekül aus Kohlenstoff- und Wasserstoffatomen

die **Lewis-Schreibweise:** Schreibweise, welche lediglich die bedeutsamen Außenelektronen berücksichtigt

lipophil: fettliebend

das **Makromolekül:** sehr großes Molekül, das mehrere Tausend Atome enthält

die **Massenzahl:** entspricht der Summe an Protonen und Neutronen

die **Metallbindung:** In Metallen werden positiv geladene Atomrümpfe von frei beweglichen Elektronen zusammengehalten. Diese Form der Bindung nennt man Metallbindung.

das **Metallgitter:** Struktur der Anordnung der positiven Atomrümpfe und der frei beweglichen Elektronen im Metall

das **Methan:** Gas mit der Summenformel CH_4

das **Mol:** Stoffmenge, bestimmte Anzahl der Teilchen eines Stoffs, nämlich $6{,}022 \cdot 10^{23}$

molar: auf 1 mol bezogen

die **molare Masse:** Masse von 1 mol Teilchen eines Stoffs

das **Monomer:** kleines, reaktionsfähiges Molekül. Viele Monomere können zu einem sehr großen Molekül (Polymer) reagieren.

die **neutrale Lösung:** Lösung mit einem pH-Wert von 7. Die Anzahl der H_3O^+-Ionen ist gleich der Anzahl der OH^--Ionen.

Die **Neutralisation:** Reaktion von H_3O^+-Ionen mit OH^--Ionen zu neutralen Wassermolekülen (H_2O)

das **Neutron:** ungeladenes Teilchen im Kern des Atoms

die **Nomenklatur:** Benennungsregeln für Kohlenwasserstoffe

die **Ordnungszahl:** gibt die Zahl der Protonen an

das **Oxonium-Ion:** (H_3O^+), positiv geladenes Ion, typisch für saure Lösungen

die **Periode:** Zeile im Periodensystem. Alle Elemente einer Periode haben die gleiche Anzahl an Elektronenschalen.

das **Periodensystem:** Ordnungssystem für die Elemente. Dabei werden verschiedene Aspekte berücksichtigt: Anzahl der Protonen und Elektronen, Anzahl der Außenelektronen und Anzahl der Elektronenschalen.

der **pH-Wert:** Maß für die Konzentration von Oxonium-Ionen (H_3O^+-Ionen) in einer Lösung

die **Pipeline:** Rohrsystem zum Transport von Erdöl

die **polare/unpolare Elektronenpaarbindung:** Bei einer polaren Elektronenpaarbindung (ΔEN = 0,5–1,7) beansprucht ein Atom das gemeinsame Elektronenpaar stärker als das andere. Bei einer unpolaren Elektronenpaarbindung (ΔEN = 0,0–0,5) wird das gemeinsame Elektronenpaar von beiden Atomen gleich stark beansprucht.

das **Polymer:** sehr großes Molekül, das aus vielen gleichen Einheiten (den sogenannten Monomeren) aufgebaut ist

die **Polymerisation:** Reaktion, bei der viele einzelne Monomere (kleine Moleküle) zu einem Polymer (sehr großen Molekül) reagieren

die **Primärenergie:** Energie, die aus ursprünglichen Brennstoffen (z. B. Erdgas, Erdöl) und Energieträgern (z. B. Sonne, Wind) zur Verfügung steht

das **Proton:** positiv geladenes Teilchen im Kern des Atoms

der **Protonenakzeptor:** Stoff, der ein Proton aufnehmen kann

der **Protonendonator:** Stoff, der ein Proton abgeben kann

die **Protonenübertragung:** Vorgang, bei dem während einer Reaktion ein Proton (Wasserstoff-Kation) von einem Stoff auf einen anderen Stoff übertragen wird

die **Raffinerie:** Fabrik, in der Erdöl aufbereitet wird

die **Redoxreihe:** Sortierung der Metalle nach ihrem Bestreben, Elektronen abzugeben, also nach ihrer Oxidierbarkeit

das **Salz:** Stoff, der aus Ionen aufgebaut ist. Die positiv und negativ geladenen Ionen halten dabei durch ihre Anziehung (= Ionenbindung) als Ionengitter zusammen.

die **Salzsäure:** saure Lösung, die entsteht, wenn Chlorwasserstoff (HCl) in Wasser eingeleitet wird

die **saure Lösung:** Lösung mit einem pH-Wert kleiner als 7. Die Anzahl der $H3O^+$-Ionen überwiegt.

das **Schalenmodell:** Nach dem Atommodell von Nils Bohr bewegen sich die Elektronen in definierten Schalen um den Kern herum.

die **Schwefelsäure:** (H_2SO_4), sehr starke Säure, die in Wasser zu SO_4^{2-} und 2 H_3O^+ zerfällt

die **Stoffmenge:** Stoffportionen, wird mit n abgekürzt. Die Einheit der Stoffmenge ist das Mol.

die **Stoffmengenkonzentration:** gibt an, wie viel Mol eines Stoffes in einem Liter Lösung gelöst sind, wird in $\frac{g}{mol}$ angegeben

das **Sulfat-Ion:** (SO_4^{2-}), Säurerest-Ion der Schwefelsäure, das entsteht, wenn das Schwefelsäuremolekül zwei Protonen abspaltet

ungesättigt: Kohlenwasserstoffe, die mindestens eine Mehrfachbindung aufweisen

die **Van-der-Waals-Kräfte:** schwache Anziehungskräfte zwischen Teilchen. Je größer die Moleküle sind, desto mehr Van-der-Waals-Kräfte gibt es.

vierbindig: Beispiel: Kohlenstoff ist ein Nichtmetall und steht in der IV. Hauptgruppe. Er besitzt vier Außenelektronen, über die Bindungen zu anderen Atomen eingegangen werden können. Ein einzelnes Kohlenstoff-Atom kann also beispielsweise vier Elektronenpaarbindungen zu vier Wasserstoff-Atomen eingehen. Kohlenstoff ist vierbindig.

die **Viskosität:** Maß für die Zähflüssigkeit von Flüssigkeiten

die **Voltasäule:** Vorläufer der heutigen Batterie, in der abwechselnd mehrere Kupfer- und Zinkplatten in Schichten übereinandergelegt sind. Dazwischen befinden sich in Salzlösung getränkte Textilstücke.

die **Wasserstoffbrücke:** elektrostatische Anziehung zwischen den Wasserdipolen oder ähnlichen Molekülen

die **Zellatmung:** exotherme Reaktion im menschlichen Körper zwischen Bestandteilen der Nahrung und Sauerstoff

Sachregister

Hinweis: Fett gedruckte Begriffe sind Lernwörter.

Bildquellenverzeichnis

Cover: S. I/u. l.: stock.adobe.com/Sabine; S. I/m. r.: Sofarobotnik GbR; S. I/: o.: Shutterstock.com/Oli_B; m.r.: Sofarobotnik GbR; u.l.: stock.adobe.com/ Sabine; S. IV/oben mitte: Sofarobotnik GbR

akg-images: Science Photo Library: S. 8/1.3, S. 16/3; CORDELIA MOLLOY/ SCIENCE PHOTO LIBRARY: S. 105/4.1; arcaid/Michael Harding: S. 131/8

bpk: S. 12/2

Bridgeman Images: S. 8/1.2

ClipDealer GmbH: c-ts: S. 110/2, S. 122/1.3; Alexander Raths: S. 175/3

Cornelsen/Atelier G/Marina Goldberg: Gefahrensymbole

Cornelsen/Detlef Seidensticker: S. 8/1.1,1.4, S. 9/2,3, S. 12, S. 13/3, S.14, S. 16/1, S. 17/4, S. 19/2, S. 20, S. 22, S. 23, S. 24/2-4, S. 25/6, S. 26/1,2, S. 27, S. 28/o.R., u.R., S. 29/o.R., o.L., S. 30/3, S. 30/4, S. 31/6, S. 32/2, S. 32/3, S. 33, S. 34/1, S. 35, S. 37, S. 38/2, S. 39, S. 40/2, S. 41/3, S. 42/2,3, S. 43/4, S. 44, S. 45/6,7, S. 46/2,3, S. 47, S. 48/2, S. 49/3, S. 50, S. 51/5, S. 52/2, S. 53/3, S. 54/2,3, S. 55, S. 56/2, S. 57/6, S. 58, S. 59/4, S. 60, S. 65/5, S. 67/1, S. 68/2, S. 69/4, S. 71/3,4, S. 72/1, S. 73/3,4, S. 74/5, S. 76/1, S. 77/4.2, S. 79/7,8, S. 80/1, S. 83/2,3, S. 84/2, S. 85/6, S. 86/1-3, S. 87/4,5, S. 88/1,3, S. 93/2, S. 94/2, S. 95/1-4, S. 96, S. 97, S. 98, S. 99/3,4, S. 100, S. 103/6,7, S. 105/5, S. 107/2-4, S. 109/3, S. 110/3, S. 111/5, S. 113/3, S. 115/3,4, S. 116/1, S. 117/4, S. 118/3, S. 119/5, S. 121/3, S. 123/3, S. 124/2, S. 125/4, S. 128/2, S. 129/4, S. 131/3,5,7, S. 132/2,3, S. 133/4, S. 134/1-3, S. 135, S. 137/2, S. 138/1-4, S. 140/4, S. 141/5-7, S. 142/3, S. 144/1, S. 144/2, S. 145, S. 146, S. 147, S. 148/1-3, S. 149/5,6,8, S. 150/2, S. 153/4, S. 153/3, S. 155/5, S. 156/2,3, S. 157, S. 158/3, S. 159/5, S. 161, S. 162/2,3, S. 163/5, S. 166/2, S. 167/3-5, S. 169/6, S. 170/1, S. 171, S. 173, S. 179, S. 181, S. 183

Cornelsen/Inhouse: S. 176/l.

Cornelsen/Laura Carleton: S. 130/2

Cornelsen/Maryse Forget & Robert Fontner-Forget: S. 172

Cornelsen/Matthias Pflügner: S. 10/1, S. 36/1, S. 120/1, S. 176/r.

Cornelsen/Peter Hesse und Hans Wunderlich, Nachahmung durch: Detlef Seidensticker: S. 129/5

Cornelsen/Rainer Götze: S. 8, S. 9/4,5, S. 13/4, S. 25/5, S. 26/3, S. 41/4, S. 43/6, S. 45/4,5, S. 59/5, S. 136/1, S. 153/3, S. 176/links, S. 177/u.L. Fotos: Cornelsen/ Volker Döring, S. 185, S. 189, S. 190

Cornelsen/SPI Technologies India: S. 72/2

Cornelsen/Stephan Röhl: S. 10/2, S. 48/1, S. 75/6.3, S. 112/2, S. 139/6

Cornelsen/Volker Döring: S. 24/1, S. 40/1, S. 42/1, S. 46/1, S. 110/1, S. 114/2, S. 115/5, S. 149/7, S. 166/2, S. 166/2

Cornelsen/Volker Minkus: S. 61/3, S. 67/2, S. 75/7, S. 77/4.1, S. 78/3,4, S. 101/3, S. 103/4,5, S. 111/6, S. 118/2, S. 119/4, S. 143/5, S. 156/1.2, S. 159/4, S. 168/5

ddp images: Michael Osterrieder: S. 166/1.1, cleo: S. 168/3, angeta: S. 168/1

dpa Picture-Alliance: dpa Themendienst/Christin Klose: S. 122/1.4; Bildarchiv: S. 151/3; Minden Pictures: S. 163/6

Flonline/Radius Images: S. 166/1.2

interfoto e.k.: Sammlung Rauch: S. 16/2

Imago Stock & People GmbH: blickwinkel: S. 51/3; CHROMORANGE: S. 57/5; Geisser: S. 140/2

Imago Sportfotodienst GmbH: Bürhaus: S. 168/4

mauritius images: Shestock: S. 32/1; Pixtal: S. 63/m.L.; Science Source: S. 68/1, S. 93/3, S. 101/4; Josef Kuchlbauer: S. 70/1; alamy stock photo/Oprea Nicolae: S. 74/2; alamy stock photo/East Fence Images: S. 76/3; Masterfile RM: S. 128/1; alamy stock photo/All Canada Photos: S. 154/3; alamy stock photo/ S.E.A. Photo: S. 162/1.2; ROSENFELD: S. 174/1; Science Photo Library/WLADIMIR BULGAR: S. 174/2

OKAPIA KG: Martyn f. Chillmaid: S. 130/1

Science Photo Library: MARTYN F. CHILLMAID: S. 64/1.3; Giphotostock: S. 64/1.2, S. 84/1; Degginger, E.: S. 66/1.1,1.2; COLLECTION ABECASIS: S. 74/1; Mulkey, Del: S. 105/4.2; DR P. MARAZZI: S. 123/4

Shutterstock.com: irin-k: S. 3/u., S. 28/m.; Maxx-Studio: S. 3/oben, S. 6; Jag_ cz: S. 4/unten, S. 90; Daniel Krason: S. 4/o.; S. 62; MichaelJayBerlin: S. 5, S. 126; Ivan Kireiev: S. 7/m.L.; alice-photo: S. 7/m.R.; Iaroslav Neliubov: S. 15/5; waldru: S. 15/4; Yury Kosourov: S. 29/m.R; Everett Historical: S. 30/1; Michael Rosskothen: S. 30/2; Albert Russ: S. 51/4; Renata Sedmakova: S. 52/1.1; Nneirda: S. 52/1.2; Nickolay Vinokurov: S. 54/1; Naypong Studio: S. 63/m.R.; Potapov Alexander: S. 75/6.1,6.2; wk1003mike: S. 82/1 Eldred Lim: S. 89/4; Karl Allgaeuer: S. 91/m.L.; Rabbitmindphoto: S. 92/1.1; Fotana: S. 94/1; Kasa1982: S. 104/3; KAMONRAT: S. 104/2; Jan Kaliciak: S. 104/1; Africa Studio: S. 106; FS11: S. 109/2; gameanna: S. 114/1; Image Point Fr: S. 116/3; ifong: S. 122/1.1; Bernd Schmidt: S. 122/1.2; KieferPix: S. 127/m.R.; Jezper: S. 131/6; Chepko Danil Vitalevich: S. 132/1.2; INSAGO: S. 132/1.1; Oleksandr Kalinichenko: S. 138/1; Tong Nawarit: S. 140/1; TTstudio: S. 148/1; Rob Wilson: S. 150/1; Korelidou Mila: S. 151/4; wim claes: S. 152/2; kajornyot: S. 152/1; Christian Lagerek: S. 154/1; Igor Karasi: S. 154/2; Shaiith: S. 156/1; MarinaGrigorivna: S. 158/1; Kzenon: S. 160/1; sasimoto: S. 164/1; zarzamora: S. 164/2; New Africa: S. 165/3; Miles Davies: S. 166/2; Alexander Mak: S. 168/2; Robert Kneschke: S. 175/4

stock.adobe.com: ReSeandra: S. 29/m.L.; Volker Z: S. 43/5; Fablok: S. 64/1.1; EZPS: S. 70/2; gio_tto: S. 74/4; PhotoSG: S. 74/3; Jevanto Productions: S. 78/1; Coprid. S. 78/2; Bildwerk: S. 81/3; Blue Planet Studio: S. 87/6; Shawn Hempel: S. 91/m.R.; ChenPG: S. 92/1.3; Cirquedesprit: S. 92/1.2; LianeM: S. 102/1.2; Bluedesign: S. 102/1.1; Roman Ivaschenko: S. 118/1; Oleksii Akhrimenko: S. 127/m.L.; M.Dörr & M.Frommherz: S. 131/4; Stockdonkey: S. 137/5; Uwe: S. 137/4; Visualpower: S. 140/3; Kaesler Media: S. 148/4; Jörg Lantelme: S. 158/2; Mewaji: S. 159/6; Floydine: S. 162/1.1; akf: S. 167/6.1; BEAUTYofLIFEm: S. 167/6.2

Periodensystem der Elemente

blau	Metall
grün	Halbmetall
gelb	Nichtmetall

schwarz = Feststoff
weiß = Flüssigkeit
rot = Gas
hellblau = künstliches Element
* = radioaktives Element

[1] = Gruppennummerierung IUPAC (1989): Gruppennummern 1 bis 18

Periode	1[1] I. Hauptgruppe	2 II. Hauptgruppe	3 III. Nebengruppe	4 IV. Nebengruppe	5 V. Nebengruppe	6 VI. Nebengruppe	7 VII. Nebengruppe	8 VIII. Nebengruppe	9 VIII. Nebengrup
1	1 1,008 H Wasserstoff								
2	3 6,94 Li Lithium	4 9,01 Be Beryllium							
3	11 22,99 Na Natrium	12 24,31 Mg Magnesium							
4	19 39,10 K Kalium	20 40,08 Ca Calcium	21 44,96 Sc Scandium	22 47,88 Ti Titan	23 50,94 V Vanadium	24 51,996 Cr Chrom	25 54,94 Mn Mangan	26 55,85 Fe Eisen	27 58, C Cobalt
5	37 85,47 Rb Rubidium	38 87,62 Sr Strontium	39 88,91 Y Yttrium	40 91,22 Zr Zirconium	41 92,91 Nb Niob	42 95,94 Mo Molybdän	43 [98] Tc* Technetium	44 101,07 Ru Ruthenium	45 102, R Rhodium
6	55 132,91 Cs Caesium	56 137,33 Ba Barium	57 138,91 La ● Lanthan	72 178,49 Hf Hafnium	73 180,95 Ta Tantal	74 183,84 W Wolfram	75 186,21 Re Rhenium	76 190,23 Os Osmium	77 192, Iridium
7	87 [223] Fr* Francium	88 226,03 Ra* Radium	89 227,03 Ac* ●● Actinium	104 [261] Rf* Rutherfordium	105 [262] Db* Dubnium	106 [266] Sg* Seaborgium	107 [264] Bh* Bohrium	108 [277] Hs* Hassium	109 [26 Mt Meitnerium

● **Elemente der Lanthanreihe (Lanthanoide)**

Periode					
6	58 140,12 Ce Cer	59 140,91 Pr Praseodym	60 144,24 Nd Neodym	61 [145] Pm* Promethium	62 150, Sı Samarium

●● **Elemente der Actiniumreihe (Actinoide)**

Periode					
7	90 232,04 Th* Thorium	91 231,04 Pa* Protactinium	92 238,03 U* Uran	93 [237] Np* Neptunium	94 [24 Pu Plutonium

Ordnungszahl — 7 14,007 — Atommasse in u
N — Symbol
Name — Stickstoff

Die Atommassen in eckigen Klammern beziehen sich auf das längstlebige gegenwärtig bekannte Isotop des betreffenden Elements.